大数据系列丛书

大数据存储
从SQL到NoSQL

柳俊　周苏　主编

U0291166

清华大学出版社

北京

内 容 简 介

现在是大数据与人工智能的时代。面对信息的激流和多元化数据的涌现,大数据已经为个人生活、企业经营甚至国家与社会的发展都带来了机遇和挑战,成为 IT 产业中最具潜力的领域。

大数据存储是一门理论性和实践性都很强的课程。本书针对大数据、人工智能、信息管理、经济管理和其他相关专业学生的发展需求,系统、全面地介绍了大数据存储与管理的基本知识和技能,介绍了大数据存储基础、数据管理技术的发展、RDBMS 与 SQL、NoSQL 数据模型、键值数据库、文档数据库、列族数据库、图数据库、数据库技术的发展(NewSQL),重点安排了熟悉 MongoDB 文档数据库和 HBase 列族数据库两个课程实践。全书具有较强的系统性、可读性和实用性。

本书是为高等院校相关专业"大数据存储""大数据存储与管理""大数据管理"等课程全新设计编写的具有丰富实践特色的主教材,也可供有一定实践经验的软件开发人员、管理人员参考,或作为继续教育的教材。

图书在版编目(CIP)数据

大数据存储:从 SQL 到 NoSQL/柳俊,周苏主编. —北京:清华大学出版社,2021.8(2024.1 重印)
(大数据系列丛书)
ISBN 978-7-302-58528-2

Ⅰ.①大… Ⅱ.①柳… ②周… Ⅲ.①SQL 语言 ②关系数据库系统 Ⅳ.①TP311.132.3

中国版本图书馆 CIP 数据核字(2021)第 121993 号

责任编辑:张　玥
封面设计:常雪影
责任校对:焦丽丽
责任印制:曹婉颖

出版发行:清华大学出版社
　　　　　网　　　址:https://www.tup.com.cn,https://www.wqxuetang.com
　　　　　地　　　址:北京清华大学学研大厦 A 座　　　　　　邮　　编:100084
　　　　　社 总 机:010-83470000　　　　　　　　　　　　　　邮　　购:010-62786544
　　　　　投稿与读者服务:010-62776969,c-service@tup.tsinghua.edu.cn
　　　　　质量反馈:010-62772015,zhiliang@tup.tsinghua.edu.cn
　　　　　课件下载:https://www.tup.com.cn,010-83470236
印 装 者:三河市龙大印装有限公司
经　　销:全国新华书店
开　　本:185mm×260mm　　　　　印　　张:16.25　　　　　字　　数:377 千字
版　　次:2021 年 8 月第 1 版　　　　　　　　　　　　　　　印　　次:2024 年 1 月第 5 次印刷
定　　价:59.80 元

产品编号:086691-01

前 言

PREFACE

现在是大数据和人工智能蓬勃发展的时代。大数据的力量正在改变我们的生活方式和工作方式,甚至是寻找爱情的方式。因此,我们有必要真正理解大数据这个极其重要的议题。对于身处大数据时代的企业而言,成功的关键还在于找出大数据隐含的背后真知。以前,人们总说信息就是力量,如今,对数据进行分析、利用和挖掘才是力量之所在。

在大数据生态系统中,基础设施主要负责数据存储以及处理公司掌握的海量数据,应用程序则是人类和计算机系统从数据中获知关键信息的工具。

在传统的数据存储、处理平台中,需要用 ELT 工具将数据从 CRM、ERP 等系统中提取出来,并转换为容易使用的形式,再导入像数据仓库和 RDBMS 等专用于分析的数据库中。当管理的数据超过一定规模时,用现有的数据处理平台已经很难处理具备 3V 特征的大数据,即便能够处理,在性能方面也很难有良好的表现。对这些时时刻刻都在产生的非结构化数据进行实时分析,并从中获取有意义的观点,是十分困难的。为了应对大数据时代,需要从根本上考虑用于数据存储和处理的平台。

关系数据库和 NoSQL 数据库是数据库演化过程中的两个里程碑。NoSQL 数据库就是为了解决关系数据库的局限而创设的。实际工作中产生的数据管理问题,促使专业人士和软件设计者开始研发 NoSQL 数据库。不同的应用程序需要使用不同类型的数据库,而这恰恰是数据管理系统在过去几十年间不断发展的动力所在。

对于在校大学生来说,大数据及其分析、处理和存储的理念、技术与应用是理论性和实践性都很强的必修课程。在长期的教学实践中,我们体会到,坚持"因材施教"的重要原则,把实践环节与理论教学相融合,抓实践教学,促进理论知识的学习,是有效地改善教学效果和提高教学水平的重要方法之一。本书的主要特色是理论联系实际,结合一系列了解和熟悉大数据存储的理念、技术与应用的学习和实践活动,把相关概念、基础知识和技术技巧融入实践,使学生保持浓厚的学习热情,加深对大数据存储技术的认识、理解和掌握。

本书是为高等院校相关专业,尤其是大数据、人工智能、信息管理、经济管理类专业开设"大数据存储"相关课程而全新设计编写的具有丰富实践特色的主教材,也可供有一定实践经验的 IT 应用人员、管理人员参考,或作为继续教育的教材。

本书系统、全面地介绍了大数据存储与管理的基本知识和技能,介绍了大数据存储基础、数据管理技术发展、RDBMS 与 SQL、NoSQL 数据模型、键值数据库、文档数据库、列族数据库、图数据库、数据库技术的发展(NewSQL),重点安排了熟悉 MongoDB 文档数据库和 HBase 列族数据库两个课程实践。全书具有较强的系统性、可读性和实用性。

结合课堂教学方法改革的要求,全书设计了课程教学过程,为每章都有针对性地安排了课程知识内容和课后作业与实验等环节,要求和指导学生在课前、课后阅读课文、网络搜索浏览的基础上延伸阅读,深入理解课程知识内涵。

本课程的教学安排见"课程教学进度表"。实际执行时,应按照教学大纲编排教学进度,按照校历考虑教学时间,确定教学进度。

本课程的教学评测可以从以下几个方面入手,即:

(1) 每章的课后作业(13 个)。

(2) 每章的实验与思考(15 次),含 MongoDB 文档数据库和 HBase 列族数据库课程实践。

(3) 课程学习与实验总结(附录 B)。

(4) 结合平时考勤。

(5) 任课老师认为必要的其他考核方法。

与本书配套的教学课件等文档,读者可从清华大学出版社官方网站(www.tup.com.cn)下载。

本书是浙大城市学院 2019 年度新工科教材建设项目"大数据存储"的建设成果,得到"十三五"(第二批)浙江省普通高校新形态教材建设"高职大数据技术与应用(系列教材)"、浙江安防职业技术学院 2018 年度教材建设"高职大数据系列教材"、温州市 2018 年数字经济特色专业建设"大数据技术与应用"、浙江安防职业技术学院 2018 年度特色专业建设"大数据技术与应用专业"等项目的支持。

本书的编写得到了浙大城市学院、浙江安防职业技术学院、杭州汇萃智能科技有限公司、浙江商业职业技术学院等多所院校师生的支持,张丽娜、王硕苹、乔凤凤、蔡锦锦、王文等参与了本书的部分编写工作,在此一并表示感谢!

周　苏

2021 年春于西子湖畔

课程教学进度表

（20 —20 学年第 学期）

课程号：_____ 课程名称：___大数据存储与管理___ 学分：__2__ 周学时：__2__
总学时：__34__ （理论学时（课内）：__34__ （课外）实践学时：__（30）__ ）
主讲教师：_____

序号	校历周次	章节（或实验、习题课等）名称与内容	学时	教学方法	课后作业布置
1	1	引言 第1章 大数据存储基础(1)	2		
2	2	第1章 大数据存储基础(2)	2		作业、实验与思考
3	3	第2章 数据管理技术的发展	2		作业、实验与思考
4	4	第3章 RDBMS 与 SQL	2		作业、实验与思考
5	5	第4章 NoSQL 数据模型	2		作业、实验与思考
6	6	第5章 键值数据库基础	2		作业、实验与思考
7	7	第6章 键值数据库设计	2		作业、实验与思考
8	8	第7章 文档数据库基础	2	课前： 导读案例	作业、实验与思考
9	9	第8章 文档数据库设计	2		作业、实验与思考
10	10	第9章 课程实践：MongoDB 文档数据库	2	课堂教学	课程实践
11	11	第10章 列族数据库基础	2		作业、实验与思考
12	12	第11章 列族数据库设计	2		作业、实验与思考
13	13	第12章 课程实践：HBase 列族数据库	2		课程实践
14	14	第13章 图数据库基础(1)	2		
15	15	第13章 图数据库基础(2)	2		作业、实验与思考
16	16	第14章 图数据库设计	2		作业、实验与思考
17	17	第15章 数据库技术的发展	2		作业、实验与思考 课程学习与实验总结

填表人（签字）： 日期：

系（教研室）主任（签字）： 日期：

目 录

CONTENTS

大数据存储基础

1.1　什么是大数据

　　信息社会的飞速发展是显而易见的：每个人口袋里都揣着一部手机，每台办公桌上都放着一台计算机，每间办公室都连接到局域网或互联网。半个多世纪以来，随着计算机技术全面和深度地融入社会生活，信息量已经积累到一个引发变革的程度。世界充斥着比以往更多的信息，增长速度也在飞速提高。信息总量的变化还导致了信息形态的变化——量变引起了质变。

1.1.1　信息爆炸的社会

　　综合观察社会各个领域的变化趋势，我们可以感受到信息爆炸或者大数据时代已经到来。以天文学为例，2000 年斯隆数字巡天项目（图 1-1）启动的时候，位于美国新墨西哥州的望远镜在短短几周内收集到的数据，就比世界天文学历史上收集的所有数据还要多。到了 2010 年，信息档案已经高达 1.4×2^{42} B。

图 1-1　美国斯隆数字巡天项目的望远镜

　　斯隆数字巡天项目使用阿帕奇山顶天文台的 2.5m 口径望远镜，计划观测 25％的天空，获取超过 100 万个天体的多色测光资料和光谱数据。2006 年，斯隆数字巡天项目进入名为 SDSS-Ⅱ的新阶段,进一步探索银河系的结构和组成,而斯隆超新星巡天计划搜寻超新星爆发的踪迹,以测量宇宙学尺度上的距离。

不过,人们认为,在智利帕穹山顶峰 LSST 天文台投入使用的大型视场全景巡天望远镜 LSST(图 1-2)5 天之内就能获得同样多的信息。LSST 于 2015 年开始建造,重 3 吨,具有 32 亿像素,由 189 个传感器和接近 3 吨重的零部件组装完成,可以捕捉半个地球。根据该项目建设的时间表,它在 2020 年第一次启动,2022—2023 年开始运行。

图 1-2　智利帕穹山顶峰的 LSST 全景巡天望远镜

LSST 有一个特别之处,就是世界上任何一个有电脑的人都可以使用它,这和以前的专业科学设备不同。LSST 数据的开放,意味着大家都有机会与科学家分享令人兴奋的探索旅程。LSST 可以帮助人们解开宇宙的谜团,对于科学研究具有划时代的意义。

天文学领域发生的变化在社会各个领域都在发生。2003 年,人类第一次破译人体基因密码的时候,辛苦工作了 10 年才完成 30 亿对碱基对的排序。大约 10 年之后,世界范围内的基因仪每 15 分钟就可以完成同样的工作。

在金融领域,美国股市每天的成交量高达 70 亿股,而其中三分之二的交易都是由建立在数学模型和算法之上的计算机程序自动完成的,这些程序运用海量数据来预测利益和降低风险。

互联网公司更是被数据淹没了。谷歌(Google)公司每天要处理超过 24PB(2^{50}B)的数据,这意味着其每天的数据处理量是美国国家图书馆所有纸质出版物所含数据量的上千倍。脸书(Facebook)这个创立不过十来年的公司,每天更新的照片量超过 1000 万张,每天人们在网站上单击"喜欢"(Like)按钮或者写评论大约有 30 亿次,这就为脸书挖掘用户喜好提供了大量的数据线索。与此同时,谷歌的子公司 YouTube(图 1-3)是世界上最大的视频网站,它每月接待多达 8 亿的访客,平均每秒就会有一段长度在一小时以上的视频上传。推特(Twitter)是美国一家社交网络及微博客服务的网站,是互联网上访问量最大的十个网站之一,其消息也被称作"推文(Tweet)",它被形容为"互联网的短信服务"。推特上的信息量几乎每年翻一番,每天都会发布超过 4 亿条微博。

从科学研究到医疗保险,从银行业到互联网,各个领域都在讲述着一个类似的故事,那就是爆发式增长的数据量。这种增长超过了创造机器的速度,甚至超过了人们的想象。

那么,我们周围到底有多少数据?增长的速度有多快?许多人试图测量出一个确切的数字。尽管测量的对象和方法有所不同,但他们都获得了不同程度的成功。南加利福尼亚大学通信学院的马丁·希尔伯特进行了一个比较全面的研究,他试图得出人类所创造、存储和传播的一切信息的确切数目,研究范围不仅包括书籍、图画、电子邮件、照片、音乐、视频(模拟和数字),还包括电子游戏、电话、汽车导航和信件。他还以收视率和收听率为基础,对电视、电台等广播媒体进行研究。据他估算,仅在 2007 年,人类存储的数据就超过了 $300EB(2^{60}B)$。下面这个比喻应该可以帮助人们更容易地理解这意味着什么:一部完整的数字电影可以压缩成 1GB 的文件,而 1EB 相当于 10 亿 GB,即 $1ZB,2^{70}B$。总之,这是一个非常庞大的数量。

图 1-3　YouTube 视频网站

虽然 1960 年就有了"信息时代"和"数字村镇"的概念,但到了 2000 年,数字存储信息仍只占全球数据量的四分之一,当时,另外四分之三的信息都存储在报纸、胶片、黑胶唱片和盒式磁带这类媒介上。事实上,1986 年,世界上约 40% 的计算能力都在袖珍计算器上运行,那时候,所有个人计算机的处理能力之和还没有所有袖珍计算器的处理能力之和高。但是,因为数字数据的快速增长,整个局势很快就颠倒过来了。在 2007 年的数据中,只有 7% 是存储在报纸、书籍、图片等媒介上的模拟数据,其余全部是数字数据。按照希尔伯特的说法,数字数据的数量每三年多就会翻一倍。相反,模拟数据的数量则基本没有增加。如今,人类存储信息量的增长速度比世界经济的增长速度快 4 倍,而计算机数据处理能力的增长速度则比世界经济的增长速度快 9 倍。难怪人们会抱怨信息过量,因为每个人都受到了这种信息极速发展的冲击。

大数据的科学价值和社会价值正是体现在此。一方面,对大数据的掌握程度可以转化为经济价值的来源。另一方面,大数据已经撼动了世界的方方面面,从商业科技到医疗、政府、教育、经济、人文以及社会的其他各个领域。尽管我们还处在大数据时代的初期,但我们的日常生活已经离不开它了。

1.1.2　定义大数据

以前,一旦完成了收集数据的工作之后,数据就被认为已经没有用处了。如今,人们不再认为数据是静止的和陈旧的,它已经成为一种商业资本,一项重要的、可以创造新的经济利益的经济投入。事实上,一旦思维转变过来,数据就能被巧妙地用来激发新产品和新服务的创意。大数据是人们获得新的认知、创造新的价值的源泉,大数据还是改变市场、组织机构以及政府与公民关系的方法。大数据时代对我们的生活和与世界交流的方式都提出了挑战。

所谓大数据,狭义上可以定义为用现有的一般技术难以管理的大量数据的集合。这实际上是指用目前在企业数据库占据主流地位的关系数据库无法进行管理的、具有复杂结构的数据。或者也可以说,是指由于数据量的增大,导致对数据的查询响应时间超出了允许的范围。

大数据的另一个著名定义是:"大数据指的是所涉及的数据集规模已经超过了传统数据库软件获取、存储、管理和分析的能力。这是一个被故意设计成主观性的定义,并且是一个关于多大的数据集才能被认为是大数据的可变定义,即并不定义大于一个特定数字的 TB 才叫大数据。因为随着技术的不断发展,符合大数据标准的数据集容量也会增长;并且此定义随不同的行业也有变化,这依赖于在一个特定行业通常使用何种软件和数据集有多大。因此,大数据在今天不同行业中的范围可以从几十 TB 到几 PB。"

随着"大数据"的出现,数据仓库、数据安全、数据分析、数据挖掘等围绕大数据商业价值的利用正逐渐成为行业人士争相追捧的利润焦点,在全球引领了又一轮数据技术革新的浪潮。

1.1.3 大数据的 3V 特征

从字面上看,"大数据"这个词可能会让人觉得只是容量非常大的数据集合而已。但容量只不过是大数据特征的一个方面,因为"用现有的一般技术难以管理"这样的状况,并不仅仅是由于数据量增大这一个因素所造成的。

可以用 3 个特征相结合来定义大数据:数量(Volume),或称容量;种类(Variety),或称多样性和速度(Velocity),或者就是简单的 3V(图 1-4),即庞大容量、种类丰富和极快速度的数据。

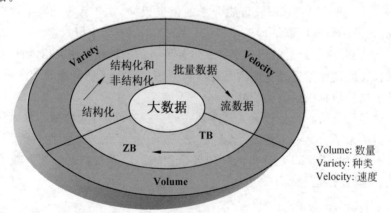

图 1-4 按数量、种类和速度(3V)来定义大数据

(1) Volume(数量)。用现有技术无法管理的数据量。从现状来看,基本上是指从几十 TB 到几 PB 这样的数量级。当然,随着技术的进步,这个数值也会不断变化。

如今,存储的数据量在急剧增长中,人们存储所有事物,包括环境数据、财务数据、医疗数据、监控数据等等,数据量不可避免地会转向 ZB 级别。可是,随着可供企业使用的数据量不断增长,可处理、理解和分析的数据的比例却在不断下降。

(2) Variety(种类、多样性)。随着传感器、智能设备以及社交协作技术的激增,企业中的数据也变得更加复杂,因为它不仅包含传统的关系型数据,还包含来自网页、互联网日志文件(包括流数据)、搜索索引、社交媒体、电子邮件、文档、主动和被动系统的传感器数据等原始、半结构化和非结构化数据。

种类表示所有的数据类型。其中,爆发式增长的一些数据,如互联网上的文本数据、位置信息、传感器数据、视频数据等,用目前企业主流的关系数据库是很难存储的,它们都属于非结构化数据。当然,这些数据中有些是过去就一直存在并保存下来的。和过去不同的是,除了存储,还需要对这些大数据进行分析,并从中获得有用的信息。

(3) Velocity(速度)。数据产生和更新的频率也是衡量大数据的一个重要特征。就像我们收集和存储的数据量和种类发生了变化一样,生成和处理数据的速度也在变化。这里,速度的概念不仅指与数据存储相关的增长速率,还应该动态地应用到数据流动的速度上。有效地处理大数据,需要在数据变化的过程中对它的数量和种类执行分析,而不只是在它静止时执行分析。

在 3V 的基础上,研究者又归纳总结了第四个 V——Veracity(真实和准确)。"只有真实而准确的数据才能让对数据的管控和治理真正有意义。随着新数据源的兴起,传统数据源的局限性被打破,企业愈发需要有效的信息治理,以确保其真实性及安全性。"

大数据最突出的特征是它的结构。图 1-5 显示了几种不同数据结构类型数据的增长趋势。由图可知,未来数据 80%~90% 的增长量将来自于不是结构化的数据类型(半、准和非结构化)。

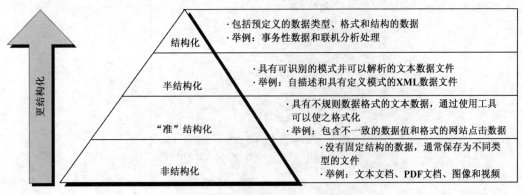

图 1-5　数据增长日益趋向非结构化

实际上,有时这 4 种不同的、相分离的数据类型是可以被混合在一起的。例如,一个传统的关系数据库管理系统保存着一个软件支持呼叫中心的通话日志,这里有典型的结构化数据,比如日期/时间戳、机器类型、问题类型、操作系统,这些都是在线支持人员通过图形用户界面上的下拉式菜单输入的。另外,还有非结构化数据或半结构化数据,比如通话日志信息,这些可能来自包含问题的电子邮件,或者技术问题和解决方案的实际通话描述。另外一种可能是与结构化数据有关的实际通话的语音日志或音频文字实录。时至今日,大多数分析人员还无法分析这种通话日志历史数据库中最普通和高度结构化的数据,因为挖掘文本信息是一项强度很大的工作,并且无法简单地实现自动化。

人们通常最熟悉结构化数据的分析,然而,半结构化数据(XML)、"准"结构化数据(网站地址字符串)和非结构化数据需要不同的技术来分析。除了三种基本的数据类型以外,还有一种重要的数据类型,称为元数据。元数据提供了一个数据集的特征和结构信息,这种数据主要由机器生成,并且能够添加到数据集中。搜寻元数据对于大数据存储、处理和分析是至关重要的一步,因为它提供了数据系谱信息以及数据处理的起源。元数据的例子包括:

(1) XML 文件中提供作者和创建日期信息的标签。

(2) 数码照片中提供文件大小和分辨率的属性文件。

总之,根据应用的不同,不同行业对大数据有着不同的理解,其衡量标准也在随着技术的进步而改变。

1.1.4　广义的大数据

大数据狭义定义的着眼点在数据的性质上,而从广义层面上可以再为大数据下一个定义(图 1-6):"所谓'大数据',是一个综合性概念,它包括因具备 3V(Volume/Variety/Velocity,数量/种类/速度)特征而难以进行管理的数据,对这些数据进行存储、处理、分析的技术,以及能够通过分析这些数据获得实用意义和观点的人才和组织。"

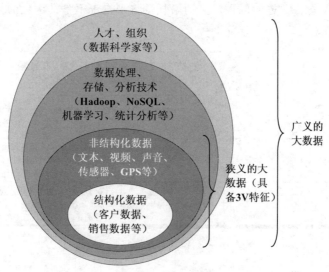

图 1-6　广义的大数据

"存储、处理、分析的技术",是指用于大规模分布式数据处理框架 Hadoop、具备良好扩展性的 NoSQL/NewSQL 数据库以及机器学习和统计分析等;"能够通过分析这些数据获得实用意义和观点的人才和组织",是指"数据科学家"这类人才以及能够对大数据进行有效运用的组织。

1.2　开源技术的商业支援

在大数据生态系统中,基础设施主要负责数据存储以及处理公司掌握的海量数据。应用程序则是人类和计算机系统从数据中获知关键信息的工具。人们使用应用程序使数据可视化,并由此做出更好的决策;而计算机则使用应用系统将广告投放到合适的人群,或者监测信用卡欺诈行为。

在大数据的演变中,开源软件起到了很大的作用。如今,Linux 已经成为主流的开源操作系统,并与低成本的服务器硬件系统相结合。MySQL 开源数据库、Apache 开源网络服务器以及 PHP 开源脚本语言搭配起来的实用性也推动了 Linux 的普及。

随着越来越多的企业将 Linux 大规模地用于商业用途,人们期望获得企业级的商业支持和保障。在众多的供应商中,红帽子 Red Hat(Linux)脱颖而出,成为 Linux 商业支持及服务的市场领导者。ORACLE(甲骨文)公司也并购了最初属于瑞典 MySQL AB 公司的开源 MySQL 关系数据库项目。

IBM、ORACLE 以及其他公司都在将它们拥有的大型关系数据库商业化。关系数据库使数据存储在自定义表中。例如,一个雇员可以通过一个雇员编号认定,然后该编号就会与包含该雇员信息的其他字段相联系——他的名字、地址、雇用日期及职位等。直到公司不得不解决大量的非结构化数据。比如谷歌必须处理海量网页以及这些网页链接之间的关系,而脸书必须应付社交图谱数据。社交图谱是其社交网站上人与人之间关系的数字表示——社交图谱上的每个点末端连接所有非结构化数据,例如照片、信息、个人档案等。因此,这些公司也想利用低成本商用硬件。于是,像谷歌、脸书以及其他这样的公司就开发出各自的解决方案。

1.3　分布式系统

分布式系统(图 1-7)是建立在网络之上的软件系统,具有高度的内聚性和透明性。因此,网络和分布式系统之间的区别更多的在于高层软件(特别是操作系统),而不是硬件。

内聚性是指每一个数据库分布节点高度自治,有本地的数据库管理系统。**透明性**是指每一个数据库分布节点对用户的应用来说都是透明的,看不出是本地还是远程。在分布式数据库系统中,用户感觉不到数据是分布的,即用户无须知道关系是否分割、有无副本、数据存于哪个站点以及事务在哪个站点上执行等。

1.3.1　分布式系统与网络的异同

在一个分布式系统中,一组独立的计算机展现给用户的是一个统一的整体,就好像是一个系统。系统拥有多种通用的物理和逻辑资源,可以动态地分配任务,分散的物理和逻辑资源通过计算机网络实现信息交换。系统中存在一个以全局方式管理计算机资源的分布式操作系统。通常,对用户来说,分布式系统只有一个模型或范型。在操作系统之上有

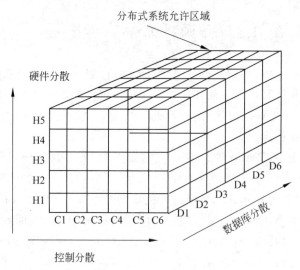

图 1-7　分布式系统

一层软件中间件负责实现这个模型。万维网（WWW）就是一个著名的分布式系统。在万维网中，所有的一切看起来就好像是一个文档（Web 页面）一样。

而在计算机网络中，这种统一性、模型以及其中的软件都不存在。用户看到的是实际的机器，如果这些机器有不同的硬件或者不同的操作系统，那么，这些差异对于用户来说都是完全可见的。如果一个用户希望在一台远程机器上运行一个程序，那么，他必须登录到远程机器上，然后在那台机器上运行该程序。

大多数分布式系统是建立在计算机网络之上的，所以分布式系统与计算机网络在物理结构上是基本相同的。分布式操作系统的设计思想和网络操作系统是不同的，这决定了它们在结构、工作方式和功能上也不同。

网络操作系统要求网络用户在使用网络资源时首先必须了解网络资源，网络用户必须知道网络中各个计算机的功能与配置、软件资源、网络文件结构等情况。在网络中，如果用户要读一个共享文件时，必须知道这个文件放在哪一台计算机的哪一个目录下。

分布式操作系统是以全局方式管理系统资源的，它可以为用户任意调度网络资源，并且调度过程是"透明"的。当用户提交一个作业时，分布式操作系统能够根据需要在系统中选择最合适的处理器，并提交该用户的作业。处理器完成作业后，将结果传给用户。在这个过程中，用户并不会意识到有多个处理器的存在，这个系统就像是一个处理器一样。

1.3.2　分布式系统的类型

分布式系统包含多个自主的处理单元，通过计算机网络互连来协作完成分配的任务，其分而治之的策略能够更好地处理大规模数据分析问题。主要包含以下两种类型：

（1）分布式文件系统：存储管理需要多种技术的协同工作，其中文件系统为其提供最底层存储能力的支持。分布式文件系统 HDFS 是一个高度容错性系统，被设计成适用于批量处理，能够提供高吞吐量的数据访问。

（2）分布式键值系统：用于存储关系简单的半结构化数据,这类系统典型的有 Amazon Dynamo,获得广泛应用和关注的对象存储技术也可以视为键值系统。

1.4　Hadoop 分布式处理技术

所谓 Hadoop,是以开源形式发布的一种对大规模数据进行分布式处理的技术。特别是在处理非结构化数据时,Hadoop 在性能和成本方面都具有优势,而且通过横向扩展进行扩容也相对容易,因此备受关注。Hadoop 是最受欢迎的在因特网上对搜索关键字进行内容分类的工具,但它也可以解决许多要求极大伸缩性的问题。

1.4.1　Hadoop 的发展

Hadoop 的基础是谷歌公司于 2004 年发表的一篇关于大规模数据分布式处理的论文《MapReduce：大集群上的简单数据处理》。Hadoop 由 Apache Software Foundation 公司于 2005 年秋天作为 Lucene 的子项目 Nutch 的一部分正式引入。它受到最先由 Google Lab 开发的 MapReduce 和 Google File System(GFS)的启发。2006 年 3 月,MapReduce 和 Nutch Distributed File System(NDFS)分别被纳入称为 Hadoop 的项目中。

MapReduce 指的是一种分布式处理的方法,而 Hadoop 则是将 MapReduce 通过开源方式进行实现的框架的名称。也就是说,提到 MapReduce,指的只是一种处理方法,而对其实现的形式并非只有 Hadoop 一种。反过来说,提到 Hadoop,则指的是一种基于 Apache 的授权协议,以开源形式发布的软件程序。

Hadoop 原本由三大部分组成,即用于分布式存储大容量文件的 HDFS(Hadoop Distributed File System)分布式文件系统,用于对大量数据进行高效分布式处理的 Hadoop MapReduce 框架,以及超大型数据表 HBase。这些部分与谷歌的基础技术相对应,如图 1-8 所示。

图 1-8　谷歌与开源基础技术的对应关系

从数据处理的角度来看,Hadoop MapReduce 是其中最重要的部分。Hadoop MapReduce 并非用于配备高性能 CPU 和磁盘的计算机,而是一种工作在由多台通用型计算机组成的集群上的,对大规模数据进行分布式处理的框架。最早由 HDFS、Hadoop MapReduce、HBase 这三个组件所组成的软件架构,现在也衍生出了多个子项目,其范围也随之逐步扩大。

1.4.2　Hadoop 的优势

Hadoop 的一大优势是,过去由于成本、处理时间的限制而不得不放弃的对大量非结构化数据的处理,现在则成为可能。也就是说,由于 Hadoop 集群的规模可以很容易地扩展到 PB 甚至 EB 级别,因此,企业里的数据分析师和市场营销人员过去只能依赖抽样数据来分析,现在则可以将分析对象扩展到全部数据的范围了。而且,由于处理速度比过去有了飞跃性的提升,现在可以进行若干次重复的分析,也可以用不同的查询来测试,从而有可能获得过去无法获得的更有价值的信息。

Hadoop 是一个能够让用户轻松架构和使用的分布式计算平台。用户可以轻松地在 Hadoop 上开发和运行处理海量数据的应用程序。它主要有以下优点:

(1)高可靠性。Hadoop 按位存储和处理数据的能力值得人们信赖。

(2)高扩展性。Hadoop 是在可用的计算机集簇间分配数据并完成计算任务的,这些集簇可以方便地扩展到数以千计的节点中。

(3)高效性。Hadoop 能够在节点之间动态地移动数据,并保证各个节点的动态平衡,因此处理速度非常快。

(4)高容错性。Hadoop 能够自动保存数据的多个副本,能够自动重新分配失败的任务。

Hadoop 带有用 Java 语言编写的框架,因此运行在 Linux 平台上是非常理想的。Hadoop 上的应用程序也可以使用其他语言编写,如 C++ 。

1.4.3　Hadoop 的发行版本

Hadoop 依然处于持续开发的过程中。因此,对于一般企业来说,要运用 Hadoop 这样的开源软件,还存在比较高的门槛。企业对于软件的要求,不仅在于其高性能,还包括可靠性、稳定性、安全性等因素。于是,Hadoop 也有了发行版本,这是一种为改善开源社区所开发软件的易用性而提供的一种软件包服务,软件包中通常包括安装工具,以及捆绑事先验证过的一些周边软件。

最先开始提供 Hadoop 商用发行版的是 Cloudera 公司。那是 2008 年,当时 Hadoop 之父 Doug Cutting 还任职于 Cloudera,他后来担任 Apache 软件基金会的主席。借助先发优势,如今 Cloudera 已经成为名副其实的 Hadoop 商用发行版头牌厂商。

Hadoop 的商用发行版主要有 DataStax 公司的 Brisk,它采用 Cassandra 代替 HDFS 和 HBase 作为存储模块;还有美国 MapR Technologies 公司的 MapR,它对 HDFS 进行改良,实现了比开源版本 Hadoop 更高的性能和可靠性。

2011 年 10 月,微软宣布与 Hortonworks 公司联手进行 Windows Server 版和 Windows Azure 版 Hadoop 的开发,表明微软将集中力量投入 Hadoop 的开发工作中。由于这表示微软默认了 Hadoop 作为大规模数据处理框架实质性标准的地位,因此引发了很大的反响。

1.5 大数据的数据处理基础

在传统的数据存储、处理平台中,需要使用 ELT(Extract-Load-Transform,抽取-加载-转换)工具,将数据从 CRM、ERP 等系统中提取出来,并转换为容易使用的形式,再导入像数据仓库和关系数据库管理系统(Relational Database Management System,RDBMS)等专用于分析的数据库中。这样的工作通常会按照计划,以每天或每周这样的周期来进行。

当管理的数据超过一定规模时,要完成一系列工作,除了数据仓库之外,一般还需要使用如 SAP 的 Business Objects、IBM 的 Cognos、ORACLE 的 Oracle BI 等商业智能工具。用这些现有的平台很难处理具备 3V 特征的大数据,即便能够处理,在性能方面也很难有良好的表现。原因如下。首先,随着数据量的增加,数据仓库的负荷也会越来越大,数据装载的时间和查询的性能都会恶化。其次,企业目前所管理的数据都是如 CRM、ERP、财务系统等产生的客户数据、销售数据等结构化数据,而现有的平台在设计时并没有考虑到由社交媒体、传感器网络等产生的非结构化数据。因此,对这些时时刻刻都在产生的非结构化数据进行实时分析,并从中获取有意义的观点,是十分困难的。由此可见,为了应对大数据时代,需要从根本上考虑用于数据存储和处理的平台。

1.5.1 Hadoop 与 NoSQL

作为支撑大数据的基础技术,能和 Hadoop 一样受到越来越多关注的,就是 NoSQL 数据库了。在大数据处理的基础平台中,需要由 Hadoop 和 NoSQL 数据库来担任核心角色。Hadoop 已经催生了多个子项目,其中包括基于 Hadoop 的数据仓库 Hive 和数据挖掘库 Mahout 等,运用这些工具,仅仅在 Hadoop 的环境中就可以完成数据分析的所有工作。

然而,对于大多数企业来说,要抛弃已经习惯的现有平台,从零开始搭建一个新的平台来进行数据分析,显然是不现实的。因此,有些数据仓库厂商提出这样一种方案,用 Hadoop 将数据处理成现有数据仓库能够进行存储的形式(即用作前处理),装载数据之后再使用传统的商业智能工具来进行分析。

Hadoop 和 NoSQL 数据库,是在现有关系数据库和结构化查询语言(Structured Query Language,SQL)等数据处理技术很难有效处理非结构化数据这一背景下,由谷歌、亚马逊、脸书等企业因自身迫切的需求而开发的。由于 Hadoop 和 NoSQL 数据库是开源的,因此和商用软件相比,其软件授权费用十分低廉。作为一般企业,不必非要推翻和替换现有的技术,在销售数据和客户数据等结构化数据的存储和处理上,只要使用传统的关系数据库和数据仓库就可以了。

1.5.2 NoSQL 的主要特征

传统的 RDBMS 是通过 SQL 这种标准语言来操作数据库的。而相对地,NoSQL 数据库并不使用 SQL 语言。因此,有人误将其认为是对使用 SQL 的现有 RDBMS 的否定,并将要取代 RDBMS,而实际上却并非如此,NoSQL 数据库只是对 RDBMS 不擅长的部分进行的补充。NoSQL 得名于 SQL,其中的 No,既可以按字面意思理解成"不"使用 SQL 的数据库,也可以理解成"并非单纯的"SQL 数据库。

NoSQL 数据库具备的特征是:数据结构简单、不需要数据库结构定义(或者可以灵活变更)、不对数据一致性进行严格保证、通过横向扩展可实现很高的扩展性等。简而言之,就是一种以牺牲一定的数据一致性为代价,追求灵活性、扩展性的数据库。

NoSQL 数据库的诞生缘于现有 RDBMS 存在的一些问题,如 RDBMS 非常适用于企业的一般业务,但不能处理非结构化数据、难以进行横向扩展、扩展性存在极限等。例如,在实际进行分析之前,很难确定在如此多样的非结构化数据中,到底哪些才是有用的。因此,事先对数据库结构进行定义是不现实的。而且,RDBMS 的设计对数据的完整性非常重视,在一个事务处理过程中,如果发生任何故障,都可以很容易地进行回滚。然而,在大规模分布式环境下,数据更新的同步处理所造成的进程间通信延迟则成为瓶颈。

随着主要的 RDBMS 系统,ORACLE 公司推出其 NoSQL 数据库产品(图 1-9)作为现有数据库产品的补充,"现有 RDBMS 并不是大数据基础的最佳选择"这一观点也在一定程度上得到印证。

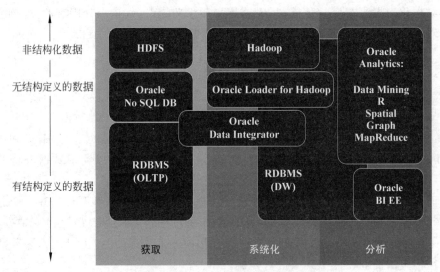

图 1-9　ORACLE 公司推出的 NoSQL 数据库

1.5.3　NewSQL 作为替代方案

所谓 NewSQL,是指这样一类系统,它们既保留了 SQL 查询的方便性,又能提供高性能和高可扩展性,还能保留传统的事务操作的 ACID 特性。这类系统既能达到 NoSQL 系统的吞吐率,又不需要在应用层进行事务的一致性处理。此外,它们还保持了高层次结构化查询语言 SQL 的优势。这类系统主要包括 Clustrix、NimbusDB 及 VoltDB 等。

因此,NewSQL 被认为是针对 New OLTP 系统的 NoSQL 或 OldSQL 系统的一种替代方案,是一类新型的关系数据库管理系统。NewSQL 既可以提供传统的 SQL 系统的事务保证,又能提供 NoSQL 系统的可扩展性。如果 New OLTP 将来有一个很大的市场,那么将会有越来越多不同架构的 NewSQL 数据库系统出现。

NewSQL 系统涉及很多新颖的架构设计。例如,可以将整个数据库都在主内存中运行,从而消除掉数据库传统的缓存管理;可以在一个服务器上面只运行一个线程,从而去除掉轻量的加锁阻塞(尽管某些加锁操作仍然需要,并且影响性能);还可以使用额外的服务器来进行复制和失败恢复的工作,从而取代昂贵的事务恢复操作。

对于 OLTP 应用来说,NewSQL 可以提供和 NoSQL 系统一样的扩展性和性能,还能实现如传统单节点数据库一样的 ACID 事务保证。用 NewSQL 系统处理的应用项目一般都具有大量的下述类型的事务,即短事务、点查询、用不同的输入参数执行相同的查询等。

1.6 大数据存储的技术路线

大数据存储是将数量巨大,难于收集、处理、分析的数据集持久化到计算机中。这里的“大”界定了企业中 IT 基础设施的规模。业内对大数据应用寄予了无限的期望——商业信息积累得越多,价值也越大——只不过我们需要一个方法把这些价值挖掘出来。

随着大数据应用的爆发性增长,它已经衍生出了自己独特的架构,也直接推动了存储、网络以及计算技术的发展。毕竟处理大数据这种特殊的需求是一个新的挑战。硬件的发展最终还是由软件需求推动的。大数据分析的应用需求正在影响着数据存储基础设施的发展。

从另一方面看,这一变化对存储厂商和其他 IT 基础设施厂商也是个机会。随着结构化和非结构化数据量的持续增长以及分析数据来源的多样化,原有存储系统的设计已经无法满足大数据应用的需要。存储厂商开始修改基于块和文件的存储系统的架构设计,以适应这些新的要求。

1.6.1 存储方式

大数据存储和传统的数据存储不同,大数据应用的一个主要特点是实时性或近实时性。类似地,一个金融类的应用,能为业务员从数量巨大、种类繁多的数据里快速挖掘出相关信息,帮助他们领先于竞争对手做出交易的决定。

1. 块存储

块存储与硬盘一样和主机打交道,直接挂载到主机,一般用于主机的直接存储空间和数据库应用的存储。它分以下两种形式。

(1) DAS:一台服务器一个存储模块,多机无法直接共享,需要借助操作系统来共享文件夹。

(2) SAN:金融电信级别,高成本的存储方式,涉及光纤和各类高端设备,可靠性和性能都很高,除了硬件成本高和运维成本高,基本都是优点。

基于云存储的块存储具备 SAN 的优势,而且成本低,不用自己运维,且提供弹性扩容,可随意搭配不同等级的存储等功能,存储介质可选普通硬盘和 SSD。

2. 文件存储

文件存储即网络存储(NAS),用于多主机共享数据。文件存储与较底层的块存储不同,它上升到了应用层,一套网络储存设备通过 TCP/IP 进行访问,协议为 NFS v3/v4。由于通过网络,且采用上层协议,因此开销大,延时肯定比块存储高。文件存储一般用于多个云服务器共享数据,如服务器日志集中管理、办公文件共享。

3. 对象存储

对象存储主要是与自己开发的应用程序打交道,如网盘。对象存储具备块存储的高速以及文件存储的共享等特性,较为智能,有自己的 CPU、内存、网络和磁盘,比块存储和文件存储更上层。云服务商一般提供用户文件上传下载读取的 Rest API,方便应用集成此类服务。

1.6.2　MPP 架构的数据库集群

采用大规模并行处理(Massive Parallel Processing,MPP)架构的新型数据库集群(图 1-10),重点面向行业大数据,采用 Shared Nothing 架构,通过列存储、粗粒度索引等多项大数据处理技术,再结合 MPP 架构高效的分布式计算模式,完成对分析类应用的支撑。运行环境多为低成本 PC Server,具有高性能和高扩展性的特点,在企业分析类应用领域获得极其广泛的应用。

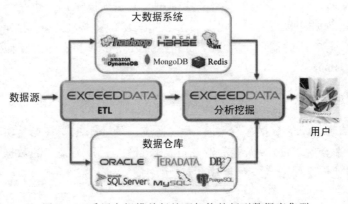

图 1-10　采用大规模并行处理架构的新型数据库集群

这类 MPP 产品可以有效支撑 PB 级别的结构化数据分析,这是传统数据库技术无法胜任的。对于企业里新一代的数据仓库和结构化数据分析,目前的最佳选择是 MPP 数据库。

1.6.3　基于 Hadoop 的技术扩展

基于 Hadoop 的技术扩展和封装,围绕 Hadoop 衍生出相关的大数据技术,应对传统关系数据库较难处理的数据和场景,例如针对非结构化数据的存储和计算等,充分利用 Hadoop 开源的优势,伴随相关技术的不断进步,其应用场景也将逐步扩大,目前最为典型的应用场景就是通过扩展和封装 Hadoop 来实现对互联网大数据存储、分析的支撑。对于非结构、半结构化数据处理、复杂的 ETL(Extract-Transform-Load,抽取-转换-加载)流程、复杂的数据挖掘和计算模型,Hadoop 平台更擅长。

1.6.4　大数据一体机

大数据一体机是一种专为大数据的分析处理而设计的软、硬件结合的产品,由一组集成的服务器、存储设备、操作系统、数据库管理系统以及为数据查询、处理、分析用途而特别预先安装及优化的软件组成,高性能大数据一体机具有良好的稳定性和纵向扩展性。

1.6.5　云数据库

云数据库(CloudDB,简称"云库")是基于云计算技术发展的一种共享基础架构的方法,是部署和虚拟化在云计算环境中的数据库(图 1-11)。云数据库并非是一种全新的数据库技术,而只是以服务的方式提供数据库功能。云数据库采用的数据模型可以是关系数据库使用的关系模型(微软的 SQLAzure 云数据库都采用了关系模型),同一个公司也可能提供采用不同数据模型的多种云数据库服务。

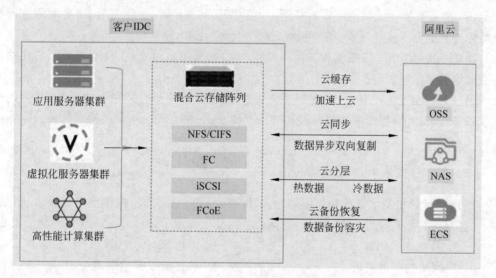

图 1-11　阿里混合云存储阵列

云数据库把各种关系数据库看成一系列简单的二维表,并基于简化版本的 SQL 或访问对象进行操作。传统关系数据库通过提交一个有效的链接字符串即可加入云数据库。

云数据库解决了数据集中与共享的问题,剩下的是前端设计、应用逻辑和各种应用层开发资源的问题。使用云数据库的用户不能控制运行着原始数据库的机器,也不必了解它身在何处。

对云数据库与自建传统数据库进行简单的性能对比,内容如下。

(1) 服务可用性。云数据库是 99.95% 可用的,一方面高可用版提供双主热备架构,实现 20 秒左右故障恢复,另一方面云数据库可以免费开启读写分离,实现负载均衡,读写分离使用便捷;而在自购服务器搭建的传统数据库服务中,需自行保障,自行搭建主从复制,自建 RAID,单独实现或者购买负载均衡设备等。

(2)数据可靠性。例如,有的云数据库保证 99.9999% 可靠,支持物理备份和逻辑备份,备份恢复及秒级回档等。

(3)系统安全性。云数据库可防 DDoS 攻击(指处于不同位置的多个攻击者同时向一个或数个目标发动攻击),流量清洗,能及时有效地修复各种数据库安全漏洞,而对自购服务器搭建的传统数据库来说,则需自行部署,价格高昂,同时也需自行修复数据库安全漏洞。

(4)数据库备份。自购服务器搭建的传统数据库需自行实现,同时需要寻找备份存放空间以及定期验证备份是否可恢复。

(5)软硬件投入。云数据库无软硬件投入,并按需付费;而自购服务器搭建的传统数据库服务器成本相对较高,对于 SQL Server,需支付许可证费用。

(6)系统托管。云数据库无须托管费用,而自购服务器搭建的传统数据库中每台 2U 服务器每年超过 5000 元(如果需要主从两台服务器,费用超过 10000 元/年)。

(7)维护成本。云数据库无须运维,而自购服务器搭建的传统数据库需专职 DBA 来维护,花费大量人力成本。

(8)部署扩容。云数据库即时开通,快速部署,弹性扩容,按需开通,而自购服务器搭建的传统数据库需硬件采购、机房托管、部署机器等工作,周期较长。

(9)资源利用率。云数据库按实际结算,为 100% 的利用率,而自购服务器搭建的传统数据库需考虑峰值,资源利用率很低。

通过上述比较可以看出,云数据库产品是高性能、高安全、高可靠、成本低、易用的数据库服务系统,并且可以有效地减轻用户的运维压力,带来安全可靠的全新体验。

【作　业】

1. 随着计算机技术全面和深度地融入社会生活,信息爆炸不仅使世界充斥着比以往更多的信息,其增长速度也在提高。信息总量的变化导致了(　　)——量变引起了质变。

　　A. 数据库的出现　　　　　　　　B. 信息形态的变化

　　C. 网络技术的发展　　　　　　　D. 软件开发技术的进步

2. 综合观察社会各个方面的变化趋势,我们能真正意识到信息爆炸或者说大数据的时代已经到来。不过,下面(　　)不是课文中提到的典型领域或行业。

　　A. 天文学　　　　B. 互联网公司　　　　C. 医疗保险　　　　D. 医疗器械

3. 马丁·希尔伯特进行了一个比较全面的研究,他试图得出人类所创造、存储和传播的一切信息的确切数目。根据他的研究,在 2007 年的数据中,(　　)。

　　A. 只有 7% 是模拟数据,其余全部是数字数据

　　B. 只有 7% 是数字数据,其余全部是模拟数据

　　C. 几乎全部都是模拟数据

　　D. 几乎全部都是数字数据

4. 所谓大数据,狭义上可以定义为(　　)。

A. 用现有的一般技术难以管理的大量数据的集合

B. 随着互联网的发展,在我们身边产生的大量数据

C. 随着硬件和软件技术的发展,数据的存储、处理成本大幅下降,从而促进数据大量产生

D. 随着云计算的兴起而产生的大量数据

5. 所谓"用现有的一般技术难以管理",是指(　　)。

A. 用目前在企业数据库占据主流地位的关系数据库无法进行管理、具有复杂结构的数据

B. 由于数据量的增大,导致对非结构化数据的查询产生了数据丢失

C. 分布式处理系统无法承担如此巨大的数据量

D. 数据太少,无法适应现有的数据库处理条件

6. 大数据的定义是一个被故意设计成主观性的定义,即并不定义大于一个特定数字的 TB 才叫大数据。随着技术的不断发展,符合大数据标准的数据集容量(　　)。

A. 稳定不变　　　　B. 略有精简　　　　C. 也会增长　　　　D. 大幅压缩

7. 可以用 3 个特征相结合来定义大数据,即(　　)。

A. 数量、数值和速度

B. 庞大容量、极快速度和多样丰富的数据

C. 数量、速度和价值

D. 丰富的数据、极快的速度、极大的能量

8. 大数据最突出的特征是它的结构。未来数据增长的 80%～90% 将来自于(　　)的数据类型。

A. 结构化　　　　B. 半结构化　　　　C. 无结构化　　　　D. 非结构化

9. 除了人们通常最熟悉的结构化数据以及半结构化数据、"准"结构化数据和非结构化数据之外,还有一种重要的数据类型为(　　),这种数据主要由机器生成并且能够添加到数据集中。

A. 元数据　　　　B. 主数据　　　　C. 子数据　　　　D. 核心数据

10. 从广义层面上为大数据下一个定义:"所谓'大数据',是一个综合性概念,它包括因具备 3V(数量/种类/速度)特征而难以进行管理的数据,对这些数据进行存储、处理、分析的技术,以及能够通过分析这些数据获得实用意义和观点的(　　)。"

A. 研究机构　　　　B. 人才和组织　　　　C. 组织机构　　　　D. 人才团体

11. 在大数据的演变中,(　　)起到了很大的作用。

A. 开源软件　　　　B. 系统软件　　　　C. 应用软件　　　　D. 计算软件

12. 分布式系统是建立在网络之上的软件系统,它和网络之间的区别更多地在于(　　)。

A. 硬件驱动　　　　B. 应用软件　　　　C. 算法结构　　　　D. 操作系统

13. 在一个分布式系统中,(　　)展现给用户的是一个统一的整体,就好像是一个系统似的,分散的物理和逻辑资源通过计算机网络实现信息交换。

A. 一台强大的计算机　　　　　　　B. 一组独立的应用软件

C. 一组独立的计算机　　　　　　　D. 一个强大的存储器

14. Hadoop 是以（　　）形式发布的一种对大规模数据进行分布式处理的技术。

    A. 分散处理　　　　B. 开源　　　　　　C. 统一　　　　　　　D. 集中控制

15. Hadoop 的基础是（　　）于 2004 年发表的一篇关于大规模数据分布式处理的论文《MapReduce：大集群上的简单数据处理》。

    A. 斯坦福大学　　　B. 麦肯锡研究院　　C. 微软公司　　　　D. 谷歌公司

16. （　　）是一种分布式处理的方法，而 Hadoop 将其通过开源方式予以实现，且对其实现的形式并非只有 Hadoop 一种。

    A. GreatMap　　　　B. MapOffice　　　C. MapReduce　　　D. LagerOffice

17. Hadoop 的核心由三大部分组成，但下列（　　）不属于其中之一。

    A. 办公核心 GreatOFFice　　　　　　　B. HDFS 分布式文件系统

    C. 超大型数据表 HBase　　　　　　　　D. MapReduce 框架

18. 对于一般企业来说，要运用 Hadoop 这样的开源软件，还存在比较高的门槛。最先开始提供 Hadoop 商用发行版的是（　　）公司。

    A. Adobe　　　　　B. Cloudera　　　　C. ORACLE　　　　D. Microsoft

19. 作为支撑大数据的基础技术，能和 Hadoop 一样受到越来越多关注的是（　　）数据库。

    A. MySQL　　　　　B. Linux　　　　　　C. Oracle　　　　　　D. NoSQL

20. （　　）是基于云计算技术发展的一种共享基础架构的方法，是部署和虚拟化在云计算环境中的数据库。

    A. MPP　　　　　　B. 云数据库　　　　C. MySQL　　　　　　D. Oracle

【实验与思考】　熟悉大数据存储基础

1. 实验目的

（1）熟悉大数据技术的基本概念。

（2）熟悉开源技术及其商业支援。

（3）熟悉分布式系统，了解 Hadoop 分布式处理技术。

（4）熟悉大数据的数据处理基础知识，了解大数据存储的技术路线。

2. 工具/准备工作

在开始本实验之前，请认真阅读课程的相关内容。

准备一台带有浏览器，能够访问因特网的计算机。

3. 实验内容与步骤

（1）请查阅相关文献资料，为"大数据"给出一个权威性的定义。

答：＿＿＿＿＿＿＿＿＿＿＿＿＿＿＿＿＿＿＿＿＿＿＿＿＿＿＿＿＿＿＿＿＿＿＿＿

这个定义的来源是：_____

（2）请具体描述大数据的 3V。

答：

① Volume（数量）：_____

_____

② Variety（种类）：_____

_____

③ Velocity（速度）：_____

_____

（3）请查阅相关文献资料,简单阐述"促进大数据发展"的主要因素。

答：

① _____

_____

_____

② _____

_____

_____

③ _____

_____

_____

（4）请仔细阅读本章课文,熟悉大数据的基本概念,了解分布式系统,熟悉大数据的数据处理基础。在此基础上,撰写一篇 500 字的小论文,讨论 Hadoop 对于分布式数据处理的意义。

-------------------- 请将小论文另外附纸粘贴于此 --------------------

4. 实验总结

_____

_____

_____

5. 实验评价（教师）

_____

_____

数据管理技术的发展

2.1　早期的数据管理系统

信息技术的历史,就是计算速度不断加快、数据存储量不断增大的历史,这一切也带来了数据管理技术的不断进化。今天的人们可能会认为数据管理就是关系数据库管理系统的代名词。但实际上,在 Microsoft Access、Microsoft SQL Server、Oracle 以及 IBM DB2 等 RDBMS 尚未发明出来时,计算机科学家和信息技术专家就已经根据各种不同的架构原则,创立过很多种数据管理系统了。人们不断面临新出现的数据管理问题,而这些问题又催生了新的数据管理系统。

关系数据库是 20 世纪 70 年代发明的,而更早期的数据管理系统包括文件数据管理系统、层次数据管理系统、网状数据管理系统。

2.1.1　文件数据管理系统

基于文件(又称平面文件)的数据管理系统,是最早出现的一种计算机数据管理形式,层次数据模型和网状数据模型则是在文件数据模型的基础上改进而来的。

长期存放在存储媒介中的一套有组织的数据就叫做文件。这种媒介可能是磁盘,但早期一般指的是磁带。在使用文件来管理数据的年代,磁带的使用范围非常广泛,也正因为如此,早期的数据管理文件必须去适应物理系统的各种物理限制。

1. 文件数据管理系统的结构

20 世纪 50—70 年代,很多人用磁带来录音,或者存放数字化的数据。在磁带上存储数据有许多种方式,为简单起见,这里只考虑块状存储方式。存放数据时,把磁带划分成一系列数据块,并在相邻数据块之间留有空隙(图 2-1)。数据由磁带机的磁头来执行读写操作。

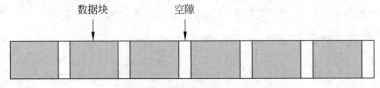

图 2-1　磁带以块状形式依次存储数据

这种存储结构使得系统可以轻易地从磁带中的某个数据块开始,依次向后读取其他数据块。这种数据存取方式称为顺序存取。把数据块想象为可供磁带机读取的一批数据,块内可以包含多个实体,如人物、产品、地点等。如果想记录每位客户的姓名、地址及电话号码,可以考虑采用基于文件的存储方式来实现。程序员会给每位客户留下固定的存储空间,以存放该顾客的信息。

(1) 客户 ID——10 个字符。

(2) 客户姓名——40 个字符。

(3) 客户地址——100 个字符。

(4) 客户电话号码——10 个字符。

这里,每位客户的信息需要占用 160 个字符。如果磁带中每个数据块的长度是 800 个字符,那么一个数据块就可以记录 5 位客户的信息。数据块是磁带机或磁盘驱动器在每一次读取操作中所能读取到的一批数据。

2. 随机存取数据

有时候,需要访问的数据存储在多个不同的位置上,而这些位置可能离得很远,这种存取方式就叫做随机存取。随机存取磁带中的数据块所花的时间可能比顺序存取更长,因为这要令磁带移动更长的距离。

磁盘驱动器执行随机存取的效率比磁带机更高。为了读取某个数据块,磁盘驱动器必须把读写磁头移动到适当的位置,但这个移动距离要比磁带的移动距离短。因为读写磁头所移动的最大距离不会超过磁盘的半径,而磁带机为了获取某个数据块,有时可能需要读完整盘磁带。

3. 文件数据管理系统的局限

文件中数据的结构一般要由使用该文件的程序来决定。比如,开发者可能会根据客户的 ID 来排列文件中的各条记录,以使得添加新客户时比较方便,比如可以把该客户的信息放到磁带末尾。若想以客户 ID 为顺序生成一份客户列表,则只需从磁带开头依次读取各个数据块。但如果想以客户姓名为顺序来生成列表,就比较麻烦了。假设内存足够大,就可以把磁带中的所有数据都读入内存,然后在内存里排列各条记录。

文件数据库会把每个实体的全部信息都完整地保存在一条记录之中。这种结构非常简单,但可能会产生重复的数据,而且获取数据的效率也不高。如果想对某些用户保密其中的一部分数据,就需要设定安全管控机制,而这种机制很难在文件管理系统中实现。

比如,程序员一开始可能会按照原先设计的方式存储客户信息,可以从每条记录的第 51 个字符开始,向后读取客户的地址,因为在前 50 个字符中,头 10 个字符是客户 ID,接下来的 40 个字符是客户姓名。后来程序员又决定修改原有的文件布局,要用 50 个字符来保存客户姓名,于是,文件结构就变为以下形式:

(1) 客户 ID——10 个字符。

(2) 客户姓名——50 个字符。

(3) 客户地址——100 个字符。

（4）客户电话号码——10 个字符。

确定新的文件布局后，把旧文件中的数据复制成新的格式，并用新版数据替换旧版数据。但是，读取数据的那个程序依然会按照原有的文件格式读取，即从每条记录的第 51 个字符来读取客户的地址，这样会把客户姓名中的一部分字符也读了进来。

为了应对上述情况，最简单的办法是把该文件制作两份。这样又会衍生新的问题，那就是两份文件中的数据可能彼此不同步。

文件数据管理系统的局限如下：

（1）数据的存取方式如果和其在文件中的排列方式不同，存取效率就比较低。

（2）文件结构发生变化之后，相应的程序也需要修改。

（3）不同类型的数据需要不同的安全保护措施。

（4）同一条数据可能会存储在多份文件之中，这使得很难令这些文件彼此保持一致。

为了突破文件数据管理系统的局限性，业界开始研发层次和网状数据模型的系统。

2.1.2　层次数据管理系统

文件数据管理系统的搜索效率不高，而层次数据模型能够解决这个问题，它会按照数据间的上下级关系将其分层排列好。

1. 层次数据管理系统的结构

分层体系中要有一个根节点，该节点会与顶层的数据节点或记录相链接。而顶层的记录下面又会有一些子记录，这些子记录里含有与父记录相关的附加数据（图 2-2）。

比如考虑银行信贷部门记录的数据。这种数据应该包含向银行借款的每位客户以及该客户所借的款项。对于每一位客户来说，信贷部门应该记录这位客户的姓名、地址及电话号码。而对于每一笔款项来说，信贷部门应该记录金额、利率、借款日期及还款日期。同一位客户可能会向银行借贷多笔款项，而同一笔贷款也有可能会与多位客户相关联。图 2-3 演示了这种数据库的逻辑结构。

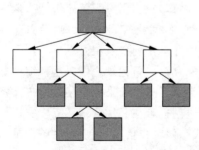

图 2-2　层次数据模型的逻辑结构：依照
　　　　数据间的上下级关系来构建

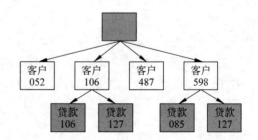

图 2-3　为贷款管理数据库设计的
　　　　层次数据模型

与文件系统相比，层次模型的一项优势是搜索效率高，它可以表达数据间的上下级关系。这有助于减少重复数据，因为如果多条记录都共用同一条父记录，只需将这条父记录存储一次即可。由于数据划分到了不同的记录中，因此数据的获取效率就比较高。

2. 层次数据管理系统的局限

待管理的实体若能按照上下级关系来排布,归结为一个父节点对应一个或多个子节点,则可以很好地用层次数据管理系统来处理。比如,一位客户对应一笔借款,或一位客户对应三笔借款等。但如果有两位商业合作伙伴一起获得同一份短期商业贷款,描述起来就不太容易了。这时,层次数据管理系统可能要把两份重复的信息分别放在这两位客户名下,这就会导致以下三个问题:

(1) 由于有重复数据,存储空间的利用率下降了。

(2) 与文件数据管理系统遇到的状况类似,变更数据时,必须把该数据的所有副本都同步地修改一遍,否则将会出现数据不一致的现象。

(3) 汇总数据时可能引发潜在的错误。

为解决层次模型的问题,出现了网状数据管理系统。

2.1.3　网状数据管理系统

与层次数据模型一样,网状数据模型也会在各条记录之间创建链接,但它对层次数据库进行了改进,允许某个节点具有多个父节点。同时,它还通过数据库集合来定义各种节点类型之间的有效关系。这些特性使得网状数据库比文件数据管理系统和层次数据管理系统更为先进,可以表达多对多的上下级关系。

1. 网状数据管理系统的结构

与文件数据管理系统及层次数据管理系统不同,网状数据模型必须具备两个关键组件,一个是模式,另一个是数据库本身。

网络由相互链接的数据记录构成,数据记录称为节点,记录间的链接称为边(图 2-4)。由节点与边所组成的集合叫做图。网状数据模型对于边的用法施加了两项重要的限制。第一项限制是边要有方向,可以用方向来表达上下级关系,这又称为一对多关系。此外,网状数据模型中的节点可以有多个父节点,比如,如果两位客户合借一笔款,那么该项贷款就会有两个父节点。这也使得在不产生重复数据的前提下,将两位客户与两笔贷款之间的关系表示出来。这种关系叫做多对多关系。

图 2-4　上下级关系用有向边来表示

边的第二项限制是不能令图中出现循环。也就是说,从某个节点开始,依照某条链接走到下一个节点,然后再依照那个节点的某条链接走到另外一个节点,无论如何走下去,都不应该返回最初的节点。既具备有向边,又没有循环关系的图,叫做有向无环图。

图 2-5 含有循环关系,不是有向无环图,不能用作网状数据管理系统的模型。

除了上述两项约束外,某节点能否与其他节点相链接,还受制于模型要描述的那些实体。例如,在银行数据库中,客户实体可以有地址信息,但是贷款及银行账户这两种实体则不能有地址信息。在人力资源数据库中,雇员实体可以有该雇员在公司中的职位信息,

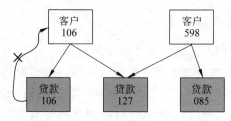

图 2-5   非有向无环图

但是部门实体则不能有职位信息(图 2-6)。

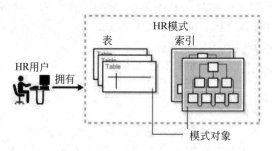

图 2-6   一个简单的网状模型模式

网状数据管理系统的另一个组件就是数据库本身。实际的数据会根据结构存储在数据库里。与前面几种数据库相比,1969 年的 CODASYL(数据系统语言)会议曾经对网状数据库进行了标准化,大多数网状数据库都是以这项标准为基础实现的。

2.网状数据管理系统的局限

网状数据库的主要缺点是设计和维护的难度相当大。由于程序受制于节点之间的链接关系,所以,为了搜寻待查找的数据所在的节点,可能要遍历大量的链接才行。比如,必须从某一条客户记录开始,沿着链接找到一条贷款记录,然后再沿着贷款记录的链接找到含有还款历史的那条记录。由此可见,以客户为起点搜寻还款历史需要遍历两条链接。如果数据模型变得更为复杂,那么链接的数量以及路径的总长度也会大幅增加。

此外,部署好网状数据库之后,如果数据库设计者又想添加另外一种实体或节点类型,那么访问网状数据库的程序就必须进行相应的更新。向集合和数据库中添加节点会使路径发生变化,而程序必须要按照修改后的路径来遍历才能找到待查询的节点。

2.2   引发变革的关系数据库

文件、层次、网状这些早期数据管理系统的主要缺陷有数据可能出现重复、实现安全保护机制较为困难、数据搜索低效、用于存取数据库的程序代码维护较为麻烦等等。而且,数据库结构发生变化后,访问数据库的程序代码也要做出相应的修改。这是因为数据库的逻辑结构与数据在磁带或磁盘上的物理存储方式并不是互相独立的。虽然网状数据管理系统和层次数据管理系统做了一些改进,但是,直到 RDBMS 出现,才实现了把数据库的逻辑结构与物理结构相分离这一重大进步。它能够避免数据异常,很好地解决各种数据管理问题,所以业界都广泛地使用它来制作与数据相关的应用程序。

关系数据库在许多重要的设计层面上都对原来的数据管理模型作了改善。它基于一套形式化的数学模型,使用关系代数来描述数据及数据间的关系。还能把数据结构的逻辑排布方式同这些结构的物理存储方式相分离。考特与其他人一起制定了关系数据库的设计准则,消除某些数据异常现象,使我们不会再遭遇数据不一致等问题。

2.2.1 RDBMS 的设计

RDBMS 是一种由多个程序组成的应用系统,系统里的程序负责与 RDBMS 交互和管理数据,并为该系统的用户提供添加、更新、读取及删除等功能。RDBMS 采用一种通用的、标准化的、可以兼容各种 RDBMS 的语言来操作数据,即结构化查询语言(SQL)。

关系数据库的设计方式使得数百位甚至数千位用户能够同时访问某个数据库。于是,大企业可以借此来构建复杂的应用程序,并为广泛的客户提供服务。

2.2.2 使用 RDBMS 的应用架构

可以宽泛地认为,使用关系数据库的应用程序主要包含 3 个组件,即用户界面、业务逻辑和数据库代码。有了数据库应用程序,即使用户不是程序员,也依然能够使用关系数据库。

(1) **用户界面**。是为了支持用户的工作流程而设计的界面。例如,使用人力资源应用程序的用户想查询某位员工的工资,修改某位员工的职位,或是添加新的员工,应用程序的菜单及其他一些抽象控件能够触发相应的交互界面,用户可以在其中输入数据、更新数据,并把修改后的数据存储到数据库中。在整个流程中,用户既不需要使用 SQL,也不需要接触 RDBMS。

(2) **业务逻辑**。它会执行相应的计算工作,并检测相关数据是否符合业务规则。比如,接纳某个雇员为酒吧侍者时,程序可以验证该雇员的年龄是否已超过 21 岁。业务规则可以用 Python、Visual Basic 或 Java 等编程语言来实现,也可以在 SQL 里实现。

(3) **数据库代码**。就是 SELECT、INSERT、UPDATE 及 DELETE 等语句的集合。这些语句都可以在数据库中执行操作,而用户可以通过用户界面所能完成的操作与语句之间对应起来。

过去数十年间,关系数据库一直是数据库应用程序领域的主导类型,它解决了基于文件数据库、层次数据库及网状数据库等产品的许多问题。例如,要从储蓄账户中拿出 100元,转到支票账户(又称活期存款账户或往来账户)里面。这个动作要分为两个步骤:首先,从储蓄账户中减掉 100 元;然后,给支票账户加上 100 元。假如程序刚刚从储蓄账户中减掉 100 元,但还没有来得及将其添加到支票账户时,用户正好要查询账户余额,就会发现账户里似乎少了 100 元。而关系数据库的优点,在于能够把原有的两个操作组合起来,使得"从储蓄账户中减掉 100 元"与"给支票账户里加上 100 元"这两个步骤变成一项不可分割的操作。这样,用户对账户余额的查询行为就不可能发生在原有的两个操作之间了,而只能发生在转账开始之前或转账完成之后。

2.2.3 关系数据库的局限

自从 Web 应用程序诞生之后,关系数据库自身的局限性也开始变得越来越突出了。谷歌、领英及亚马逊等公司发现,现在它们必须支持数量极为庞大的 Web 用户。从前的大型企业中会有上千名用户同时访问一个数据库应用程序的情况,可是,现在的网络公司面对的用户数量要远远超过从前。

对于这种数据量较多,且用户群极为庞大的 Web 应用程序来说,开发者要求数据库必须能够提供下列几个方面的支持:

(1) 对大批量读写操作的处理能力。

(2) 较低的延迟时间和较短的响应时间。

(3) 较高的数据可用性。

关系数据库很难满足上述需求。在 Web 时代,过去的数据库优化技术已经无法应对当前企业对操作规模、用户量及数据量的需求。从前,如果关系数据库运行得较慢,可以购买更多的 CPU,安装更大的内存,或是改用更快的存储设备。但是,这些方案都要花费一定的资金,而且效果有限。因为某一台服务器所能支持的 CPU 数量及内存容量是有限的。数据库设计者可以采用性能较高的技术来重新设计数据库集合,但这却使得数据更有可能出现异常。

还有个办法,就是把关系数据库放在多台服务器中运行,但多台服务器同时操作某一个关系数据库管理系统是相当复杂的,这使得维护工作变得更加困难。此外,如果想令多台服务器中的某一组操作必须全部成功或全部失败(即事务处理),那么支持这样一组操作时会出现性能问题。当数据库集群中的服务器数量增多后,执行数据库事务所需的开销也会越来越大。

尽管有上述困难,但是像脸书这样的公司仍然会使用 MySQL 关系数据库来处理某些操作。它们有专门的技术团队负责改善 MySQL 的局限性,并扩充其适用范围。然而,很多其他公司就没有那么多的技术力量了。对它们来说,如果关系数据库不符合需求,就考虑使用 NoSQL 数据库了。

2.3 Web 程序的 4 个特征

我们来分析一下 Web 时代的电子商务程序。

通过 Web 应用程序购物的客户,可以从卖家的产品目录中选择所需商品,选好后可以将其添加到购物车中。这里的**购物车**,是一种可以管理用户所选择货品的数据结构。这种相当简单的数据结构里存放着每位客户的标识符以及该客户所选择的货品列表(可能还需要存储其他一些细节信息)。

Web 应用程序要面对的用户至少都是数以万计的,所以这种程序很难用关系数据库来实现。对于大规模的数据管理任务来说,其中的 4 项特征尤为重要,即可伸缩性、成本开销、灵活性和可用性。由于每个 Web 程序的需求不同,所以其中某些特征可能会比其他特征更为重要。

2.3.1　可伸缩性

可伸缩性就是有效应对负载变化的能力。比如,当网站访问量出现高峰时,数据库系统可以令其他几台服务器上线,以便应对额外的负载,当高峰期过去后,访问量恢复正常了,系统就可以关掉那几台服务器。这种根据访问量来添加服务器的行为,叫做**横向扩展**(水平扩展)。

使用关系数据库很难实现横向扩展。人们可能要安装某些数据库软件才能令多台服务器协同地运行某一个数据库管理系统。例如,ORACLE 就提供了 Oracle Red Applications Clusters(RAC)软件,以支持基于集群的数据库。数据库软件越多,执行操作时的复杂程度和开销也就越大。

此外,数据库管理员也可以执行**纵向扩展**(垂直扩展)。其手段包括对现有的数据库服务器进行升级,为其配备更多的处理器、内存、网络带宽或其他资源,以提升数据库管理系统的性能,或用一台 CPU 更多、内存更大的服务器来替换现有的服务器等。

横向扩展要比纵向扩展更加灵活,而且在进行纵向扩展时,可以同时执行横向扩展,以便为数据库系统添加或移除服务器。NoSQL 数据库会设法利用集群中的服务器来响应用户的访问,而不需要数据库管理员做出过多干预。在系统中添加或移除服务器之后,NoSQL 数据库管理系统会进行自我调整,以适应新的配置。如果采用替换服务器的形式来单纯地执行纵向扩展,就需要将现有的数据库管理系统迁移到新的服务器之中。若采用添加新资源的方式来单纯地执行纵向扩展,则无须进行迁移,但是必须在给服务器数据库安装新硬件的过程中暂时将其关闭。

2.3.2　成本开销

对于任何商业组织来说,数据库的授权使用费都是个需要认真考虑的问题。商业数据库软件的服务商会提供多种计费方案。比如,可以按照运行 RDBMS 的服务器大小,也可以按照同时使用服务器的用户数来计费。但无论选用哪一种计费方案,都有可能花费较大的资金。

Web 应用程序随时都可能出现访问量高峰,导致用户量增大。这时,使用 RDBMS 的公司是应该按照高峰期的用户数量付费,还是按照平均的用户数量付费? 由于很难判断接下来半年或一年内使用数据库系统的用户数,所以不太容易根据 RDBMS 的授权费来制定预算。而开源软件的用户则可以避开这些问题。由于开源软件的开发者一般都不会对软件的使用者收费,所以可以根据自己的需求,把开源软件随意运行在多台规模不等的服务器中。目前主流的 NoSQL 数据库都是开源软件,因此 NoSQL 用户不用担心授权费的问题。

某些第三方公司会为开源的 NoSQL 数据库提供商业性的支持服务,因此与商用的关系数据库类似,使用 NoSQL 数据库的商务人员也可以获得相应的软件支持。

2.3.3　灵活性

对于关系数据模型能够解决的问题来说,关系数据库管理系统是较为灵活的。银行业、制造业、零售业、能源业及医疗业等领域都在使用关系数据库。然而,还有一些领域却是关系数据库无法灵活应对的。

在项目刚开始时,关系数据库的设计者就要知道应用程序所需的全部表格及其各列。而且一般还需要假设表格内大多数行都会用到表格内的大多数列。例如,所有雇员都要有姓名及雇员 ID。但是,有时候所要建模的问题并不是这样整齐划一的。比如,某个电子商务程序要使用数据库来记录产品属性。对于计算机产品来说,其属性可能包括 CPU型号、内存容量和磁盘大小等。而对于微波炉产品来说,其属性则会是尺寸及功率等。数据库设计者可以选择为每种产品分别创建一张表格,或把全部产品及设计时所能想到的全部属性都放在一张表格内。

与关系数据库不同,某些 NoSQL 数据库并不需要固定的表格结构。比如,在文档数据库中,程序可以按照需求动态地添加新属性,而无须请求数据库的设计者修改原有的结构。

2.3.4　可用性

人们通常都希望网站及 Web 应用程序随时可供访问。如果发现原来经常访问的社交网站或电商网站总是频繁出现故障,用户就可能流失。

NoSQL 数据库可以利用多台低廉的服务器来搭建一套系统。如果其中某台服务器出现故障或需要维护,它的负载可以分流到集群里的其他服务器上。这时,尽管性能稍有降低,但整个应用程序仍然可以使用。假如只把数据库放在一台服务器中运行,就必须准备另外一台备份服务器。备份服务器包含一份数据副本,当主服务器出现故障时,可以使用备份数据来提供服务,此时所需处理的请求会交由备份服务器来处理。这种配置方式的效率不够高,因为这台备份服务器仅仅是为了防止主服务器出现故障而设立的,在主服务器可以正常运作时,它并不能帮助主服务器处理用户的请求。

高可用性的 NoSQL 集群是由多台服务器组成的,即便其中某台服务器发生故障,其他服务器也依然可以继续为应用程序提供支持。如果现有的 RDBMS 无法满足需求,设计者就会考虑使用 NoSQL 系统。可伸缩性、成本开销、灵活性及可用性等因素对于应用程序的开发者来说,已经变得越来越重要了,而开发者对数据库管理系统的选择也反映了这一趋势。

2.4　催生 NoSQL 的动因分析

数据库管理系统会随着应用程序的需求而不断发展,但发展过程中却要受制于当时的计算能力和存储技术。早期的数据管理系统要依赖存储在文件中的记录,这些系统提供了长期保存数据的基本功能,同时也有着较多的缺陷。关系数据库的出现,是对文件数据库、层次数据库及网状数据库的一项重大改进。它建立在坚实的数学基础之上,其设计规则可以消除诸如数据不一致等各种数据异常现象,在应用程序中已经基本取代了其他类型的数据管理系统。

尽管关系数据库取得了广泛成功,但因为电商网站和社交网站数量激增,所以业界又对数据管理系统提出新的需求,希望使用一种易于伸缩、成本低廉、较为灵活且高度可用的数据库系统。其中的某些需求,在特定的环境下固然可以用关系数据库实现,但是难度比较大,成本可能会非常高。

关系数据库和 NoSQL 数据库,是数据库演化过程中的两个里程碑。NoSQL 数据库就是为了解决关系数据库的局限而创设的。RDBMS 取代了早前的文件数据库、层次数据库及网状数据库,但是,NoSQL 数据库并不打算取代 RDBMS。二者之间是一种互补的关系,它们都会从对方身上学习优秀的特性,而且都可以用来应对需求日益复杂且严苛的应用程序。

实际工作中的数据管理问题,促使数据库管理领域的专业人士和软件设计者开始研发 NoSQL 数据库。Web 应用程序的新需求可以采用键值对来设计数据模型。标识顾客身份的那个唯一 ID 可以作为键,该用户添加到购物车中的货品列表可以作为值。由于相应的程序并不需要实现账户转账之类的操作,所以也用不到那些由关系数据库提供的管理特性。

不同的应用程序需要使用不同类型的数据库,而这恰恰是数据管理系统在过去几十年间不断发展的动力所在。

【作　业】

1. 信息技术的历史,就是计算速度不断加快、(　　)的历史,这一切也带来了数据管理技术的不断进化。

    A. CPU 芯片不断加大　　　　　　　B. 数据存储量不断增大

    C. 外部设备不断减少　　　　　　　　D. 内部设备不断增加

2. 在 NoSQL 数据库出现之前,(　　)是主流的数据管理系统。

    A. 关系数据库　　　B. 文件数据库　　　C. 层次数据库　　　D. 网状数据库

3. 长期存放在磁盘或磁带存储媒介中的一套有组织的数据叫做(　　)。

    A. 字典　　　　　B. 索引　　　　　C. 材料　　　　　D. 文件

4. 有时候,我们需要访问的数据存储在多个不同的位置上,可能需要将存储介质多次移动到不同的位置上,而这些位置可能离得很远。这种存取方式叫做(　　)。

    A. 随机存取　　　B. 顺序存取　　　C. 索引存取　　　D. 排队存取

5. 层次数据管理系统支持(　　)。

    A. 父节点与子节点关系　　　　　　　B. 多对多关系

    C. 多对多对多关系　　　　　　　　　D. 不允许创建关系

6. 网状数据管理系统支持(　　)。

    A. 父节点与子节点关系　　　　　　　B. 多对多关系

    C. 父子节点关系和多对多关系　　　　D. 不允许创建关系

7. 埃德加·考特在(　　)年发表的阐述新型数据库设计方式的论文《大型共享数据库数据的关系模型》之后,数据管理技术开始有了巨大变化,出现了关系数据管理系统。

    A. 1956　　　　　　B. 1946　　　　　　C. 2012　　　　　　D. 1970

8. 关系数据库基于一套形式化的数学模型,使用(　　)来描述数据及数据间的关系,它还能把数据结构的逻辑排布方式同这些结构的物理存储方式相分离。

　　A. 概率论　　　　　　B. 李代数　　　　　　C. 关系代数　　　　　　D. 微分方程

9. 关系数据库管理系统(　　)是一种由多个程序组成的应用系统,系统里的程序负责管理数据,并为该系统的用户提供添加、更新、读取及删除等功能。

　　A. RDBMS　　　　　　B. SQL　　　　　　C. Linux　　　　　　D. Oracle

10. 关系数据库管理系统采用一种通用的、标准化的、可以兼容各种关系数据库管理系统的语言来操作数据,这种语言叫做(　　)。

　　A. RDBMS　　　　　　B. SQL　　　　　　C. Linux　　　　　　D. Oracle

11. 可以简单认为使用关系数据库的商务程序主要包含 3 个组件,但(　　)不是。

　　A. 用户界面　　　　B. 业务逻辑　　　　C. 概率统计　　　　D. 数据库代码

12. 关系数据库很难满足数据量较多且用户群极为庞大的(　　)应用程序的需求。

　　A. Web　　　　　　B. Word　　　　　　C. Office　　　　　　D. Photoshop

13. 什么叫做纵向扩展?

答:＿＿＿＿＿＿＿＿＿＿＿＿＿＿＿＿＿＿＿＿＿＿＿＿＿＿＿＿＿＿＿＿＿＿＿

＿＿＿＿＿＿＿＿＿＿＿＿＿＿＿＿＿＿＿＿＿＿＿＿＿＿＿＿＿＿＿＿＿＿＿＿＿

14. 什么叫做横向扩展?

答:＿＿＿＿＿＿＿＿＿＿＿＿＿＿＿＿＿＿＿＿＿＿＿＿＿＿＿＿＿＿＿＿＿＿＿

＿＿＿＿＿＿＿＿＿＿＿＿＿＿＿＿＿＿＿＿＿＿＿＿＿＿＿＿＿＿＿＿＿＿＿＿＿

【实验与思考】　熟悉数据管理技术: SQL 还是 NoSQL

1. 实验目的

(1) 熟悉数据管理系统发展简史,了解文件、层次、网状和关系数据管理系统的发展路线。

(2) 熟悉关系数据库,了解关系数据模型的局限性。

(3) 熟悉 Web 程序的特征,熟悉催生 NoSQL 数据库诞生的动因。

2. 工具/准备工作

在开始本实验之前,请认真阅读课程的相关内容。

需要准备一台带有浏览器,能够访问因特网的计算机。

3. 实验内容与步骤

请仔细阅读本章课文,熟悉数据管理技术的发展历程,在此基础上完成以下实验内容。

（1）撰写一篇 500 字的小论文 1，讨论 NoSQL 数据库与关系数据库之间是否会像关系数据库与早期数据管理系统之间那样呈现相互替代的关系。

------------------ 请将小论文 1 另外附纸粘贴于此 ------------------

（2）撰写 500 字小论文 2，讨论促使数据库设计者与其他 IT 从业者研发并使用 NoSQL 数据库的 4 个动机。

------------------ 请将小论文 2 另外附纸粘贴于此 ------------------

4. 实验总结

---

5. 实验评价(教师)

RDBMS 与 SQL

3.1　关系数据库

　　1970 年，IBM 的关系数据库研究员，有"关系数据库之父"之称的埃德加·考特博士在《美国计算机学会通讯》刊物上发表了论文《大型共享数据库的关系模型》，文中首次提出了数据库"关系模型"的概念，奠定了关系模型的理论基础。20 世纪 70 年代末，关系方法的理论研究和软件系统的研制均取得了很大成果，IBM 公司的 San Jose 实验室在 IBM 370 系列机(图 3-1)上研制的关系数据库实验系统 System R 历时 6 年获得成功。1981 年，IBM 公司又宣布具有 System R 全部特征的新的数据库产品 SQL/DS 问世。

图 3-1　IBM 370 系列机

　　由于关系模型简单明了，具有坚实的数学理论基础，所以 SQL/DS 一经推出就受到了学术界和产业界的高度重视和广泛响应，并很快成为数据库市场的主流。20 世纪 80 年代以来，计算机厂商推出的数据库管理系统几乎都支持关系模型，数据库领域的研究工作也大都以关系模型为基础。ORACLE 公司的 Oracle，微软公司的 SQL Server、Access，IBM 公司的 DB2，Sybase 公司的 Sybase，英孚美软件公司的 Informix 以及开源的 MySQL 等都是关系数据库。

　　关系数据库建立在关系模型(图 3-2)基础上，借助集合代数等概念和方法来处理数据库中的数据。关系数据库同时也被组织成一组描述性表格，该表格实质是装载着数据项的特殊收集体，表格中的数据能以不同方式被存取，而不需要重新组织数据库表格。

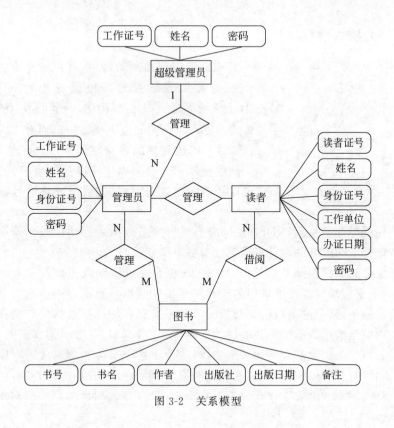

图 3-2　关系模型

（1）关系数据库。在一个给定的应用领域中，所有实体及实体之间联系的集合构成一个关系数据库。

（2）关系数据库的型与值。关系数据库的型称为关系数据库模式，是对关系数据库的描述，定义若干域，在这些域上定义若干关系模式。关系数据库的值是这些关系模式在某一时刻对应的关系的集合。

① 单一的数据结构——关系。现实世界的实体以及实体间的各种联系均用关系来表示。

② 数据的逻辑结构——二维表。从用户角度看，关系模型中数据的逻辑结构是一张二维表。

关系模型的这种简单的数据结构能够表达丰富的语义，描述现实世界的实体以及实体间的各种关系。

3.2　RDBMS 的结构

关系数据库管理系统（RDBMS）由一套管理数据及操作数据的程序组成。要实现RDBMS，至少应该建立下面 4 个组件：存储介质管理程序、内存管理程序、数据字典和查询语言。把这 4 个组件联合起来，就可以为 RDBMS 提供核心的数据管理服务和数据获取服务。

3.2.1 存储介质管理程序

数据库系统会把数据持久地保存在磁盘或闪存盘驱动器中,其存储介质会直接与服务器或运行数据库服务的其他设备相连。比如,运行 MySQL 数据库[①](图 3-3 为其标志)的笔记本电脑可以把数据持久地保存在本机的磁盘驱动器中。而对于大型企业来说,IT 部门会搭建共享的存储空间。在这种情况下,会把整个大型磁盘阵列合起来当作一项存储资源,而数据库服务器可以从该磁盘阵列中读取数据,或是把数据保存到磁盘阵列之中。

图 3-3　MySQL 标志

无论使用哪种存储系统,RDBMS 都需要记录每条数据的存储位置。使用磁盘及闪存盘等设备使得 RDBMS 的设计者能够改善数据的获取方式。

和基于文件的数据存储系统类似,RDBMS 也要通过读取数据块及写入数据块的形式来运作,人们很容易就能在磁盘中创建并使用指向数据信息的索引。索引是一套包含定位信息的数据集,其中的定位信息会指明由数据库保存的那些数据块分别存储在磁盘中的位置。索引是根据数据中的某些属性编制出来的,例如,可以根据客户的 ID 或姓名来编制索引。每一条索引都会引用某个实体,并给出这个实体在磁盘或闪存中的存储位置,位于该位置的记录存放与本实体有关的信息。例如,"Smith,Jane 18277372"这条索引,可能是指磁盘的 18277372 这个位置上有个数据块,该数据块中存放了与 Jane Smith 有关的信息。

RDBMS 存储管理程序还可以优化数据在磁盘中的排布方式,并对数据进行压缩,以节省存储空间。此外,它还能够对数据块进行复制,以防止由于磁盘中某个数据块损坏而造成数据丢失。

3.2.2 内存管理程序

RDBMS 也要负责在内存中管理数据。一般来说,存储在数据库里的数据量要大于可用的内存量。因此,用户需要使用某份数据时,RDBMS 的内存管理模块会将其读入,并一直保留在内存中,等到用户不再使用此数据,或是系统需要为其他数据腾出空间时,它还要负责从内存中删除该数据。由于从内存中读取数据的速度要比从磁盘中读取数据快好几个数量级,因此,RDBMS 的总体性能很大程度上取决于内存管理程序能否有效地利用内存。

3.2.3 数据字典

数据字典是 RDBMS 的一部分,记录了与数据在数据库中的存储结构有关的信息

---

① MySQL 由瑞典 MySQL AB 公司开发,现在属于 ORACLE 公司旗下产品,是最流行的关系数据库管理系统之一。MySQL 使用的 SQL 语言是用于访问数据库的最常用标准化语言,由于其具有体积小、速度快、开放源码等特点,一般中小型网站的开发都选择 MySQL 作为网站数据库。

（图 3-4）。

数据字典包含多个层次的数据库结构信息，其中包括：

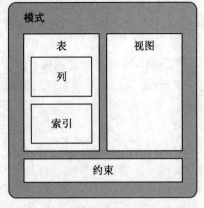

图 3-4 由数据字典管理的数据结构

(1) 模式（schema）。

(2) 表（table）。

(3) 列（column）。

(4) 索引（index）。

(5) 约束（constraint）。

(6) 视图（view）。

模式由表、视图、索引以及所有与这套数据有关的其他结构所组成。一般来说，应该为每一种常见的数据使用方式单独创建一个模式。例如，应该给产品库存、应收账款、雇员及其福利分别创建一份模式。

表格是一种与实体有关的数据结构，而实体则用来描述一种与 RDBMS 支持的业务或操作相关联的真实事物或逻辑概念。例如，在一个描述人力资源数据的模式中，可能会出现雇员、经理及部门等实体。在一个描述库存数据的模式中，可能有仓库、产品及供应商等实体。

表格由列组成。列中含有单独的信息单元。一张存放雇员信息的表格可能包含的列有雇员姓名、街道地址、城市、省、邮政编码、出生日期及工资。每一列都会与一种数据类型相关联，该类型指出了本列能够存放什么样的数据。例如，表示雇员名字的列应该存放字符数据；表示出生日期的列应该是日期类型；表示工资的列应该是某种数字类型或货币类型。

由于索引是一种旨在改善 RDBMS 数据获取速度的数据结构，在一个存放雇员信息的表格中，可能会有一份根据雇员姓氏编制的索引，它引导我们按照雇员的姓氏快速地搜寻这张表。

所谓约束，是指一种规则，它可以进一步限制某列所能存放的数据值。与该列相关联的数据类型能够拦截类型不相符的错误数据。比如，如果程序不小心把某个数字写入雇员名字这一列，数据库就会拒绝这一操作。但是，对于存放工资的那一列来说，仅仅依靠数据类型并不能拦住某些负数，因为那些负数也是有效的数值或货币值。此时，可以给该列施加一条约束，例如规定薪水的值必须大于 0。一般来说，约束都是根据业务规则订立的，这些规则与数据所要表示的实体及操作有关。

视图是由一张或多张表格的相关列以及根据这些列算出的数值构成的，它可以限定用户所能看到的数据范围。比如，如果雇员表格中含有工资信息，可以根据该表格创建一份不含工资信息的视图。对于只需查询雇员姓名及住址的用户来说，可以使用这张视图而无须访问原来的表格。视图还可以把多张表格中的数据合并起来，比如，如果有一张表格包含了雇员的姓名，另一张表格详细描述了所有雇员在公司内的职位晋升状况，可以把这两张表格合并为一张视图。

3.3   结构化查询语言 SQL

RDBMS 的查询语言叫做 SQL,它包含了能够执行两类操作的语句,一类是数据结构的定义操作,另一类是数据的处理操作,用于存取数据以及查询、更新和管理关系数据库系统。

SQL 是高级的非过程化编程语言,允许用户在高层数据结构上工作。它不要求用户指定对数据的存放方法,也不需要用户了解具体的数据存放方式,所以具有完全不同于底层结构的不同数据库系统,可以使用相同的 SQL 作为数据输入与管理的接口。结构化查询语言的语句可以嵌套,这使它具有极大的灵活性和强大的功能。

SQL 是 1974 年由博伊斯和钱伯林提出的,并首先在 IBM 公司研制的关系数据库系统 System R 上实现。由于它具有功能丰富、使用方便灵活、语言简洁易学等突出的优点,因此深受计算机工业界和计算机用户的欢迎。1980 年 10 月,经美国国家标准局数据库委员会批准,SQL 成为关系数据库语言的美国标准。同年,标准 SQL 公布,此后不久,国际标准化组织也作出了同样的决定。1979 年,ORACLE 公司首先提供商用的 SQL,IBM 公司在 DB2 和 SQL/DS 数据库系统中也实现了 SQL。

SQL 语言的核心部分相当于关系代数,但又具有关系代数没有的许多特点,如聚集、数据库更新等,它是一种综合的、通用的、功能极强的关系数据库语言。

SQL 语言的特点如下。

(1) 数据描述、操纵、控制等功能一体化。

SQL 可以独立完成数据库生命周期中的全部活动,包括定义关系模式,录入数据,建立数据库,查询、更新、维护数据库,数据库重构,数据库安全性控制等一系列操作,为数据库应用系统开发提供了良好的环境。在数据库投入运行后,还可以根据需要随时修改模式,且不影响数据库的运行,从而使系统具有良好的可扩充性。

(2) 高度非过程化。

用 SQL 进行数据操作,用户只需提出"做什么",而不必指明"怎么做",因此用户无须了解存取路径,存取路径的选择以及 SQL 语句的具体处理操作过程由系统自动完成。这不但大大减轻了用户负担,而且有利于提高数据独立性。

(3) 以同一种语法结构提供两种使用方式。

SQL 有两种使用方式。一种是联机交互方式,即 SQL 能够独立地用于联机交互,用户可以在终端键盘上直接输入 SQL 命令,对数据库进行操作。另一种是嵌入到某种高级程序设计语言(如 C、C♯、Java 语言等)中去使用。尽管使用方式不同,但所用语言的语法结构基本是一致的。SQL 以统一的语法结构提供两种不同的操作方式,具有极大的灵活性与方便性。

(4) 语言简洁,易学易用。

尽管 SQL 的功能很强,但它十分简洁,完成数据定义、数据操纵、数据控制等核心功能只用了以下 9 个动词:CREATE、ALTER、DROP、SELECT、INSERT、UPDATE、DELETE、GRANT、REVOKE。SQL 的语法接近英语口语,所以很容易学习和使用。

3.4　SQL 语句的结构

SQL 功能包括 6 部分,即数据定义、数据操纵、数据控制、数据查询、事务控制和指针控制。

3.4.1　数据定义

SQL 能够定义数据库的三级模式结构,即外模式、全局模式和内模式结构。在 SQL 中,外模式又叫做视图,全局模式简称为模式,内模式由系统根据数据库模式自动实现。

数据定义语言(Data Definition Language,DDL)的语句包括动词 CREATE、ALTER 和 DROP,可以在数据库中创建新表或修改、删除表,为表加入索引等。

在关系数据库的实现过程中,第一步是建立关系模式,定义基本表的结构,即确定该关系模式的属性组成,如每一属性的数据类型及数据可能的长度、是否允许为空值以及其他完整性约束条件。

SQL 中的一些语句能够创建并删除集合、表格、视图、索引、约束以及其他数据结构,还有一些语句能够在表格中添加列、删除列,或是给表格设置读取权限及写入权限。

下面这条范例语句会创建一个模式。

```
CREATE SCHEMA humresc
```

下面这条范例语句可以创建一张表。

```
CREATE TABLE employees (
    emp_id int,
    emp_first_name varchar(25),
    emp_last_name varchar(25),
    emp_address varchar(50),
    emp_city varchar(50),
    emp_state varchar(2),
    emp_zip varchar(5),
    emp position_title varchar(30)
    )
```

上面的语句中并没有告诉计算机如何创建某个数据结构。也就是说,并没有命令计算机必须在某个特定的内存地址上面创建空闲的数据块,而是向 RDBMS 描述了所要创建的数据结构中应该包含什么样的数据。前面的语句创建了名为 humreac 的模式,接下来创建了一张包含 8 个列的表格,并将该表命名为 employee。其中,varchar 表示长度可变的字符类型,其后面的括号中所填的数字表示该列的最大长度。int 表明 emp_id 这一列中的数据应该是整数类型。

3.4.2　数据操纵

有了数据库集合及相关表格后,就可以向其中添加数据并操作这些数据了。SQL 的数据操纵功能包括对基本表和视图的数据插入、删除和修改，以及强大的数据查询功能。

数据操纵语言（Data Manipulation Language，DML）的语句包括 INSERT（插入）、UPDATE（更新）、DELETE（删除）等。完成数据操纵的命令一般分为两种类型。

（1）数据检索（常称为查询）：寻找所需的具体数据。

（2）数据修改：插入、删除和更新数据。

下面这条 INSERT 语句可以向 employee 表格中插入数据。

```
INSERT INTO employee(emp_id, first_name, last_name)
    VALUES(1234, 'Jane', 'Smith')
```

这条语句会向表格中添加新行，该行的 emp_id 为 1234，first_name 为 Jane，last_name 为 Smith。在本表格中，这一行的其他列数值均为 NULL，这是一种特殊的数值，用来表示某行数据的某一列还没有指定具体的值。

通过更新语句和删除语句，用户可以修改现有各行内的数值，并移除表格中已有的数据行。

3.4.3　数据控制

SQL 的数据控制功能主要是对用户的访问权限加以控制，以保证系统的安全性。数据控制语言（Data Control Language，DCL）的语句通过 GRANT（授权）或 REVOKE（回收）实现权限控制，确定单个用户和用户组对数据库对象的访问权限。某些 RDBMS 可用 GRANT 或 REVOKE 语句控制对表单个列的访问权限。

3.4.4　数据查询

数据查询是数据库的核心操作。数据查询语言（Data Query Language，DQL）的语句也称为"数据检索语句"，用以从表中获得数据，确定数据怎样在应用程序里给出。保留字 SELECT 是 DQL（也是所有 SQL）用得最多的动词，其他 DQL 常用的保留字有 WHERE、ORDER BY、GROUP BY 和 HAVING。这些 DQL 保留字常与其他类型的 SQL 语句一起使用。

此外，事务控制语句能确保数据表的所有行及时更新。包括 COMMIT（提交）、SAVEPOINT（保存点）、ROLLBACK（回滚）语句。

指针控制语句，像 DECLARE CURSOR（声明指针）、FETCH INTO（存储过程）和 UPDATE WHERE CURRENT（更新指针位置）用于对一个或多个表单独行的操作。

SELECT 语句可以从数据库中读取数据。举例如下。

```
SELECT emp_id, first_name, last_name
    FROM employee
```

上面这条语句将会产生以下输出信息。

```
emp_id          first_name           last_name
------------------------------------------------------------
1234            Jane                 Smith
```

SELECT、UPDATE 及 DELETE 等数据操作语句可以表达非常复杂的操作过程,并且能够用相当复杂的逻辑来指定该操作针对的数据行。

3.5　关系数据库的 ACID 特征

数据库领域中的 ACID 是个首字母缩略词,它是指关系数据库管理系统的四项特征。

(1) A 是指原子性(atomicity),是指某个单元无法再继续细分的性质。比如从储蓄账户向支票账户转账就是一项事务,必须把事务中的每个步骤都执行完,整个事务才算完成,否则该事务就没有完成。数据库事务实际上就是一套不可分割的步骤。数据库在执行这些步骤时,必须将其视为一个无法分割的整体,如果其中某个步骤无法完成,那么整个单元内的所有步骤就都应视为没有完成。

(2) C 是指一致性(consistency),在关系数据库中,也称为严格一致性。换句话说,数据库事务绝对不会使数据库陷入那种数据完整性遭到破坏的状态。从储蓄账户向支票账户转账 100 美元,只会有两种结果,要么就是储蓄账户里少了 100 美元且支票账户里多了 100 美元,要么就是两个账户里的资金依然与刚开始执行事务时相同。数据库的一致性可以保证执行完转账操作之后只能产生这两种结果,绝对不会出现其他状况。

(3) I 是指隔离性(isolation),在执行完毕之前,受到隔离的事务对其他用户是不可见的。比如,在从银行的储蓄账户向支票账户转账的过程中,如果数据库正在从储蓄账户中扣款,但却还没把它打到支票账户里,那么此时就无法查询账户余额。数据库可以提供不同程度的隔离性。比如,在更新操作尚未彻底执行完时,数据库也可以把数据返回给用户,只不过此时所返回的数据并没有反映出该数据的最新值。

(4) D 是指持久性(durability)。某个事务或操作一旦执行完毕,其效果就会保留下来,即便设备断电也不会受到影响。实际上,持久性就意味着数据会保存到磁盘、闪存盘或其他持久化的存储媒介之中。

关系数据库管理系统完全支持 ACID 事务,而 NoSQL 数据库有时也能提供某种程度的 ACID 事务。

3.6　关系数据库的三大范式

范式,即 Normal Form,简称 NF。设计关系数据库时,要想建立一个好的关系,必须使关系满足一定的约束条件,此约束就形成了规范。遵从不同的规范要求,设计出合理的关系数据库,这些不同的规范要求就被称为不同的范式。范式被分成几个等级,一级比一级要求严格,越高的范式数据库冗余越小。满足这些规范的数据库是简洁的、结构明晰的,同时,不会发生插入、删除和更新操作异常。

3.6.1　数据库范式分类

关系数据库的建立有六种范式,即第一范式(1NF)、第二范式(2NF)、第三范式(3NF)、巴斯-科德范式(BCNF)、第四范式(4NF)和第五范式(5NF,又称完美范式)。满足最低要求的是第一范式(1NF)。在第一范式的基础上进一步满足更多规范要求的被称为第二范式(2NF),以此类推。

一般来说,数据库设计只需满足第三范式(3NF)就可以了。

3.6.2 第一范式(1NF)

第一范式强调每一列都是不可分割的原子数据项。

先用 Excel 模拟建立一个数据库的表(图 3-5),并在表中填入一些数据。

表 1 显然不符合第一范式。把表 1 修改一下,将"系名/系主任"列拆分成两列,这样,表 2 就遵循了第一范式(图 3-6)。

表 2 存在的问题如下。

(1) 比较严重的数据冗余,如姓名、系名、系主任列。

学号	姓名	系名/系主任	课程名称	分数
1	Ziph	信息系/何主任	Java	100
1	Ziph	信息系/何主任	C++	90
2	Marry	信息系/何主任	Java	99
2	Marry	信息系/何主任	Python	95
3	Jack	管理系/刘主任	会计	100
3	Jack	管理系/刘主任	酒店管理	88

图 3-5　数据库表 1

学号	姓名	系名	系主任	课程名称	分数
1	Ziph	信息系	何主任	Java	100
1	Ziph	信息系	何主任	C++	90
2	Marry	信息系	何主任	Java	99
2	Marry	信息系	何主任	Python	95
3	Jack	管理系	刘主任	会计	100
3	Jack	管理系	刘主任	酒店管理	88

图 3-6　数据库表 2

(2) 添加数据问题。当在数据表中添加一个新系和系主任时,比如在数据表中添加高主任管理化学系,添加后的数据表中就会多出高主任和化学系,而这两个数据并没有对应哪个学生,显然这是不合法的数据。

(3) 删除数据问题。如果 Jack 同学已经毕业多年,数据表中没有必要再保留 Jack 的相关数据。当在表 2 中删除 Jack 的相关数据后,刘主任和管理系以及会计和酒店管理专业都消失了,这显然是不合理的。

3.6.3 第二范式(2NF)

先来了解几个概念,包括函数的完全依赖、部分依赖和传递依赖。

函数依赖:即 A→B(符号→,指确定关系),如果通过 A 属性(或属性组)的值可以确定唯一 B 属性的值,则可以称 B 依赖于 A。例如,可以通过学号来确定姓名,可以通过学号和课程来确定该课程的分数等等。

(1) 完全函数依赖。即 A→B,如果 A 是一个属性组,则 B 属性的确定需要依赖 A 属性组中的所有属性值。例如,分数的确定需要依赖学号和课程,而学号和课程可以称为一个属性组。如果有学号没有课程,只知道是谁的分数,而不知道是哪一门课的分数。如果有课程没有学号,那只知道是哪门课程的分数,而不知道是谁的分数。所以该属性组的两个值是必不可少的。这就是完全函数依赖。

(2) **部分函数依赖**。即 A→B,如果 A 是一个属性组,则 B 属性的确定需要依赖 A 属性组中的部分属性值。例如,如果一个属性组中有两个属性值,它们分别是学号和课程名称。那姓名的确定只依赖这个属性组中的学号,与课程名称无关。简单来说,依赖于属性组中的部分成员即可成为部分函数依赖。

(3) **传递函数依赖**。即 A→B→C,传递函数依赖就是一个依赖的传递关系。通过确定 A 来确定 B,确定 B 之后就可以确定 C,三者的依赖关系就是 C 依赖于 B,B 依赖于 A。例如,可以通过学号来确定这位学生所在的系部,再通过系部来确定系主任是谁。而这三者的依赖关系就是一种传递函数依赖。

再来了解另一组概念,即码(候选码)、主属性码和非属性码。

(1) **码**。如果在一张表中,一个属性或属性组被其他所有属性所完全函数依赖,则称这个属性(或属性组)为该表的候选码,简称码。然而码又分为主属性码和非属性码。例如,没有学号和课程,无法确定分数,所以分数完全函数依赖于课程和学号。

(2) **主属性码**。主属性码也叫主码,即在所有候选码中挑选一个做主码,这里相当于主键。例如,分数完全函数依赖于课程和学号。该码属性组中的值就有课程、学号和分数,所以在三个候选码中挑选一个做主码,就可以挑选学号。

(3) **非属性码**。除主码属性组以外的属性叫做非属性码。例如,在分数完全函数依赖于课程和学号时,其中的学号已经被选为主码。那么就可以确定,除了学号以外,其他的属性值都是非属性码。也就是说,在这个完全函数依赖关系中,课程和分数是非属性码。

于是,在上述概念的基础上,就有第二范式的概念,即在 1NF 的基础上,非属性码的属性必须完全依赖于主码。或者说,在 1NF 的基础上消除非属性码的属性对主码的部分函数依赖。

还使用分数完全函数依赖于学号和课程这个函数依赖关系。此关系中非属性码为课程和分数,主码为学号。梳理清楚关系后,在 1NF 的基础上,非属性码的属性必须完全依赖于主码的第二范式。这就需要继续修改表结构了。遵循 1NF 和 2NF 的表结构如图 3-7 所示。

表3		
学号	课程名称	分数
1	Java	100
1	C++	90
2	Java	99
2	Python	95
3	会计	100
3	酒店管理	88

表4			
学号	姓名	系名	系主任
1	Ziph	信息系	何主任
2	Marry	信息系	何主任
3	Jack	管理系	刘主任

图 3-7　数据库表 3 和表 4

表 2 根据 1NF 和 2NF 拆分成了表 3 和表 4。这时候,表 3 中的分数就完全函数依赖

表 3 中的学号和课程。表 4 也挑选学号做主码。虽然解决了数据冗余问题,但是仅仅这样还不够,上述其他的两个问题,即数据删除和数据添加问题并没有解决。

3.6.4　第三范式(3NF)

第三范式是在 2NF 的基础上消除传递依赖。

上述数据表中有哪些传递依赖呢?表 4 中的传递依赖关系为:姓名→系名→系主任。该传递依赖关系为系主任传递依赖于姓名。为消除传递依赖,办法还是拆分表 4 为表 5 和表 6(图 3-8)。

图 3-8　数据库表 5 和表 6

把表 4 拆分成表 5 和表 6 后,再来分析添加和删除问题就会有不一样的结果。假设在数据表中添加高主任管理的化学系时,该数据只会添加到表 6 中,不会发生传递依赖而影响其他数据。假设 Jack 同学毕业了,要从表中删除 Jack 同学的相关数据,只要删除表 4 中的学号 3 数据和表 5 中的学号 3 数据即可,它们也没有传递依赖关系,同样不会影响其他数据。

3.6.5　范式的表设计

数据库的六大范式一级比一级要求严格,各种范式呈递次规范,越高的范式,数据库冗余越小。范式即是对数据库表设计的约束,约束越多,表设计就越复杂。表数据过于复杂,给后期数据库表的维护以及扩展、删除、备份等操作带来了一定的难度。所以,在实际开发中,只需要遵循数据库前面的三大范式即可,不需要额外扩展。

剖析三大范式的时候,最终版本的表结构就是表 3＋表 5＋表 6。需要说明一个问题,这样设计表是可以的,但并不是很合理。因为建表时是有主键和外键约束的。在这三张表中,第一列默认为主键,其中主键为学号还可以接受,如果主键为系名,占用的空间就变大很多,在表的级联查询中会损耗性能。所以,一般设计表时需要主键约束,而其主键基本都是占用内容空间很小的数字。

【作　　业】

1. 1970 年,在刊物《美国计算机学会通讯》上发表论文《大型共享数据库的关系模型》,首次提出数据库"关系模型"概念的是(　　　)。

    A. 埃德加·考特　　　　　　　　　　　　B. 冯·诺依曼

    C. 埃德加·斯诺　　　　　　　　　　　　D. 艾伦·麦席森·图灵

2. 在非结构化数据库出现之前,数据库领域的研究工作大都以(　　　)为基础。

    A. 层次模型　　　　B. 关系模型　　　　C. 网状模型　　　　D. 文件模型

3. 下列数据库软件产品中,(　　　)不属于关系数据库。

    A. Oracle　　　　　B. SQL Server　　　C. MySQL　　　　D. NewSQL

4. 关系数据库也是一个被组织成一组拥有正式描述性的(　　　),其中的数据能以不同的方式被存取,而不需要重新组织数据库。

　　A. 标准　　　　　　B. 表格　　　　　　C. 文件　　　　　　D. 图形

5. 在关系数据库中,现实世界的实体以及实体间的各种联系均用(　　)来表示。

　　A. 等级　　　　　　B. 对象　　　　　　C. 动作　　　　　　D. 关系

6. 在关系数据库中,从用户角度看,关系模型中数据的逻辑结构是一张(　　)。

　　A. 箱线图　　　　　B. 思维导图　　　　C. 二维表　　　　　D. 立体图

7. 关系数据库管理系统(RDBMS)是一套管理数据及操作数据的程序,它至少应该实现存储介质管理程序、内存管理程序、(　　)和查询语言等 4 个组件。

　　A. 数据字典　　　　B. 图形界面　　　　C. 计算程序　　　　D. 优化程序

8. 大型企业的 IT 部门一般会搭建共享的存储空间。在这种情况下,会把整个大型(　　)合起来当作一项存储资源,而数据库服务器可以从其中读取数据,或是把数据保存到其中。

　　A. 软盘驱动器　　　B. 磁盘阵列　　　　C. 闪存驱动器　　　D. 磁鼓驱动器

9. MySQL 是目前最流行的关系数据库管理系统之一。下列(　　)不属于 MySQL 的特点之一。

　　A. 速度快　　　　　B. 非结构化　　　　C. 体积小　　　　　D. 开放源码

10. 无论使用哪种存储系统,RDBMS 都需要记录每条数据的存储位置。基于磁带的存储系统有个缺点,就是必须(　　)搜寻磁带,方能获取到待查询的数据。

　　A. 随机搜索　　　　B. 倒挡追溯　　　　C. 网络跟踪　　　　D. 从头至尾

11. (　　)是一套包含定位信息的数据集,其中的定位信息会指明由数据库保存的那些数据块分别存储在磁盘中的什么位置上。

　　A. 模块　　　　　　B. 程序　　　　　　C. 索引　　　　　　D. 数组

12. 作为 RDBMS 的一部分,(　　)记录了与数据在数据库中的存储结构有关的信息。

　　A. 数据字典　　　　B. 图形界面　　　　C. 计算程序　　　　D. 优化程序

13. 数据字典里面包含多个层次的数据库结构信息,但以下(　　)不属于其中之一。

　　A. 表(table)　　　B. 类(class)　　　C. 列(column)　　　D. 索引(index)

14. (　　)是一种规则,它可以进一步限制某列所能存放的数据值。

　　A. 索引　　　　　　B. 秩序　　　　　　C. 纪律　　　　　　D. 约束

15. (　　)是由一张或多张表格的相关列以及根据这些列算出的数值所构成的,可以用来限定用户所能看到的数据范围。

　　A. 模块　　　　　　B. 程序　　　　　　C. 视图　　　　　　D. 数组

16. (　　)是一种特殊目的的编程语言,用于存取数据以及查询、更新和管理关系数据库系统。

　　A. 面向对象设计语言　　　　　　　　B. 结构化查询语言

　　C. 面向过程查询语言　　　　　　　　D. 表处理语言

17. 下列(　　)不属于 SQL 语句的功能之一。

　　A. 数据字典　　　　B. 数据定义　　　　C. 数据操纵　　　　D. 数据控制

18. ACID 是个首字母缩略词,它是指关系数据库管理系统的四项特征,但下面(　　)

不属于这些特征之一。

 A. 原子性   B. 控制性   C. 隔离性   D. 持久性

19. 关系数据库建立有六种范式,即第一范式(1NF)、第二范式(2NF)、第三范式(3NF)、巴斯-科德范式(BCNF)、第四范式(4NF)和第五范式(5NF,又称完美范式)。一般来说,数据库设计只需满足(   )就可以了。

 A. 第一范式   B. 第四范式   C. 第六范式   D. 第三范式

【实验与思考】 熟悉 RDBMS 与 SQL

1. 实验目的

(1) 熟悉关系模型和关系数据库的发展历史。

(2) 熟悉 RDBMS 结构,了解数据库 SQL 语言及其语句结构。

(3) 掌握关系数据库的 ACID 特征,了解关系数据库的三大范式。

2. 工具/准备工作

开始本实验之前,请认真阅读课程的相关内容。

需要准备一台带有浏览器,能够访问因特网的计算机。

3. 实验内容与步骤

(1) 请结合查阅相关文献资料,为"关系数据库"给出一个权威性的定义。

答:_____

_____

_____

这个定义的来源是:_____

(2) 请仔细阅读本章课文,熟悉关系数据模型,熟悉关系数据库。在此基础上,撰写短文,讨论"关系数据库管理系统(RDBMS)的 4 个必备组件"。

---------------------- 请将短文另外附纸粘贴于此 ----------------------

(3) 写出一条 SQL 数据操作语言的范例语句。

答:_____

_____

(4) 写出一条 SQL 数据定义语言的范例语句。

答:_____

_____

_____

4. 实验总结

5. 实验评价（教师）

NoSQL 数据模型

4.1 分布式数据管理

第 1 章介绍了分布式系统和 Hadoop。如果某系统运行于多台服务器中,该系统就称为分布式系统。本章继续介绍分布式数据管理。

NoSQL 数据库提供的各类解决方案能够处理很多种数据管理问题。NoSQL 数据库通常(而非严格规定)在分布式环境中使用,运行在多台服务器上。为此,这里主要讨论多台服务器在使用同一份逻辑数据库时遇到的数据管理问题。许多 NoSQL 数据库都要利用分布式系统的某些特性,但它们管理数据时采用的策略可能会有所不同。

NoSQL 数据库在某种程度上还可以简化服务器的管理,例如只需在集群中添加或移除服务器,而不用给某一台服务器添加或移除内存及 CPU 等资源。而且,某些 NoSQL 数据库还可以自动判断是否有新的服务器添加到集群之中,或是否有服务器从集群中移除。

4.1.1 分布式数据库的任务

通常数据库系统必须完成两项基本任务,即存储数据及获取数据。为此,数据库管理系统(DBMS)应该做好三件事:持久地存储数据、维护数据一致性以及确保数据可用性。

为了确保整个系统能够在集群中的某些服务器出现网络故障时依然正常运作,需要在一致性、可用性及保护措施之间权衡,而权衡时尤其要考虑分布式系统的局限性。

(1) 持久地存储数据。

数据必须持久地存储起来,也就是说,必须要采用某种存储方式,使得关闭数据库服务器之后,依然能够保留数据。只有那些存放在磁盘、闪存、磁带或其他长期存储设备中的数据,才可以称为持久化存储的数据。

持久化存储的数据可以用不同的方式获取。存储在闪存设备中的数据可以直接按照存储位置读取;而要读取磁盘或磁带中的数据,则必须先把驱动器中的活动部件移动到适当位置,使得设备的读取磁头位于待读的数据块上方,然后再进行读取。

设计数据库时,可以采用一种简单的方式实现读取操作,也就是从数据文件的顶端开始逐条搜索待读取的数据。这种方式会令响应时间特别长,而且会浪费宝贵的计算资源。为了避免读取数据时扫描整张表格,可以使用数据库索引帮助我们迅速找到某条数据的位置。索引是数据库的一种核心元素。

（2）维护数据的一致性。

在向持久存储设备中写入数据时，一定要保证数据的正确性。然而，除非发生硬件故障，当两位或多位数据库用户使用同一份数据时，正确地实现读取操作和写入操作则是个常见问题。

比如，小芳正在使用数据库应用程序修改公司的财务记录。她刚收到客户支付的一些款项，正要把它们更新到财务系统里。这个操作需要分两步执行。首先更新客户的待付账款；然后更新本公司的可用资金总额。当小芳正在操作时，小明要下订单购买更多的货品。提交订单前，他必须先确认公司有足够的资金来支付该订单，因此，他想查询公司的可用资金总额。在极端的情况下，小明查询数据库时，小芳正好在更新客户的待付账款及公司的可用资金总额，小明看到的资金总额并没有包括客户刚刚支付的款项。通常情况下，关系数据库系统会将这种包含多个步骤的流程视为一项不可分割的操作，从而协调完成该操作，如图 4-1 所示。这种操作又称为事务。

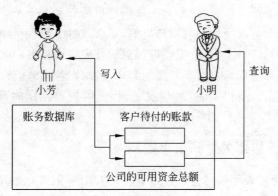

图 4-1　数据库中的数据应协调一致

（3）确保数据的可用性。

用户有需要的时候，数据应该可供随时取用。但这一点有时不一定能保证，因为硬件可能会出故障，数据库服务器的操作系统可能需要打补丁，管理员也有可能安装新版的数据库管理系统。如果数据库只运行在一台服务器上，很多原因会导致用户无法访问数据。

要避免数据库服务器不可用的问题，有一种办法是配置两台数据库服务器。用来更新数据并响应用户的那台服务器叫做主服务器，另外一台叫做备份服务器。备份服务器一开始会把主服务器中的数据库复制一份过来，在后续的使用过程中，主数据库发生的任何变化都会反映到备份服务器里。

数据库事务是一种由多个步骤组成的操作，只有这些步骤都执行完毕时，该事务才算完成。每次修改数据库中的数据时，都要像上面那样依次更新两台服务器，那么每一次数据修改操作就都是一项由多个步骤所构成的事务。

假设小芳和小明的公司配置了一台备份服务器。那么，每当小芳更新客户的账号时，备份服务器中的数据也做出同样的修改。这就要求数据库系统必须执行两次数据写入操作。在这个两阶段提交的范例中，第一阶段是指数据库系统把数据写入（或提交到）主服务器的磁盘,而第二阶段则是指数据库系统把数据写入备份服务器的磁盘。更新这两个数据库所经历的流程与其他的多步骤事务是相似的。

配备两台数据库服务器的方案固然有优点,但也会有一定的开销。数据库应用程序以及使用该程序的用户都必须等待写入操作顺利执行完毕。执行两阶段提交时,两个数据库都必须正确地把数据修改完毕,才能使整个写入操作完成。因此,该操作的执行速度取决于写入的数据量、磁盘的写入速度、两台服务器之间的网络通信速度以及其他一些设计因素。

可以预见,要在多台服务器中维护同一个数据库管理系统是有一些困难的。如果两台数据库服务器必须保证各自拥有的数据相同,那么数据库系统就要花费更长的时间来执行相关的事务。对于必须随时保证一致性及高度可用性的应用程序来说,这么做是值得的。银行里的财务系统就属于这种情况。然而,对其他一些应用程序来说,能够迅速执行数据库操作要比随时保持数据一致性更为重要。

比方说,某个电子商务网站可能会用两台不同的数据库服务器来维护两份购物车数据。如果其中一台服务器发生故障,那么用户仍然可以访问另一台服务器中的购物车数据。假设现在要为这个电商网站编写用户界面,那么,在用户按下“添加到购物车”这一按钮之后,需要等待多长时间才算合适呢?最理想的效果应该是客户立刻就能得到响应,从而可以继续购物。如果用户觉得这个界面用起来很慢,而且不够流畅,可能就会去改用另外一家性能更好的网站。所以,在这种情况下,快速响应要比随时维持数据一致性更为重要。

4.1.2 在响应、一致与持久之间求平衡

NoSQL 数据库通常采用最终一致性来满足用户对一致性的需求,也就是说,在某一段时间内,多份数据副本中的数值可能会不同,但它们终究会具备相同的值。这种实现方式使得用户在查询数据库的时候,有可能会从集群中的各台服务器里获取不同的结果。例如,有一个具备最终一致性的数据库,小芳修改了该数据库中某位客户的地址,而当修改刚刚完成时,小明就读取了该客户的地址,那么他看到的是旧地址还是新地址呢?对于那种严格保证一致性的关系数据库来说,这个问题比较好回答,但是对于采用最终一致性的 NoSQL 数据库来说,可就没那么简单了。

NoSQL 数据库经常采用“最低响应数”这一概念来处理读取操作及写入操作。只有当一定数量的服务器对读取操作或写入操作做出响应时,该操作才算执行完毕,而这个数量就叫做“最低响应数”。

执行读取操作时,NoSQL 数据库可能会从多台服务器中读取数据:在绝大部分情况下,数据库读取到的这些数据都是相同的。但是有的时候,数据库可能会把某台服务器中的数据复制到其他服务器存储的副本里面,而在复制过程中,副本服务器里现存的数据可能会与源服务器有所不同。

执行读取操作时,若要判断各台服务器返回的响应数据是否正确,其中一个办法是同时查询含有该数据的那些服务器。对于每一种响应结果来说,数据库都会统计出返回这种结果的服务器数量,如果某种结果对应的服务器数量达到或超过某个预先配置好的临

界值(阈值),就把该结果返回给用户。比如,如果 NoSQL 数据库中的数据保存在 5 台副本服务器中,且数据库的读取阈值设为 3,那么,只要其中 3 台服务器给出相同的应答消息,系统就会把该结果返回给用户。

通过修改这个阈值,可以改善应答时间或数据一致性。如果把读取阈值设为 1,那么系统可以快速地响应用户的查询请求。该值越低,响应速度就越快,但是数据不一致的风险也会随之增大。

通过设置读取阈值,可以在响应时间与一致性之间求得平衡,与之类似,也可以通过设置写入阈值使响应时间和持久性之间取得平衡。持久性是一种能够长期维持数据副本正确无误的性质。执行写入操作时,副本服务器会把数据写入各自的持久化存储空间中,只有当完成写入操作的服务器数量大于或等于写入阈值时,整个写入操作才算彻底执行完毕。

如果把写入阈值设为 1,那么只要有一台服务器把数据写入持久化存储空间,整个写入操作就算完成了。这样做能够提高响应速度,却会降低持久性。如果这台服务器发生故障,或是其存储系统出错,这份数据就会丢失。

为了保证持久性,至少应该把写入阈值设为 2,同时还可以增加副本服务器的数量。只要保存数据副本所用的服务器数量大于写入阈值,就可以在不增加写入操作响应时间的前提下,用更多的副本服务器来提升数据的持久性。

4.1.3　熟悉 CAP 定理

CAP 定理是计算机科学家布鲁尔(Brewer)提出的,也称为布鲁尔定理。该定理指出分布式数据库不能同时具备一致性、可用性及分区保护性。一致性是指各台服务器中的数据副本,其内容要保持彼此相同。可用性是指数据库要能够响应任何查询请求。分区保护性意味着当连接两台或多台数据库服务器的网络发生故障时,各分区中的服务器依然保持可用,并且能够提供一致的数据。

两阶段提交操作是一种尽力维护数据一致性的做法,但它可能导致用户在一小段时间内无法访问最新的数据,因为在执行两阶段提交时,其他的数据查询请求都会受到阻塞。用户必须等两阶段提交操作彻底完成后,才能访问到已经更新好的数据。这是一种以降低可用性来提升一致性的做法。

当网络中某个区域内的设备彼此之间可以通信,但它们都无法与该区域外的其他设备相通信的现象称为分区。CAP 定理中的分区指的是数据库服务器彼此无法发送消息的现象。如果同一个分布式数据库中的服务器由于网络故障而形成两个分区,那么可以允许这两个分区内的服务器各自响应用户的查询请求。这样做能够确保可用性,但同时也更容易发生数据不一致的问题。与之相反,如果禁用其中一个分区,只允许另外一个分区内的服务器响应用户的查询请求,就可以避免由于多台服务器返回的数据不同而导致的数据不一致问题。但是这样做却降低了系统的可用性,使得某些用户无法查询数据。从实际情况来看,网络分区现象非常罕见,数据库应用程序的设计者所要权衡的因素主要还是一致性与可用性。

4.2　NoSQL 数据库性质

　　虽然 NoSQL 数据库有时也能提供某种程度的 ACID 事务(原子性、一致性、隔离性、持久性),但一般来说,它主要支持的还是 BASE 事务(基本可用、软状态、最终一致)。

4.2.1　数据库性质 BASE

　　BASE 中的 BA,指的是基本可用,是指如果分布式系统中的某些部分出了故障,系统中的其余部分依然可以继续运作。例如,某个 NoSQL 数据库运行在 10 台服务器上,但是没有创建数据副本。当其中一台服务器出现故障后,10％的用户查询请求无法处理,但剩余 90％的查询请求依然可以得到响应。实际上,NoSQL 数据库通常会在各台服务器上保留多份副本,所以,即便其中一台服务器发生故障,数据库也依然能够响应所有的数据查询请求。

　　BASE 中的 S,指的是软状态,是指那种不刷新就会过期的数据。对于 NoSQL 数据库的操作来说,这是一种数据最终会为新值所覆写的现象。

　　BASE 中的 E,指的是最终一致性,即数据库里的数据有时会处在不一致的状态。比如,某些 NoSQL 数据库会在多台服务器中保留多份数据副本,当用户或程序更新了其中的某一份副本时,其他副本中的数据可能还是旧的。不过,由于有了复制机制,NoSQL 数据库最终还是能够更新完所有的副本。更新全部副本所花的时间,取决于系统负载及网络速度等诸多因素。

4.2.2　体现最终一致性

　　最终一致性可以体现为下面几种类型。

　　(1) 因果一致性。指保证数据库会按照相关操作的先后顺序来更新自己的数据。

　　(2) 所读即所写一致性。指更新完某条记录之后,对这条记录的读取操作肯定能返回更新后的值。

　　(3) 会话一致性。指数据库在会话期间能够保持所读即所写的一致性。

　　可以把会话想象成客户端与服务器或是用户与数据库之间的一场谈话。只要谈话还在进行,数据库就会记住谈话期间所做的全部写入操作。当用户从使用数据库的应用程序中退出时,会话就有可能终止。此外,如果用户长时间没有给数据库发送命令,数据库也可能会认为用户不再需要会话,从而放弃这次会话。

　　(4) 单调读取一致性。指确保用户查询到某个结果之后,不会再看到该值的早前版本。

　　(5) 单调写入一致性。指确保用户执行多条更新命令时,数据库会按照这些命令的发布顺序来执行更新。

　　这是一项非常重要的特性。如果数据库无法保证各操作之间的执行顺序,就必须在编写应用程序时自行构建相关的机制,使程序能够按照所需的顺序来执行这些操作。

4.3　键值数据库类型

键值数据库(又称键值对数据库)是形式最简单的 NoSQL 数据库,它围绕键和值这两个组件来建模。其中键是查询数据时依据的标识符,而值则是与该键相关联的数据。

4.3.1　键

键(key)是和值相关联的标识符,类似机场托运行李时的行李牌(图 4-2),为键值数据库生成键的时候,可以采用类似的办法。

假设要为电商网站制作一个生成键的程序。对于访问该网站的每位顾客,要记录五项信息:顾客的账号、姓名、地址、购物车内的货品数以及顾客类型(会员制度)。由于这些值都与具体的顾客相关,所以可以给每位顾客生成一个序列号。对于待保存的每项信息来说,可以把该信息的名称添加到顾客号的后面,以此来创建新的键。例如,可以采用 1.accountNumber、1.name、1.address、1.numItems 及 1.custType 等键来保存与系统中的第一位客户有关的各项信息。

图 4-2　行李牌

以仓库为例,可能需要根据顾客购物车中所放的货品来查出距离最近的仓库,以便估算收货日期。而对于每个仓库来说,则需要记录其编号和地址。现在编写另外一个序列号生成器,以便为仓库的各项信息生成对应的键。例如,该生成器可能也会给第一个仓库生或 1.number 及 1.address 这两个键。于是,顾客与仓库的数据就都用到了 1.addrcss 这个键。如果相关的数据都用这个键来存储,就会出现问题。

解决此问题的一种办法是制定命名规范,把实体的类型也包含在生成的键名之中。例如,可以用 cust 前缀来表示顾客,而用 wrhs 前缀来表示仓库:把序列号生成系统给出的键名添加到对应的前缀后面,就可以构成独特的键了。存放顾客数据所用的键,其名称会变成以下内容。

```
cust1.accountNumber
cust1.name
cust1.address
cust1.numItems
cust1.custType
cust2.accountNumber
cust2.name
cust2.address
cust2.numItems
cust2.custType
```

与之类似,存放仓库数据所用的键也会变成以下内容。

```
wrhs1.number
wrhs1.address
wrhs2.number
wrhs2.address
```

设计键的名称时有一条重要原则,就是这些名称必须互不相同,所用的键位于不同的命名空间中。命名空间是标识符的集合,可以把整个数据库当成一个命名空间。在这种情况下,数据库内的所有键都必须是独一无二的。某些键值数据库系统可以在同一个数据库内部划分出多个命名空间。若想实现这种划分,就必须在配置数据结构的时候,把数据库内的标识符分成不同的集合(这样的数据结构称为桶,见图 4-3)。

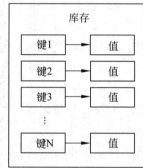
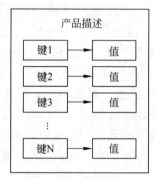

图 4-3 键值数据库系统在单个数据库内支持多个不同的命名空间(例如销售"桶")

4.3.2 值

值(value)就是与键相关联的存储数据。键值数据库中的值可以保存很多不同的内容。简单的值可以是字符串,用来表示名称;也可以是数字,用来表示顾客购物车中的商品数量。而复杂的值,则可能用来存放图像及二进制对象等数据。

键值数据库使得开发者能够非常灵活地存储各种数值。比如,可以存储长度不同的字符串。Cust123.address 的值既可以是"543 N. Main St",也可以是"543 North Main St. Portland,OR 97222."。值的类型也可以随时变动。比如,在存放雇员信息的数据库中,Emp328.photo 这个键可能会用来保存某位雇员的照片。如果数据库里有这张照片,那么该键对应的值就可以是 BLOB(二进制大型对象)类型;若数据库中没有此照片,则该键可以对应字符串类型的值,其中可包含"Not available."字样的文本。键值数据库通常并不会强制检查值的类型。

由于键值数据库实际上可以存放任意类型的值,所以软件开发者要在自己的程序中实现适当的检测机制。例如,某程序在处理照片信息时,只能接受 BLOB 类型的值,或写有"Not available."文本的字符串值。在这种情况下,开发者可以设法拦住非法的值,也可以选择支持任意的 BLOB 对象及任意的字符串值。程序员必须根据程序的需求来确定有效的取值范围,并保证用户输入的值都在这个有效的取值范围之内。

4.4　文档数据库类型

文档数据库也称为面向文档的数据库,与键值数据库类似,此类数据库也使用标识符来查询相关的值,但是这种值通常要比一般的键值数据库存储的值更为复杂。文档数据库的值以文档的形式存储。这里所说的文档是一种半结构化的实体,是一种以字符串形式或字符串的二进制形式来存储的数据结构,其格式一般是标准的 JSON 或 XML。

4.4.1　文档

文档数据库并不会把实体的每个属性都单独与某个键相关联,而是会把多个属性存储到同一份文档里面。

下面就是一份 JSON 格式的范例文档。

```
{
    firstName: "Alice",
    lastName: "Johnson",
    position: "CFO",
    officeNumber: "4-120",
    fficePhone: "554-224-3456",
}
```

文档数据库的一项重要特性就是用户在向数据库里添加数据之前,不需要先定义固定的模式。用户只需要给数据库里添加文档就可以了,数据库会自行创建支持该文档所需的底层数据结构。

因为不需要有固定的模式,所以开发者对文档数据库的使用方式比较灵活。比如,可以定义另外一份有效的雇员文档,内容如下。

```
{
    lastName: "Wilson",
    position: "Manager",
    officeNumber: "4-130",
    officePhone: "554-224-3478",
    hireDate: "1-Feb-2010",
    terminationDate: "14-Aug-2014"
}
```

开发者可以根据需求向数据库文档中添加属性,而这些属性的管理则应该由访问该数据库的程序来负责。比如,如果要求所有的雇员文档中都必须包含 firstName 及 lastName 属性,就应该在程序中编写相应的检测代码,以确保所添加的雇员文档都符合这条规则。

4.4.2　查询文档

文档数据库提供了一些 API(应用程序编程接口)或查询语言,使开发者可以根据属性值来获取文档。比如,数据库里面有一组雇员文档,这组文档统称"employees",那么就可以用下面的语句找出职位为 Manager(经理)的所有雇员。

```
Db.employees find({position: "Manager"})
```

与关系数据库类似,文档数据库一般也支持 AND(且)、OR(或)、greater than(大于)、less than(小于)及 equal to(等于)操作符。

4.4.3 文档与关系数据库的区别

文档数据库与关系数据库的一项重要区别,在于文档数据库不需要预先定义固定的模式。此外,文档数据库里可以嵌套其他文档以及由多个值所构成的列表。例如,某位雇员的文档中可以包含一份列表,用以记录该雇员在公司内所经历的各种职位。这份文档的内容可能会如下所示。

```
{
    firstName: "Bob",
    lastName: "Wilson",
    positionTitle: "Manager",
    officeNumber: "4-130",
    officePhone: "554-224-3478",
    hireDate: "1-Feb-2010",
    terminationDate: "14-Aug-2014"
    PreviousPositions: [
        {   \position: "Analyst",
            StartDate: "1-Feb-2010",
            endDate: "10-Mar-2011"
        } {
            Position: "Sr. Analyst",
            startDate: "10-Mar-2011",
            endDate: "29-May-2013"
        }]
}
```

由于文档数据库中的文档本身就可以嵌入其他文档或数值列表,因此不需要再对文档进行 join 操作。但有的时候可能会把一些小文档的标识符写成一份列表存放在大文档中,此时,如果开发者需要通过标识符来查询小文档里面的属性,就必须在程序中自行实现这种查询操作。

文档数据库可能是最流行的一种 NoSQL 数据库,它能够在文档中写入多项属性,并且提供了查询这些属性的功能,在这一方面,文档数据库与关系数据库是类似的。然而文档数据库还允许每份文档之中的属性有所变化,因而在这一点上又比关系数据库更加灵活。

4.5　列族数据库类型

列族数据库是最复杂的一种 NoSQL 数据库,它具备关系数据库的某些特征,例如,它能够把数据划分到许多列之中。但为了提升性能,列族数据库可能会削减关系数据库的某些能力,如表格的 link(链接)或 join(连接)等机制。列族数据库的某些术语和关系数据库类似,如行(row)、列(column)等,但这两种结构有一些重要差别。

4.5.1　列与列族

列是列族数据库的基本存储单元。列有名称和值,某些列族数据库除了名称和值之外,还会给列赋予时间戳。若干个列可以构成一个行。各行之间可以具备相同的列,也可以具备不同的列(图 4-4)。

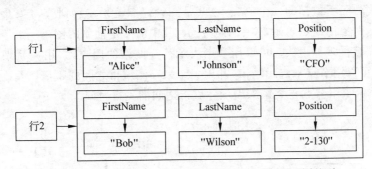

图 4-4　行由一个或多个列组成,不同的行可以有不同的列

如果列的数量比较多,那么最好把相关的列分成组,由列所构成的组就叫做列族。

与文档数据库类似,列族数据库也不需要预先定义固定的模式。开发者可以根据需要添加列。行可以由不同的列或超列构成。列族数据库适合保存那种列数比较多的行,经常可以见到能够支持上百万个列的列族数据库。

4.5.2　列族与关系数据库的区别

列族数据库没有表格的 join 操作功能。在关系数据库中,表是一种比较固定的结构,关系数据库管理系统可以利用这种结构的稳定性来优化数据在驱动器中的排布方式,并改善数据在执行读取操作时的获取方式。而列族数据库中的表则与之不同,在这种表格中,每一行都可能具备不同的列。

与关系数据库不同,列族数据库通常采用去规范化或结构化的方式来存放对象中的数据,也就是说,某个对象的相关数据可能全都存放在同一行内,这种行也许会包含很多列,从而显得非常宽。

列族数据库使用的查询语言与 SQL 类似,也支持 SQL 中的某些关键字,如 SELECT、INSERT、UPDATE 及 DELETE 等;此外,它还支持列族数据库专用的一些操作,如 CREATE COLUMNFAMILY。

4.6　图数据库类型

图数据库适合解决那种需要表示很多个对象以及对象间关系的问题,例如社交媒体、运输网及电网等。

图数据库通过图理论对数据进行存储、管理和查询。图数据库中的数据以图结构的形式存在,使用一种包含节点和关系(更准确地说,是顶点和边)的集合(结构)来建模。节点代表一个实体,是具有标识符和一系列属性的对象。每个属性是一个"键值"对,用来对实体或关联关系进行具体描述。关系是两个节点之间的链接,它可以包含与本关系有关的一些特征。

4.6.1　节点与关系

图数据库得名于数学的一个分支,也就是图论。图论是一种研究对象及其关系的理论,在图论中,对象用顶点表示,关系用边表示,其中的图是抽象的图。

图数据库有很多种用法。可以用节点表示社交网站的用户,并用关系来表示他们之间的友谊;也可以用节点来表示城市,并用关系来存储城市之间的距离以及出行时间等信息。图 4-5 演示了用节点与关系来表示各城市之间的飞行时间。

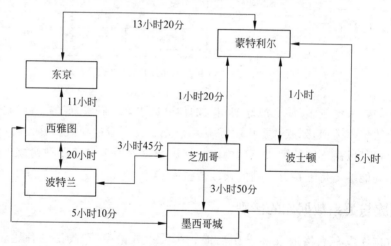

图 4-5　各个城市之间的飞行时间

节点与关系可以具备复杂的结构。例如,每个城市节点都可以存有多个机场信息,而且还可以保存人口数据及地理数据等信息。

4.6.2　图与关系数据库的区别

图数据库主要用来给对象之间的邻接关系进行建模。数据库里的每个节点都含有指向相邻对象的指针,这使得数据库能够快速执行那种需要沿着图中的路径来处理的操作。

例如,要根据图 4-5 找出从蒙特利尔到墨西哥城的每一条飞行路线。可以从代表蒙特利尔的节点开始,找到与之相邻的三个节点:波士顿、芝加哥和东京,然后再看这三个节点能否与墨西哥城连通。由于波士顿节点和墨西哥城节点之间没有建立关系,所以可以假设这两个城市之间没有直达航班,而芝加哥节点与墨西哥城节点之间有 3 小时 50 分的航程,于是加上从蒙特利尔到芝加哥的 1 小时 20 分,就可以知道,沿着这条路线到达墨西哥城总共需要 5 小时 10 分。而从蒙特利尔直飞墨西哥城的航班需要 5 小时。于是,综合分析可以判定,从蒙特利尔直达墨西哥城的路线是耗时最短的路线。

如果改用关系数据库来执行路径分析,就会更加复杂一些,相关的查询语句写起来会比较困难。

图数据库能够更加高效地查询图中各个节点之间的路径。由于许多应用程序都可以用图来建模,因此,图数据库能够简化这些应用程序的开发工作,并尽力缩减所需编写的代码总量。

4.7　选择 NoSQL 数据库

应用程序的开发者要选择编程序时所用的开发语言、工作时所处的开发环境以及部署产品时所用的 Web 框架。开始着手处理一个数据管理项目之前,开发者必须先选定要使用的数据库管理系统。各种类型的数据库管理系统都能够解决实际工作中的问题,但是要选出最恰当的数据库,就得理解自己所要解决的问题领域以及用户的需求。

关系数据库的设计过程是由数据库的结构和实体之间的关系来主导的。虽说设计 NoSQL 数据库的时候也需要对实体及其关系进行建模,但通常用户更关心的问题并不是怎样保留关系模型,而是如何提高性能。

人们选择关系数据模型,主要是为了应对数据异常问题,并缓解新应用程序在复用现有数据库时所遇到的困难。NoSQL 数据库的诞生尤其是为了应对传统数据库无法满足的巨量读写操作请求。为了提升读取操作及写入操作的性能,NoSQL 数据库可能会抛弃关系数据库的某些特性,如即时一致性以及 ACID 事务等。

通常可以使用查询来引领数据模型的设计,因为查询请求可以描述出数据的使用方式,据此来审视各种类型的 NoSQL 数据库究竟能不能很好地满足程序的需求。此外,选择 NoSQL 数据库时,还需要考虑以下因素。

(1) 数据的读取量和写入量。

(2) 是否允许副本里出现不一致的数据。

(3) 实体之间的实质关系及其对查询模式所产生的影响。

(4) 对可用性及灾难恢复能力的需求。

(5) 对数据模型灵活度的需求。

(6) 对延迟时间的需求。

键值数据库、文档数据库、列族数据库与图数据库(图 4-6)可以分别满足不同类型的需求,而且不同类型的 NoSQL 数据库也将彼此共存。之所以会出现这种情况,是因为业界所要面对的应用程序类型越来越多,这些程序的需求也彼此不同,有些需求甚至是相互冲突的。这四种 NoSQL 数据库之间的区别主要表现在建模时所使用的基本数据结构上面。

NoSQL 数据库不一定要实现为分布式系统,很多数据库也可以只运行在一台服务器上。但是,在极度关注可用性和可伸缩性的场合,就值得把 NoSQL 数据库部署在多台服务器上。一旦进入分布式系统,设计 NoSQL 数据库及相关的应用程序时,需要在可伸缩性、可用性、一致性、分区保护性以及持久性之间求得平衡,这些技术决策在单服务器环境中是无须考虑的。

图 4-6　NoSQL 数据库

4.7.1　选用键值数据库

对于频繁读取并写入少量数据且数据模型较为简单的应用程序来说,键值数据库是非常合适的。键值数据库中存储的值既可以是整数或布尔数等简单的纯量,也可以是列表及 JSON 数据等复杂的结构化数据类型。

键值数据库一般都会提供简单的查询机制,以便根据某个键来搜寻与之相关的值。某些键值数据库还提供了更灵活一些的搜索功能,但它的查询能力依然比不上文档数据库、列族数据库和图数据库。

键值数据库广泛地运用在各种应用程序之中,其用途包括以下内容。

(1) 缓存关系数据库中的数据,以改善程序性能。

(2) 追踪 Web 应用程序中容易发生变化的一些属性,如用来保存购物车中的货品。

(3) 存储移动应用程序中的配置信息和用户数据信息。

(4) 存放图像文件及音频文件等大型对象。

可供选择的键值数据库包括 Redis、Riak 及 Oracle Berkeley DB。还有一些基于云端的键值数据库也可以供选择。例如,Amazon Web Services 提供了 SimpleDB 和 DynamoDB,Microsoft Azure 的 Table 服务也提供了键值存储机制。

4.7.2　选用文档数据库

文档数据库的特点在于灵活、高效而且易用,因此有可能是最为流行的一种 NoSQL 数据库。

如果应用程序需要存储大量的数据,而这些数据的属性又富于变化,那么文档数据库就是个良好的选项。假如用关系数据库来存储产品信息,那么建模者可能需要设计一张公用的表格来存放各类产品共有的属性,然后再为每类产品分别设计一张专用的表格来存放该类产品所特有的属性。若改用文档数据库来做,就会简单得多。文档数据库支持嵌入式文档,这种文档可以用来实现去规范化处理。利用嵌入式文档能够把经常需要查询的数据保存在同一份文档里面,而不用将其分散到多张表格之中。

文档数据库提供了索引机制,而且能够根据文档中的属性过滤文档,这使得它的查询能力要高于键值数据库。

文档数据库适用于许多场合,其中包括以下内容。

(1) 为读取量和写入量比较大的网站提供后端支持。

(2) 对属性多变的数据类型进行管理,如管理产品信息。

(3) 记录各种类型的元数据。

(4) 使用 JSON 数据结构的应用程序。

(5) 需要通过在大结构里面嵌套小结构来进行去规范化处理的应用程序。

可供选择的文档数据库有 MongoDB、CouchDB 及 CouchBase。有一些云端平台也提供了文档数据库服务,如 Microsoft Azure Document 以及 Cloudant 提供的数据库。

4.7.3　选用列族数据库

列族数据库的特点是能够处理大量数据,读取及写入操作的效率较好,并且具备高可用性。例如,谷歌用 BigTable 来满足其网络服务的需求,脸书研发了 Cassandra,以支撑其 Index Search 服务。这些数据库管理系统都运行在由多台服务器所构成的集群之中。

如果要处理的数据量很小,只用一台服务器就能够应对,那么列族数据库就显得过于庞大,此时可以考虑改用文档数据库或键值数据库。

适合使用列族数据库的场合如下。

(1) 应用程序总是需要向数据库中写入数据。

(2) 应用程序分布在地理位置不同的多个数据中心里面。

(3) 应用程序能够允许副本之间出现短暂的数据不一致现象。

(4) 应用程序所使用的字段经常变化。

(5) 应用程序有可能要处理巨量的数据,如数百 TB 的数据。

谷歌用 Google Compute Engine 展示了 Cassandra 数据库的处理能力,其演示所用的环境如下。

(1) 330 台 Google Compute Engine 虚拟机。

(2) 300 个容量为 1TB 的 Persistent Disk 磁盘卷。

(3) Debian Linux 操作系统。

(4) Datastax Cassandra 2.2 数据库。

(5) 每份数据至少写入两个节点之中(也就是把提交的 quorum 设为 2)。

(6) 用 30 台虚拟机生成 30 亿条记录,每条记录 170 个字节。

在上述环境中,Cassandra 集群每秒钟能够完成一百万次写入操作,其中有 95% 的操作耗时低于 23 毫秒。当集群中有 1/3 的节点不工作时,整个集群依然能够保持每秒百万次的写入能力,只是延迟会有所提升。

这种大数据处理能力可以用在很多领域之中,例如:

(1)通过网络通信和日志数据所表现出来的模式进行安全分析。

(2)进行大科学研究,如通过与基因和蛋白质组有关的数据进行生物信息学研究。

(3)通过交易数据来分析证券市场。

(4)Web 规模的应用程序,如搜索引擎。

(5)社交网络服务。

可供选择的列族数据库包括 Cassandra、HBase 等。

4.7.4　选用图数据库

图数据库最好用来解决较为特殊的某一类问题,例如,要处理的问题领域是一个由相互连接的实体所构成的网络。想判断图数据库是否适用于某个领域,一种办法是看领域内的实体实例与其他的实体实例之间是否具备某种关系。

比如,在电子商务程序中,两张订单之间可能没有联系。它们或许是由同一位客户所下的,但这只是个共享的属性,并不能算作一种联系。与之类似,某位游戏玩家的配置信息与游戏存档和另一位玩家的配置信息之间也不会有多少联系。像这样的实体,应该用键值数据库、文档数据库或关系数据库来建模。

而城市之间的公路、蛋白质之间的相互作用,以及雇员之间的相互协作等,实体的两个实例之间都具备某种联系、链接或是直接的关系。因此,这些问题领域都非常适合用图数据库来处理。此外,图数据库还适用于其他一些领域,例如:

(1)网络与 IT 的基础设施管理。

(2)身份及访问管理。

(3)商务流程管理。

(4)推荐产品及服务。

(5)社交网络。

如果要处理的是大型社交网站等规模较大的图模型,可以先用列族数据库实现底层的存储与获取机制,然后把与图模型有关的操作搭建在底层的数据管理系统之上。

图数据库是 NoSQL 数据库中关注度最高、发展趋势最为明显的新型数据库。可供选择的图数据库有 Neo4j 及 Titan。

4.7.5　SQL 和 NoSQL 的结合

NoSQL 数据库与关系数据库是互为补充的。关系数据库的许多特性可以用来保证数据的完整性,并降低数据异常的风险。然而为了实现这些特性,某些操作的开销也会有所增大。有时候,人们更看重的是数据库的性能是否足够高,而不是它是否支持即时一致性或 ACID 事务。对于这些场合来说,选用 NoSQL 数据库可能会更好一些。

如今,关系数据库依然可以继续为交易处理系统及商务智能程序提供技术支持。通过数十年的工作积累,整个业界已经总结出了一套应对交易处理系统及数据仓库的开发技巧和设计原则,这套做法能够继续满足商业机构、政府机构和其他一些机构的需求。那些直接面向客户的 Web 应用程序、移动服务以及大数据分析等工作,有时能用关系数据库来处理,有时则不行。每一种数据库系统都有其擅长解决的问题类型,而开发者正是要根据自己面对的需求来寻找最适合解决该需求的那种数据库。

【作　　业】

1. NoSQL 数据库所提供的各类解决方案能够处理很多种数据管理问题,它通常运行在(　　)环境中。

    A. 超级机器　　　　B. 集中式　　　　C. 单系统　　　　D. 分布式

2. 通常,数据库系统必须要完成两项任务:存储数据及获取数据。为此,它应该做好三件事,但以下项目(　　)不在其中。

    A. 持久地存储数据　　　　　　　　B. 持续优化数据
    C. 维护数据一致性　　　　　　　　D. 确保数据可用性

3. 为了避免读取数据的时候扫描整张表格,可以使用(　　),它能帮助我们迅速找到某条数据所在的位置,这是数据库的一种核心元素。

    A. 数据库索引　　　B. 检索字典　　　C. 快速黄页　　　D. 顺序浏览

4. 在维护数据的一致性问题上,更为常见的情况是(　　)。

    A. 防止发生硬件故障
    B. 避免机器掉电
    C. 当两位或多位用户使用同一份数据时,如何正确实现读取和写入操作
    D. 要注意将分散的存储系统集中存放管理

5. 所谓(　　),是指将包含多个步骤的流程视为一项不可分割的操作,从而协调地完成该操作。

    A. 工程　　　　　B. 捆绑　　　　　C. 事务　　　　　D. 整合

6. 为在响应时间、一致性与持久性之间寻求平衡,NoSQL 数据库通常采用(　　)来满足用户对一致性的需求。

    A. 非一致性　　　B. 最终一致性　　C. 临时一致性　　D. 完全一致性

7. 处在分布式环境中的 NoSQL 数据库经常采用(　　)这一概念来处理读取操作及写入操作,即只有当一定数量的服务器对读取操作或写入操作做出响应时,该操作才算执行完毕。

    A. 最低响应数　　B. 最高响应数　　C. 一致响应数　　D. 完全一致性

8. CAP 定理是由计算机科学家布鲁尔提出的,该定理指出分布式数据库不能同时具备(　　)。

    A. 系统性、完整性、实时性　　　　B. 完整性、一致性、坚固性
    C. 系统性、及时性和保护性　　　　D. 一致性、可用性及分区保护性

9. NoSQL 数据库支持的 BASE 事务是指(　　)。

    A. 基本可用、软状态、最终一致　　B. 基础性、软件化、一致性
    C. 积极性、可靠性、完整性　　　　D. 通用性、基础性、耐用性

10. 键值数据库是形式最为简单的 NoSQL 数据库,它围绕两个组件来建模,即( )。

    A. 一个是程序,一个是数据   B. 一个是键,另一个是值

    C. 一个是模块,一个是数组   D. 一个是功能,一个是处理

11. 设计键的名称时有一条重要原则,就是这些名称必须( ),所用的键位于不同的名称空间之中。

    A. 同名同姓   B. 键值同名   C. 互不相同   D. 完全一致

12. 文档数据库的值是以文档形式存储的。这里所说的文档,是一种( )的实体。

    A. 条理化   B. 无结构化   C. 结构化   D. 半结构化

13. ( )是列族数据库的基本存储单元,它有名称和值。

    A. 列   B. 行   C. 模块   D. 结构

14. 列族数据库的行可以由不同的( )来构成。

    A. 超行   B. 行   C. 列或超列   D. 数组

15. 下列( )不属于可以用图数据库来处理的领域。

    A. Excel 表   B. 社交媒体   C. 运输网   D. 电网

16. 图数据库是通过( )对数据进行存储、管理和查询的。

    A. 列和行   B. 列和超列   C. 表   D. 图论

17. 图论是数学的一个分支,它是一种研究( )的理论,其中的图是抽象的图。

    A. 模块及其计算   B. 对象及其关系

    C. 数据及其结构   D. 数据及其算法

18. 在开始着手处理一个数据管理项目之前,开发者必须先选定所要使用的( )。

    A. Adobe   B. OOA   C. DBMS   D. OOP

19. 下列( )类型不属于主要的 NoSQL 数据库类型。

    A. 关系   B. 键值   C. 列族   D. 文档

20. NoSQL 数据库与关系数据库是( )的。

    A. 相互嵌套   B. 互为补充   C. 相互矛盾   D. 兼容并蓄

21. 什么是分布式系统?

    答:＿＿＿＿＿＿＿＿＿＿＿＿＿＿＿＿＿＿＿＿＿＿＿＿＿＿＿＿＿

＿＿＿＿＿＿＿＿＿＿＿＿＿＿＿＿＿＿＿＿＿＿＿＿＿＿＿＿＿＿＿＿＿＿＿

22. 描述两阶段提交的过程。这种提交方式有助于确保一致性,还是有助于确保可用性?

    答:＿＿＿＿＿＿＿＿＿＿＿＿＿＿＿＿＿＿＿＿＿＿＿＿＿＿＿＿＿

＿＿＿＿＿＿＿＿＿＿＿＿＿＿＿＿＿＿＿＿＿＿＿＿＿＿＿＿＿＿＿＿＿＿＿

＿＿＿＿＿＿＿＿＿＿＿＿＿＿＿＿＿＿＿＿＿＿＿＿＿＿＿＿＿＿＿＿＿＿＿

23. CAP 定理中的 C 和 A 分别是什么意思?对于这两个方面来说,提升其中的某一个方面,可能会使另外一个方面难以维持。请举例说明这种情况。

    答:＿＿＿＿＿＿＿＿＿＿＿＿＿＿＿＿＿＿＿＿＿＿＿＿＿＿＿＿＿

＿＿＿＿＿＿＿＿＿＿＿＿＿＿＿＿＿＿＿＿＿＿＿＿＿＿＿＿＿＿＿＿＿＿＿

24. 文档数据库与键值数据库有什么区别?

答:＿＿＿＿＿＿＿＿＿＿＿＿＿＿＿＿＿＿＿＿＿＿＿＿＿＿＿＿＿＿＿

＿＿＿＿＿＿＿＿＿＿＿＿＿＿＿＿＿＿＿＿＿＿＿＿＿＿＿＿＿＿＿＿＿＿＿

＿＿＿＿＿＿＿＿＿＿＿＿＿＿＿＿＿＿＿＿＿＿＿＿＿＿＿＿＿＿＿＿＿＿＿

25. 请说出两种最适合使用关系数据库的应用程序。

答:＿＿＿＿＿＿＿＿＿＿＿＿＿＿＿＿＿＿＿＿＿＿＿＿＿＿＿＿＿＿＿

＿＿＿＿＿＿＿＿＿＿＿＿＿＿＿＿＿＿＿＿＿＿＿＿＿＿＿＿＿＿＿＿＿＿＿

＿＿＿＿＿＿＿＿＿＿＿＿＿＿＿＿＿＿＿＿＿＿＿＿＿＿＿＿＿＿＿＿＿＿＿

＿＿＿＿＿＿＿＿＿＿＿＿＿＿＿＿＿＿＿＿＿＿＿＿＿＿＿＿＿＿＿＿＿＿＿

【实验与思考】 熟悉 NoSQL 数据模型

1. 实验目的

(1) 熟悉分布式数据管理的基本概念,掌握 CAP 定理。

(2) 熟悉 NoSQL 数据库的 BASE 性质,理解最终一致性。

(3) 熟悉键值、文档、列族和图数据库类型的基本定义,掌握选择 NoSQL 数据库的一般方法。

(4) 熟悉应用案例,研究用四种类型的 NoSQL 数据库来满足企业的信息管理需求。

2. 工具/准备工作

开始本实验之前,请认真阅读课程的相关内容。

需要准备一台带有浏览器,能够访问因特网的计算机。

3. 实验内容与步骤

在本书各章的“实验与思考”学习环节中,我们以汇萃运输管理公司所需的一组应用程序来进行案例研究。汇萃公司的业务需求是现实的。在学习四种主要的 NoSQL 数据库时,要思考如何用每一种数据库来实现公司中某一个具体的应用程序。

汇萃公司需要研发的应用程序主要有四个,它们分别需要实现下列功能。

(1) 构建货运订单。

(2) 管理客户托运的物品清单(或物品的详细描述信息)。

(3) 维护客户数据库。

(4) 优化运输路线。

这四种不同的需求可以分别用 NoSQL 的四种数据库系统实现,我们来研究和讨论如何用 NoSQL 数据库来满足以上信息管理需求。

应用程序的开发者要选择编写程序时所用的开发语言、工作时所处的开发环境以及部署产品时所用的 Web 框架。各种类型的数据库管理系统都能够解决实际工作中的问题，但是有的问题用某一种数据库能够很好地解决，而改用其他数据库则未必能够解决得好。要选出最恰当的数据库，就得理解自己所要解决的问题领域以及用户的需求。

开始着手一个数据管理项目之前，开发者必须先选定所要使用的数据库管理系统。请为汇萃公司的四个应用程序开发项目选择数据库解决方案，并阐述理由。

（1）构建货运订单。

答：_____

_____

_____

（2）管理客户托运的物品清单。

答：_____

_____

_____

（3）维护客户数据库。

答：_____

_____

_____

_____

（4）优化运输路线。

答：_____

_____

_____

_____

4. 实验总结

_____

_____

_____

5. 实验评价（教师）

_____

_____

键值数据库基础

5.1　从数组到键值数据库

键值数据库是最简单的一种 NoSQL 数据库。从名称可知，它根据键来存储数据，而这个键就是数据的标识符。

键值型数据结构可以看成是一种比较复杂的数组型数据结构。数组本来是一种简单的数据结构，但由于放宽了对该结构的诸多限制，并为其补充了与数据存储有关的特性，因此，数组这个概念覆盖的范围被放大了，它现在可以包括很多有用的数据结构，诸如关联数组、缓存以及键值数据库等。

5.1.1　数组

计算机专业的学生首先接触的数据结构可能就是数组。除了整数和字符串这样的变量外，数组应该是最简单的一种变量形式。数组是由整数值、字符或布尔值构成的有序列表，其中每个值都与一个整数下标（也称为索引）相关联，这些值的类型相同。图 5-1 所示为含有 10 个布尔元素的数组。

读取和设置数组元素值的具体代码与使用的编程语言有关。例如，采用以下写法来读取 exampleArray 的首个元素（其下标通常是 0 而不是 1）。

```
exampleArray[0]
```

要设置数组中某个元素的值，需要先写该元素的代码，然后写一个赋值符号（"="号），然后写出给该元素所赋的新值。举例如下。

1	True
2	True
3	False
4	True
5	False
6	False
7	False
8	True
9	False
10	True

图 5-1　含有 10 个布尔元素的数组

```
exampleArray[0] = 'Hello world.'
```

上面这行语句可以把 exampleArray 数组的首个元素设为字符串值"Hello world."。数组中的其他元素也可以用以下语句来赋值。

```
exampleArray[1] = 'Goodbye World.'
exampleArray[2] = 'This is a test.'
exampleArray[5] = 'Key-value database.'
exampleArray[9] = 'Elements can be set in any order.'
```

exampleArray 数组中的每个元素都是由字符构成的字符串,不能把该数组的元素设为其他类型的值。由此可见,使用数组会有以下两项限制。

(1)下标只能是整数。

(2)所有的值必须是同一类型。

但是,有时人们可能需要使用一种不受这两项限制的数据结构。

5.1.2 关联数组

关联数组和普通数组一样,也是一种数据结构,但它的下标并不限于整数,而且也不要求所有的值都必须是同一类型。比如,可以用以下语句来操作关联数组。

```
exampleAssociativeArray['Pi'] = 3.1415
exampleAssociativeArray['CapitalFrance'] = 'Paris'
exampleAssociativeArray['ToDoList'] = {'Alice':'run
    reports; meeting with Bob':'Bob':'order inventory;
    meeting with Alice'}
exampleAssociativeArray[17234] = 36648
```

关联数组是对数组概念的泛化,它的标识符和元素值不像普通数组那样严格。它还有一些别名,如字典、映射、哈希(散列)映射(哈希图)、哈希表、符号表等。

从以上代码段可以看出,关联数组的键(相当于数组的下标或索引)既可以是字符串,也可以是整数。有些编程语言或数据库还允许使用数值列表等更复杂的数据结构来做键。

关联数组中值的类型也可以彼此不同。在以上例子中,数组里的元素值分别是实数、字符串、列表及整数等不同类型。与这些元素值相关联的标识符一般称为键。其实,关联数组就是键值数据库在底层所使用的基本数据结构。

5.1.3 缓存

数据存储在概念上和数据库类似,有时也用来指代包含数据库在内的各种数据保存形式。缓存也是一种键值数据存储机制。

键值数据库是根据关联数组这一概念构建的。许多键值型数据存储机制会把数据副本保存在硬盘或闪存盘等长期存储介质中,而另外一些键值型数据存储机制则会在内存中保留数据。程序可以通过后一种数据存储机制快速获取数据,这要比通过磁盘驱动器获取数据更迅捷。初次获取数据时,可以通过 SQL 查询语句从磁盘中的关系数据库里查出想要的结果,然后把查到的结果与相关的一组键名同时存储在缓存里,这些键名在缓存中是唯一的。

如果程序比较简单,每次只需记录一位顾客的信息,就可以使用字符串变量来保存该顾客的姓名及地址。若程序需要同时记录多位顾客及其他一些实体,使用缓存会更合适。

内存中的缓存是一种关联数组。从关系数据库里获取一些值后,可以根据每个值来创建对应的键,并把这些键值对放到缓存中。对于每位顾客的每项数据来说,若保证这些键名彼此不重复,一种办法是把某个独特的标识符与该项数据的名称合起来当作键名。比如,以下语句可以把从数据库里获取的信息放入内存的缓存里面。

```
customerCache['1982737:firstname'] = firstName
customerCache['1982737:lastname'] = lastName
customerCache['1982737:shippingAddress'] = shippingAddress
customerCache['1982737:shippingCity'] = shippingCity
customerCache['1982737:shippingState'] = shippingState
customerCache['1982737:shippingZip'] = shippingZip
```

由于 customerID 的值(1982737)作为键名的一部分,因此这个缓存可以存放许多顾客的数据,不需要给每位顾客的每一组数据都单独起一个变量名,而是可以把它们全部放在 customerCache 这个关联数组之中。程序查询顾客的数据时,一般会先试着从缓存里获取,如果缓存中找不到,再去查询数据库。

5.1.4 键值数据库

键值数据库又称键值对数据库,是指能够持久保存数据的键值存储机制。对于需要多次查询数据库的应用程序来说,缓存能够提升效率。键值数据存储机制如果还能够把数据持久地保存在磁盘、闪存盘等其他长期存储设备之中,将会变得更为有用。这样的键值存储机制既具备高效的缓存,又带有能够持久存放数据的数据库。如果开发者想要更方便地存储并获取数据,而不追求表格或数据网络等较为复杂的数据结构,就可以考虑使用键值数据库。

制定好键名的规范后,可以编写一系列函数,以便在键值数据库中模拟表格的创建、读取、更新及删除操作。比如,以下这个用伪代码写成的 create 函数就可以模拟在表格中创建新行的操作。

```
define addCustomerRow(p_tableName, p_primaryKey,
    p_firstName, p_lastName, p_shippingAddress,
    p_shippingCity, p_shippingState, p_shippingZip)
        begin;
            set [p_tableName + p_primary + 'firstName'] = p_firstName;
            set [p_tableName + p_primary + 'lastName'] = p_lastName;
            set [p_tableName + p_primary + 'shippingAddress'] =
                p_shippingAddress;
            set [p_tableName + p_primary + 'shippingCity'] =
                p_shippingCity;
            set [p_tableName + p_primary + 'shippingState'] =
                p_shippingState;
            set [p_tableName + p_primary + 'shippingZip'] =
```

```
            p_shippimgZip;
    end;
```

完成读取、更新及删除操作的函数,写起来也很简单。

以键值数据库为基础,开发者很容易就能实现网络状或表格状的数据结构。可以制定一种键名规范,把表格名称、主键值以及属性名称合起来当作键名,以保存与之关联的属性。举例如下。

```
Customer:1982737:firstName
Customer:1982737:lastName
Customer:1982737:shippingAddress
Customer:1982737:ghippingCity
Customer:1982737:shippingState
Customer:1982737:shippingZip
```

5.2 键值数据库的重要特性

各种键值数据库都具有三个重要特性,即简洁、高速和易于缩放。为了实现这三个特性,数据库必须接受一些限制。

5.2.1 简洁:不需要复杂模型

键值数据库使用了功能极其简单的数据结构,因为常常用不到关系数据库提供的附加功能。比如,文字处理软件 Microsoft Word 具备很多强大的功能,它提供了一堆文本格式化选项,具备拼写检查及语法检查功能,还可以和引用资料管理器与参考书目管理器等工具相集成。如果要写一部书或一篇较长的论文,就应该使用这种功能丰富的文字处理软件。但是,如果只想在手机上编辑一份仅含 6 个条目的待办事务列表,那么一个简单的文本编辑器就足以完成。

一般来说,开发者都用不到表格的 join 操作,也不会同时查询数据库里的多种实体。要用数据库保存与购物车有关的数据,使用键值数据库会更简单一些。写好程序后,如果还需要在键值数据库中保存其他一些属性,可以直接把相关的代码添加到程序中。新的属性也可以直接添加到键值数据库中。

键值数据库使用的数据模型非常简单,操作数据的代码写起来也很容易。想操作某个键值对时,向键值数据库提供键名,数据库就会告之与该键相关联的值。

键值数据库使用起来比较灵活,规则也比较宽松。例如,以下这段代码同时使用了数字及字符串这两种值来做顾客标识符。

```
shoppingCart[cart:1298:customerID] = 1982737
shoppingCart[cart:3985:customerID] = 'Johnson, Louise'
```

5.2.2 高速:越快越好

由于使用了简单的关联数组做数据结构,又对提升操作速度进行了一些优化,因此,键值数据库能够应对高吞吐量的数据密集型操作。

　　键值数据库既可以利用 RAM 实现快速的写入操作,又可以利用磁盘实现持久化的数据存储。程序如果修改了与某个键相关联的值,键值数据库就会更新 RAM 中的相应条目,然后向程序发送消息,告知该值已经更新。程序可以继续进行其他操作。程序执行其他操作时,键值数据库可以把最近更新的值写入磁盘之中。从应用程序更新该值起,至键值数据库将其存储到磁盘中为止,这中间只要不发生断电或其他故障,新值就可以顺利地保存到磁盘里。

　　由于数据库的大小可能会超过内存容量,所以键值数据库必须设法管理内存中的数据。对数据进行压缩,可以提升内存中所能保留的数据量。

　　当键值数据库得到一块内存之后,数据库系统有时需要先释放这块内存中的某些数据,以便存储新数据的副本。有很多算法都可以用来决定数据库所应释放的数据,其中最常用的一种叫做 LRU(最久未使用)算法。

5.2.3　缩放:应对访问量变化

　　键值数据库必须能在尽量不影响操作的情况下进行缩放,以应对 Web 应用程序和其他大规模应用程序的需求。可缩放性就是在服务器集群中根据系统的负载量随时添加或移除服务器的能力。对数据库系统进行缩放时,数据库对读取操作和写入操作的协调能力是一项很重要的性质。键值数据库可以采用不同的方式,针对读取操作和写入操作进行缩放。

5.3　键: 有意义的标识符

　　键(key)是指向值的引用,它与地址的概念类似。键本身不是值,却提供了找寻与操作相关值的方式。键所具备的一项基本属性就是在所处的命名空间内,它的名称必须独一无二。

5.3.1　构造键名

　　在不同的键值数据库中,键可以表现为不同形式。Redis 等键值数据库可以用更复杂的结构做键,它支持的键类型包括字符串、列表、集、有序集、哈希映射、位数组。Redis 开发者把键值数据库称为数据结构服务器。

　　列表(list)是由字符串构成的有序集合。集(set)是由互不相同的元素以不特定的顺序构成的集合。有序集(sorted set)是由互不相同的元素按照特定顺序构成的集合。哈希(hash)映射是一种带有键值型特征的数据结构,能够把一个字符串映射为另外一个字符串。位数组(bit array)是由二进制整数构成的数组,可以使用与位数组有关的多种操作来分别处理其中的每一个二进制位。

　　构造键名时应该遵循一套固定的命名规范。比如,可以把实体类型、特定实体的独特标识符以及属性名称拼接起来,并用这个拼接好的字符串来充当键名。表示键名的字符串不应该太长,以避免使用很多内存,同时键名也不要起得太短,以避免引起歧义。

可以考虑把与属性有关的信息包含进来,使键名变得更有意义。构造键名时,可以把实体类型、实体标识符以及实体属性等信息拼接起来,举例如下。

```
Cust:12387:firstName
```

5.3.2 通过键定位相关的值

键值数据库的设计者更关心如何设计出实用的数据库,而不是简化访问数据所用的代码。可以用数字来定位相关的值,但这还不够灵活。应该能够使用整数、字符串乃至对象列表做键,办法就是用一种函数把整数、字符串或对象列表映射成独特的字符串或数字。像这样能够把某一类值映射为相关数字的函数,叫做哈希函数(也称为散列或杂凑)。

并非所有键值数据库都支持列表或其他复杂的结构。某些键值数据库对键的类型和长度作了比较严格的限制。

1. 哈希函数: 将键名映射到相关位置

哈希函数是一种可以接受任意字符串,并能够产生一般不会相互重复的定长字符串的函数。例如,顾客购物车信息可以分别映射成表 5-1 中的各个哈希值。

表 5-1 键与哈希值之间的映射

键	哈希值
customer:1982737:firstName	e135e850b892348a4e516cfcb385eba3bfb6d209
customer:1982737:lastName	f584667c5938571996379f256b8c82d2f5e0f62f
customer:1982737:shippingAddress	d891f26dcdb3136ea76092b1a70bc324c424ae1e
customer:1982737:shippingCity	33522192da50ea66bfc05b74d1315778b6369ec5
customer:1982737:shippingState	239ba0b4c437368ef2b16ecf58c62b5e6409722f
customer:1982737:shippingZip	814f3b2281e49941e1e7a03b223da28a8e0762ff

虽然这些键的前缀都是"customer:1982737:",但是映射出来的哈希值却有相当大的区别。哈希函数的一项特性就是要把键映射成看上去较为随机的一些值。在本例中,采用 SHA-1 哈希函数来生成这些哈希值。

表 5-1 中的哈希值都是十六进制的整数,其总长度均为 40 位,所以总共有大约 1.4615016×10^{48} 个不同的取值。对于使用键值数据库的应用程序来说,这已经足够用了。

2. 通过键避免重复写入

现在,来看如何用哈希函数所返回的数字把键映射到相关的位置上。为了简化整个讨论,我们只关注如何用函数返回的哈希码来确定与键相关的值应该存储在哪一台服务器上。在实现的键值数据库中,可能还要把键映射到服务器的磁盘或内存中更为具体的位置上。

假设有一个 8 台服务器的集群。哈希函数的好处就在于它返回的是个数字。由于写入请求应该平均地分布在这 8 台服务器上,所以可以给每台服务器安排 1/8 的负载量。例如,可以把第一次写入请求交给 1 号服务器来处理,把第二次写入请求交给 2 号服务器来处理,把第三次写入请求交给 3 号服务器来处理,依此类推。不过,这种轮流处理的做法并没有发挥出哈希函数的优势。

要想利用函数返回的哈希值,一个办法是把该值与服务器的总数相除。有时,这个哈希值可以为服务器总数所整除。如果哈希函数返回的数字是 32,那么 32 除以 8 的余数就是 0。如果哈希函数返回 41,那么 41 除以 8 的余数就是 1。如果哈希函数返回 67,那么 67 除以 8 的余数就是 3。可以发现,除以 8 之后所剩的余数总是在 0~7 之间。于是,就可以把 0~7 这 8 个数字分别与这 8 台服务器联系起来。

5.4　值: 存放任意数据

键值数据库中的另一个组件就是值。键值数据库之所以简单,一部分原因在于它使用关联数组作为基本的结构,而这种结构本身就非常简单。NoSQL 数据库保存值的方式也很简单。

5.4.1　值无须明确类型

键值数据库的值没有固定的形态,它通常由一系列字节构成。值的类型可以是整数、浮点数、字符串、二进制大型对象(BLOB),也可以是诸如 JSON 对象等半结构化的构件,还可以是图像、声音以及其他能够用一系列字节来表示的任意类型。

比如,可以把下面这个字符串与表示某顾客住址的键关联起来,代码如下。

```
'1232 NE River Ave, St. Louis, MO'
```

也可以不用字符串,而是采用列表的形式来存放住址信息,代码如下。

```
('1232 NE River Ave, St. Louis, MO')
```

另外,还可以用更有条理的 JSON 格式来存放此信息,代码如下。

```
{'Street: ':'1232 NE River Ave', 'City':'St. Louis',:
    'State':'MO'}
```

键值数据库对其中存储的数据结构基本不会做出限定。

大多数键值数据库都会对值的大小做出限定。例如,Redis 数据库可以支持长度为 512MB 的字符串值。以支持以 ACID 事务著称的 FoundationDB 数据库,其值的大小不能超过 100 000B。

不同的键值数据库也为值提供了不同的操作。所有的键值数据库至少都会支持对值进行读取及写入操作。有的键值数据库还支持其他一些操作,如把字符串追加到已有的某个值尾部,或是访问字符串中的任意一部分内容,这样可以提高效率。Radis 数据库支持另一种扩充功能,它可以根据值来编订全文索引,使开发者能够利用 API,通过查询语句来搜寻键和值。

在选择数据库的过程中,应该把应用程序的需求考虑进来,在多项特性之间做出权衡。某个键值数据库也许会支持 ACID 事务,但是却只允许使用较小的键与值。另一个键值数据库也许能够存放较大的值,但却规定只能用数字或字符串做键。

5.4.2 对值搜索时的限制

键值数据库对值的各种操作都是根据键来执行的。可以根据键获取相关的值,根据键设置相关的值,或是根据键删除相关的值。如果还要执行其他操作,如搜寻城市为"St. Louis"的地址信息,就需要开发者在应用程序里自己实现了。键值数据库并不支持用查询语言对值进行搜索。

5.5 键值数据库的数据建模

NoSQL 数据库的标准化程度不高,不同的开发商及开源项目可能会在各自的 NoSQL 数据库中使用一些特有的专门词汇或数据结构。

5.5.1 数据模型和数据结构

数据库中的数据能够传达信息,而数据模型就是用来排列这些信息的一种抽象方式,它们与数据结构有所区别。

数据结构是一种有明确定义的数据存储结构,它一般要通过底层硬件中的某些元件来实现,这些元件通常是指随机存取存储器(RAM)或硬盘及闪存盘等持久化数据存储介质。例如,编程语言中的整数型变量可能会用 4 个连续的字节,也就是 32 个二进制位来实现。

含有 100 个整数的数组可以连续地存放在内存之中,数组里的每个元素都用 4 个字节来表示。数据结构都拥有一套处理本结构所用的操作。整数这种数据结构定义了加、减、乘、除等操作,而数组则提供了以下标为依据的读取操作和写入操作。

数据结构提供了一种宏观的排列方式,使开发者既不用去关注底层的内存地址,又无须通过这些地址在硬件层面上操作。

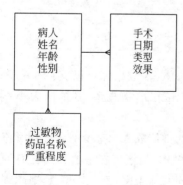

图 5-2　数据模型是搭建在数据结构之上的一种抽象方式

数据模型也是用类似的方法抽象的,它是搭建在数据结构之上的一种排列和抽象方式(图 5-2)。数据模型一般用来安排多种相关信息。对于管理客户信息所用的数据模型来说,可能会针对客户的姓名、住址、订单及支付记录进行建模。而对于临床数据库来说,则可能包含病人的姓名、年龄、性别、当前的处方、过去做过的手术、过敏情况以及其他一些与医疗有关的细节。实际上,记录这些数据更有效、更迅速的办法应该是使用数据模型与数据库。

数据模型中的元件会随着数据库类型的不同而有所不同。关系数据库是围绕表格来构建的。表格用来存储与实体有关的信息,实体可以代表顾客、病人、订单或手术等事物。实体的属性用来记录特定实体的具体信息。属性可以是名称、年龄、配送地址等。在关系数据库中,表格是由很多列构成的,每一列都对应一项属性。表格内的每行则对应于实体的每个实例,如某位具体的顾客或病人。

设计数据库的时候,软件工程师会选择一些数据结构来实现数据模型中的表格及其他元件。这就减轻了应用程序开发者的工作量,使他们不用再处理那些细节问题。在关系数据模型的设计中,逻辑数据模型与物理数据模型是有区别的。实体和属性是逻辑数据模型使用的术语,二者分别对应于物理数据模型中的表格和列。

5.5.2　命名空间

命名空间是由键值对构成的集合,它可以想象成由互不重复的键值对所组成的一个集、一个集合或一个列表,或者一个存放键值对的桶(bucket)。一个命名空间本身就可以构成一个完整的键值数据库,它是由键值对构成的集合,而这些键值对中的键名都不会重复,而键值对的值是可以相互重复的。

如果多个程序都使用同一份键值数据库,命名空间就比较有用了。因为只要不打算在程序间共享数据,就无须担心键名构造方式会和其他程序的命名方式相冲突,因为命名空间会给值加上一个默认的前缀。顾客管理团队可以创建名为 custMgmt 的命名空间,而订单管理团队则可以创建名为 ordMgnt 的命名空间。这样他们就可以把各自用到的键和值都保存在自己的命名空间里。

5.5.3　分区与分区键

把数据分割成多个命名空间是一种非常有用的规划方式,与之类似,也可以把集群划分成多个小单元(称为分区)。集群中的每个分区都是一组服务器,或是运行在服务器上的一组键值数据库软件实例,而数据库中的数据子集则会分别交由这些分区来处理。所选的分区方案应该尽量把负载平均分配到集群中的每一台服务器。

请注意,同一台服务器中也可能出现多个分区。如果服务器上运行着虚拟机,而每台虚拟机都各自形成一个分区,就会出现这种情况。此外,键值数据库本身也可以在一台服务器上运行分区软件的多个实例。

分区键就是决定数据值应该保存到哪个分区所用的键。对于键值数据库来说,每个键都会用来决定与之相关的值存放在何处。例如,文档数据库只会把文档中的某一个属性当成分区键。

在某些情况下,仅依靠键本身可能无法实现负载均衡。此时应该使用哈希函数。哈希函数可以把输入的字符串映射成定长的字符串,对于不同的输入字符串来说,映射出的字符串通常也不会互相重复。可以将哈希函数理解为一种映射方式,它能够把一套分布不均匀的键名映射成另外一套分布较为均衡的键名。

5.5.4　无模式的模型

无模式用来形容数据库的逻辑模型。使用键值数据库的时候,不需要在添加数据之前率先定义好所有的键,也不需要指定值的类型。例如,可以用以下这样的键来直接存储顾客的全名,代码如下。

```
cust:8983:fullName = 'Jane Anderson'
```

假设不想把顾客的全名都保存在一个值里,而把名字和姓氏分开保存,只需要修改保存相关键值的所用语句就可以了,代码如下。

```
cust:8983:firstName = 'Jane'
cust:8983:lastName = 'Anderson'
```

把顾客全名保存在一个字符串里的那些键值对,与将名字和姓氏分开保存的那些键值对是可以共存的,它们之间不会出现问题。

修改了姓名的存储方式后,开发者当然还需要修改程序的代码,使程序能够同时处理这两种表现形式,或者使程序能够把其中一种形式全都转换成另外一种形式。

5.6　键值数据库的架构

键值数据库的架构是指与服务器、网络组件及协调多台服务器之间工作的相关软件有关的一系列特征。键值数据库用自己的一套术语来描述数据模型、架构以及实现层面的组件。键、值、分区及分区键是与数据模型有关的重要概念,而集群、环以及复制是涉及架构的重要话题。

5.6.1　集群

集群(cluster)是一系列相互连接的计算机,它们彼此之间可以相互配合,以处理相关的操作。集群可以是松散耦合的,也可以是紧密耦合的。在松散耦合的集群中,各台服务器相对独立,它们只需要在集群内进行少量的通信就可以各自完成很多任务。而在紧密耦合的集群中,服务器之间会频繁地通信,以便完成一些需要紧密协作才可以实现的操作或计算。键值数据库集群一般是松散耦合的。

在松散耦合的集群中,每台服务器(也称为节点)可以把自己所要处理的数据范围分享给其他服务器,也可以定期给其他服务器发送消息,以判断那些服务器是否还在正常运作。这种互相传送消息的做法可以检测出发生故障的服务器节点。当某个节点出现故障时,其他节点可以把那个节点的工作量承揽过来,以便响应用户的请求。

某些集群会设立一个主节点。比如,Redis 数据库的主节点会负责执行读取操作及写入操作,也会负责把数据副本复制到各个从节点之中。从节点只受理读取请求。如果主节点发生故障,那么集群中的其他节点会选出新的主节点。若从节点发生故障,则集群中的其他节点仍然照常受理读取请求。还有一些集群是无主式的。例如,Riak 数据库的所有节点就都可以支持读取操作及写入操作。如果其中某个节点出现故障,其他节点会分担那个节点所需处理的读取和写入请求。

5.6.2　环

无主式集群中的每个节点都负责管理某一组分区。有一种安排分区的方式叫做环状结构。

环(ring)是一种排布分区所用的逻辑结构。在环状结构中,每一台服务器或运行在服务器上的每一个键值数据库软件实例都会与相邻的两台服务器或实例相链接,以构成环形。每台服务器或实例均要负责处理某一部分数据,至于具体处理哪一部分数据,则是根据分区键来划分的。

假设有个简单的哈希式函数可以把字符串映射为分区键,也就是能够把"cust:8983:firstName"这样的字符串映射为 0～95 的值。那么,可以考虑用哈希式函数返回的 96 种值来确定分区,并把分区分别与各台服务器相关联。

环状结构有助于简化一些原本较复杂的操作。例如,当系统把某项数据写入一台服务器后,它可以再将此数据写入与该服务器相连的另外两台服务器,使得键值数据库的可用性得以提升。

5.6.3　复制

复制是一个向集群中存储多份副本的过程,数据库系统可以通过复制来提升可用性。

在复制过程中,需要考虑的一个因素是副本的数量。副本越多,损失数据的可能性就越小,但若副本过多,性能则有可能下降。如果很容易就能重新生成数据,并将其重新载入键值数据库,可能会考虑使用少量的副本;但当不允许数据丢失时,则应该考虑增加副本的数量。

使用某些 NoSQL 数据库时,开发者可以指定系统必须写入了多少个副本之后才算完成写入操作,这里的完成是站在发出写入请求的应用程序的角度考虑的。例如,可以配置数据库,令其存放三份副本,并且规定当其中两份副本写好之后,写入操作就算成功,系统也就可以把返回值传给发出请求的应用程序了。系统依然会把数据写入第三份副本,但此时应用程序则可以去做其他事情了。

读取的时候,也要考虑副本的数量。由于键值数据库一般都不保证执行两阶段提交,为了使应用程序尽量不要读到旧的、过期的数据,可以规定系统必须从多少个节点中获得相同的应答数据之后,才可以把这个数据返回给发出读取请求的应用程序。

5.7　Redis 键值数据库

Redis 是一个开源的使用 ANSIC 语言编写、支持网络、可基于内存亦可持久化的日志型、高性能的键值数据库,并提供多种语言的 API,标志如图 5-3 所示。从 2010 年 3 月起,Redis 的开发和维护工作由 VMware 主持。从 2013 年 5 月开始,Redis 的开发由 Pivotal 赞助。

图 5-3　Redis 标志

5.7.1　软件定义

　　Redis 支持存储的数据类型相对更多,包括 string(字符串)、list(链表)、set(集合)、zset(有序集合)和 hash(哈希类型),如图 5-4 所示。这些数据类型都支持 push/pop、add/remove 及取交集、并集和差集及更丰富的原子操作。在此基础上,Redis 支持各种不同方式的排序。为了保证效率,数据都是缓存在内存中。Redis 会周期性地把更新的数据写入磁盘,或者把修改操作写入追加的记录文件,并且在此基础上实现 master-slave(主从)同步。

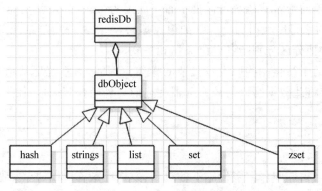

图 5-4　Redis 支持的值类型

　　Redis 提供了 Java、C/C++、C♯、PHP、JavaScript、Perl、Object-C、Python、Ruby、Erlang 等客户端,使用很方便。

　　Redis 的数据可以从主服务器向任意数量的从服务器上同步,从服务器可以是关联其他从服务器的主服务器。这使得 Redis 可执行单层树复制。存盘可以有意无意地对数据进行写操作。由于完全实现了发布/订阅机制,使得从数据库在任何地方同步树时,可订阅一个频道,并接收主服务器完整的消息发布记录。同步对读取操作的可扩展性和数据冗余很有帮助。

　　软件的官方基准数据如下。

　　(1) 测试完成了 50 个并发,执行 100 000 个请求。

　　(2) 设置和获取的值是一个 256B 的字符串。

　　(3) 文本执行使用 loopback 接口(127.0.0.1)。

　　(4) 结果:读的速度是 110 000 次每秒,写的速度是 81 000 次每秒。

5.7.2　数据模型

　　Redis 的外围由一个键、值映射的字典构成,其中值的类型不仅限于字符串,还支持如下抽象数据类型。

　　(1) 字符串列表。

　　(2) 无序不重复的字符串集合。

　　(3) 有序不重复的字符串集合。

（4）键、值都为字符串的哈希表。

值的类型决定了值本身支持的操作。Redis 支持不同无序、有序的列表，无序、有序的集合间的交集、并集等高级服务器端原子操作。

5.7.3　存储

Redis 使用了两种文件格式，即全量数据和增量请求。

全量数据格式是把内存中的数据写入磁盘，便于下次读取文件，进行加载。

增量请求则是把内存中的数据序列化为操作请求，用于读取文件时重载（replay），重新得到数据，序列化的操作包括 SET、RPUSH、SADD、ZADD。

Redis 的存储分为内存存储、磁盘存储和 log 文件三部分。

【作　　业】

1. 键值数据库使用一种比较复杂的（　　）数据结构。

　　A. 矩阵型　　　　　　B. 链接型　　　　　　C. 数组型　　　　　　D. 索引型

2. 和普通数组一样，关联数组也是一种数据结构，但它的下标（　　），而且也不要求所有的值都必须是同一类型。

　　A. 不限于整数　　　　B. 只能是整数　　　C. 是整数和字符　　D. 是整数和小数

3. 键值数据库在底层所使用的基本数据结构是（　　）。

　　A. 线性结构　　　　　B. 链表结构　　　　　C. 普通数组　　　　　D. 关联数组

4. 作为一种键值数据存储机制，内存中的缓存也是一种（　　）。

　　A. 线性结构　　　　　B. 关联数组　　　　　C. 普通数组　　　　　D. 链表结构

5. 如果开发者想要更为方便地存储并获取数据，而不追求表格或数据网络等较为复杂的数据结构，那么可以考虑使用（　　）。

　　A. 列族数据库　　　　B. 图数据库　　　　　C. 键值数据库　　　　D. 文档数据库

6. 可以选用的各种键值数据库都具有三个重要特性，但下列（　　）的特征不属于其中。

　　A. 小巧灵活　　　　　B. 简洁　　　　　　　C. 高速　　　　　　　D. 易于缩放

7. 使用键值数据库时，通过（　　）来识别、索引或是引用某个值，它所具备的一项基本属性就是在所处的命名空间内，它的名称必须独一无二。

　　A. 代号　　　　　　　B. 键　　　　　　　　C. 链接　　　　　　　D. 指针

8. 可以考虑把与（　　）有关的信息包含进来，使键名变得更有意义。构造键名的时候可以把实体类型、实体标识符以及实体属性等信息拼接起来。

　　A. 地址　　　　　　　B. 规模　　　　　　　C. 体量　　　　　　　D. 属性

9. （　　）是一种可以接受任意字符串，并能够产生一般不会相互重复的定长字符串的函数。

　　A. 增值算法　　　　　B. 线性函数　　　　　C. 哈希函数　　　　　D. 螺旋函数

10. 键是指向值的引用,它与( )的概念类似。

    A. 地址   B. 索引   C. 数组   D. 堆栈

11. ( )是由字符串构成的有序集合。

    A. 矩阵   B. 数组   C. 列表   D. 堆栈

12. 集是由( )的元素以( )的顺序所构成的集合。

    A. 相呼一致,不特定   B. 互不相同,确定

    C. 相互一致,确定   D. 互不相同,不特定

13. 键值数据库的( )没有固定的形态,它是一个与键相关联的对象,通常由一系列的字节所构成。

    A. 键   B. 值   C. 栈   D. 堆

14. 把数据分割成多个命名空间是一种非常有用的规划方式,与之类似,也可以把集群划分成多个( )。

    A. 分区   B. 集合   C. 组合   D. 部落

15. 键值数据库的( )是指与服务器、网络组件及协调多台服务器之间工作的相关软件有关的一系列特征。

    A. 组织   B. 装置   C. 架构   D. 集合

16. ( )是一系列相互连接的计算机,这些计算机彼此之间可以相互配合,以处理相关的操作。

    A. 组合   B. 装置   C. 架构   D. 集群

17. 在( )中,每一台服务器或运行在服务器上的每一个键值数据库软件实例都会与相邻的两台服务器或实例相链接。

    A. 紧密组合   B. 环状结构   C. 圆形结构   D. 链接形态

18. 复制是一个向集群中存储多份副本的过程,数据库系统可以通过复制来提升( )。

    A. 可用性   B. 可扩展性   C. 时效性   D. 整合性

19. Redis 是一个( )的使用 ANSIC 语言编写、支持网络、可基于内存亦可持久化的日志型、高性能的键值数据库。

    A. 简易   B. 昂贵   C. 廉价   D. 开源

20. 什么是哈希函数?请用哈希函数的重要特征给出这个定义。

答:_____

_____

_____

_____

21. 键值数据库为什么要使用哈希函数?

答:_____

_____

_____

_____

22. 什么是数据模型？它们与数据结构的区别是什么？

答：_____

_____

_____

_____

23. 什么是分区？

答：_____

_____

_____

_____

24. 从键值数据库中读取数据的时候，为什么想要取得多个副本所给出的响应？

答：_____

_____

_____

_____

【实验与思考】 安装 Redis 键值数据库

1. 实验目的

（1）由数组入手认识键值数据库，熟悉键值数据库的重要特性。

（2）熟悉键值数据库的键与值。

（3）熟悉键值数据库的数据建模和架构。

（4）了解 Redis 键值数据库。

2. 工具/准备工作

在开始本实验之前，请认真阅读课程的相关内容。

准备一台带有浏览器，能够访问因特网的计算机。

3. 实验内容与步骤

键值数据库是最简单的一种 NoSQL 数据库，它根据键来存储值（数据）。

Redis 是一个开源的使用 ANSIC 语言编写、支持网络、可基于内存亦可持久化的日志型、高性能的键值数据库。请仔细阅读本章课文，熟悉本章，并通过网络搜索了解更多关于 Redis 键值数据库的知识，通过 Redis 官网下载、安装和熟悉 Redis 键值数据库。

（1）说出键值数据库的两种用途。

① _____

_____

②_____

（2）说出 2 条采用键值数据库来开发应用程序的理由。

①_____

_____

②_____

_____

（3）请通过网络搜索，记录至少 3 例键值数据库（例如 Redis）的应用案例。

①_____

_____

_____

②_____

_____

_____

③_____

_____

_____

（4）登录 Reids 键值数据库官网（https://Redis.io/），下载、安装和熟悉 Redis 键值数据库。

记录并分析：_____

_____

_____

4. 实验总结

_____

_____

_____

5. 实验评价（教师）

_____

键值数据库设计

6.1　键值数据库实现的概念

键值数据库可以满足应用程序开发者对存储和获取服务的基本需求。设计键值数据库时，需要分几个步骤。要制定一套针对键的命名规范，使开发者可以方便地构造键名，并把与键相关的值所具备的类型也表达出来。值可以是基本的数据类型，也可以是较为复杂的数据结构。复杂的数据结构能够同时保存多个属性，但值的尺寸若是过大，则会影响性能。

开发者虽然不需要经常处理实现层面的问题，但是理解这些概念对于性能调优是非常有帮助的。与实现有关的重要概念包括哈希函数、碰撞以及压缩。

键的设计方式会影响键值数据库的易用程度。一种极端的办法是采用完全随机的键来存放每一个值。但是，键名还是应该体现出某种逻辑结构，以提升代码的可读性及可扩展性，同时，设计键名时要适当节省存储空间。

6.1.1　哈希函数

5.3.2 节中介绍了使用哈希函数将键名映射到相关位置的方法。这里进一步介绍哈希函数在处理实现层面问题中的运用。

哈希函数是一种能够把输入值映射为输出字符串的算法，这里的输入值可以是一个字符串。外界给哈希函数输入的字符串长度可能会不同，但该函数所产生的输出字符串的长度却总是固定的。哈希函数可以保证，即便输入的内容只有细微的差别，输出的哈希码也依然有很大的不同。

哈希函数通常会把输入值平均地映射到所有可能的输出值之中，输出值的范围相当大。比如，SHA-1 会有 2160 种不同的输出值。于是，就可以把输出值与数据库系统中的分区对应起来，以确保每个分区接收的数据量大致相同。图 6-1 展示了这一过程。

假设有个集群，包含 16 个节点，且每个节点都自成一个分区。那么，可以根据由 SHA-1 函数生成的十六进制数哈希值的首个数位来决定每项数据应该由哪个分区负责接收。

"cust:8983:firstName"这个键名对应的哈希值如下。

```
4b2cf78c7ed41fe19625d5f4e5e3eab20b064c24
```

根据哈希值的首个数位,把这个键划分到 4 号分区之中。

"cust:8983:lastName"这个键名对应的哈希值如下。

```
c0017bec2624f736b774efdc61c97f79446fc74f
```

由于首位是 c,所以该键会分配给 12 号节点来处理。

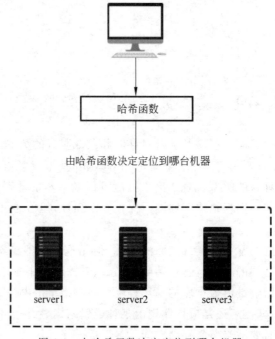

图 6-1　由哈希函数决定定位到哪台机器

6.1.2　碰撞

虽说哈希函数会产生很多输出值,但两个不同的字符串映射到同一个哈希值的现象还是可能存在的。如果哈希函数根据两个不同的输入值产生了同一个输出值,就是发生了碰撞。不太会把两个输入值映射为同一个输出值的哈希函数称为耐碰撞的哈希函数。当哈希表不耐碰撞或遇到两个输入值对应一个输出值的罕见情况时,需要用某种办法来解决碰撞。

一种简单的办法是在哈希表的每个存储格内实现一份列表。大多数条目的存储格内都只需存放一个值,然而一旦发生碰撞,哈希表就会把这些键值对存放到一份列表中,并把它保存在存储格里面。不同的数据库采用的实现方式会有所差别。

6.1.3　压缩

键值数据库是内存密集型系统。如果要保存多个庞大的数值,很快就会占用大量内存。这时,操作系统可以通过虚拟内存管理来解决这个问题,把数据写入磁盘或闪存设备中。

　　为解决内存占用量过大的问题,除了设法给服务器装配更多内存之外,依然有理由去优化存储机制,因为读取数据和写入数据所需的时间都与数据量有关。

　　优化内存及持久化存储区的使用效率,可以采用压缩技术实现。键值数据库使用的压缩算法应该能尽快地执行压缩及解压操作,为此需要在压缩/解压缩的速度与压缩率之间权衡。执行速度较快的压缩算法,压缩出来的数据也会较大,而执行速度稍慢一些的压缩算法则会产生较小的压缩数据。

6.2　键的设计与分区

　　设计一款使用键值数据库的应用程序时,要考虑很多因素,其中包括如下内容。

　　(1) 如何安排键的结构。

　　(2) 应该用值来存放哪些信息。

　　(3) 怎样应对键值数据库的局限。

　　(4) 如何通过引入抽象层来创建比键值对更为高级的组织结构。

6.2.1　设计好的键名

　　如果键名设计得好,应用程序的代码容易阅读,程序和键值数据库也更容易维护。在键值对中存放合适的数据,既可以满足功能需求,又可以保证程序高效运作。

　　下面给出几条通用的建议。

　　(1) 键名应该包含有具体意义且非常明确的内容。例如,表示顾客的键名,应该有“cust”字样;表示库存的键名,应该有“inv”字样。为减少歧义,应该用至少 3 个或 4 个字符来表示实体类型或属性。

　　(2) 把与日期或整数计数器范围有关的内容放在键名之中。

　　(3) 在键名的各部分之间插入一种通用的分隔符,一般采用“:”字符。

　　(4) 在不影响上述特征的前提下,尽量把键名起得短一些。

　　如果键名设计得好,开发者只需编写少量代码即可创建出能够获取及设置相关数值的函数。例如,AppNameSpace 是程序使用的命名空间的名称,其中就含有程序用到的键和值。

6.2.2　处理特定范围内的值

　　要获取位于某个范围内的一组值,可以考虑把相关的范围嵌入键名之中。例如,在键名中嵌入 6 位日期,以便查询在这一天购物的所有顾客。在这种情况下,键名的前缀不是单纯的“cust”,而应该是“cust061520”这样的形式。每一个这样的键都会与一个值相关联,那个值里存放的是该顾客的 ID。

　　例如,以下这些键表示曾于 2020 年 6 月 15 日购物的前 5 名顾客。

- `cust061520:1:custId`
- `cust061520:2:custId`

...

- cust061520:5:custId

按照这种方式给键起名字,有助于查询位于某个范围内的一组键,因为很容易就能写出函数,来获取和这一组键相关联的那些值。例如,getcustPurchaseByDate 函数就可以根据传入的日期,把曾于该日购物的每一名顾客对应的 ID 都放在同一份列表之中,并返回给调用者,代码如下。

```
define getCustPurchByDate(p_date)
    v_custList = makeEmptyList();
    v_rangeCnt = 1;
    v_key = 'cust:' + p_date + ':' + v_rangeCnt +
        ':custId';
while exists(v_key)
    v_custList.append(myAppNS[v_key]);
    v_rangeCnt = v_rangeCnt + 1;
    v_key = 'cust:' + p_date + ':' + v_rangeCnt +
        ':custId';

Return(v_custList);
```

这个函数只接受一个参数,就是待查询的日期。函数首先初始化两个局部变量,一个是空列表 v_custList,用来存放查到的顾客 ID;另一个是计数器 v_rangeCnt,用来统计在由 p_date 所指定的那一天曾经购买过商品的那些顾客。

由于程序没办法知道哪一天具体有多少位顾客买过东西,所以它利用 while 循环来决定函数应该在何时停止。在 while 循环里,使用局部变量 v_key 中保存的键名来查询 myAppNS 命名空间里的值。键名对应的值是顾客的 ID,把这个 ID 值添加到由局部变量 v_custLigt 表示的列表之中。等 while 循环终止之后,就把存放在 v_custList 列表里的顾客 ID 返回给调用者。

6.2.3　设计键名时考虑层的限制

不同的键值数据库有不同的限制,选择键值数据库时应该考虑这些限制。例如,FoundationDB 数据库就规定键的长度不能大于 10 000B。其他一些数据库会限定键名的数据类型。Riak 数据库可以使用二进制值或字符串做键名,而 Redis 数据库则更加自由一些,它允许用户采用比字符串更复杂的结构来充当键名。

前面谈到,Redis 数据库支持的有效数据类型很多,包括能够表达各种内容的二进制字符串、链表、集合、有序集合、哈希类型等。

使用较大的内容作为键时,要先把它们放到键值数据库里测试,以便了解数据库使用这种大型的键时所表现出来的性能。

6.2.4　根据键名来分区

分区就是把各组键值对与集群中由节点所构成的各个群组关联起来的过程。哈希是一种常见的分区方式,它可以把键和值均匀地分布在各组节点之中。

还有另外一种方法,称为按范围分区,就是把相连的值归为一组,并将其发送给集群中与该组相对应的节点。采用这种方式分区,前提是键名已经排好顺序。比如,可以按照顾客编号、日期或是某一部分的标识符来对各键进行排序,并据此划定分区。如果要按范围分区,就得准备一张表格,以便把某个范围内的键映射到对应的分区上。

如果按范围分区,就要仔细考虑将来要管理的数据量会不会变大。以后若想调整分区方案,则可能要把某些键划分给其他的节点来管理,从而把对应的值也迁移过去。

6.3　设计结构化的值

值可以涵盖很大一批数据对象。简单的计数器是一种值,嵌套复杂结构的分层数据结构也是一种值,这些值都可以放在键值数据库中。

6.3.1　结构化数据能降低延迟

在设计使用键值数据库的应用程序时,既要考虑服务器的负载,也要考虑开发工作量。比如,在某个开发项目中,发现用到顾客姓名的场合里有 80％ 会同时用到顾客的地址,例如经常需要同时显示顾客姓名及邮寄地址。于是,可以编写一个函数,令其能够同时获取顾客的姓名及地址。

等待磁盘完成读取操作所用的时间也称作延迟,与函数执行的其他原语操作相比,读取操作所花的时间是相当长的。必须等磁盘的读写头移动到对应的磁道,并且等盘片旋转到对应的数据块时,才可以执行读取操作,这将产生较长的延迟。

要提升从键值数据库中获取数值的速度,一种方法是把需要频繁访问的值放在内存里。这种办法在很多情况下都是可行的,但它受到缓存容量的限制。还有一种方法是把经常同时用到的属性保存在一起。例如,管理顾客信息所用的数据库可以把顾客的姓名与地址都保存在同一份列表中,并把这份列表用作键值对的值。一次读取一个数据块,就把所需的数据全部读取出来,以减少磁盘寻道的次数,其速度要快于分别读取多个键所对应的多个数据块。

6.3.2　庞大的值会降低读写性能

采用列表与集等结构化的数据类型能够缩减获取数据的时间,提高某些应用程序的总体效率。然而也要考虑,当数值的尺寸增大时,读取和写入操作的速度会不会受到影响。比如,把顾客订单中的全部信息都合起来,作为一个值放在数据结构里,其中包含顾客信息及订单信息。顾客信息这一部分是一系列属性名及其对应的字符串值,而订单中的各种货品则存放在同一个数组中,该数组的每个元素又是一份小列表,其中列出了货品标识符、数量、货品描述以及价格。整份大列表可以保存在如"ordID:781379"等键的名下,这种键与这样的订单是相互对应的。

采用上述结构存放与订单有关的信息,其好处在于只需执行一次查询操作,即可获知与某个键相对应的全部数据。

当首次向购物车中添加货品时,需要创建大列表,并把顾客数据库中的顾客姓名及地址等数据复制过来。然后,创建代表订单内各种货品的数组,并在该数组中添加一份小列表,以列出货品标识符、数量、货品描述以及价格。接下来,数据库会针对与大列表相对应的那个键执行哈希操作,并根据哈希结果把键值对适当地写入磁盘中。现在假设顾客又向购物车中添加货品了。由于把整张订单视为单独的单元,所以必须修改包含顾客信息及全部货品的那份大列表,并将其再度写入磁盘才行。顾客每次向购物车中添加货品时,都必须反复执行这一过程。

随着值的尺寸逐渐变大,读取和写入数据所花的时间也会增多。数据通常要以块为单位进行读取。如果值的尺寸比块还要大,就必须读取多个块,才能读到整条数据。而当执行写入操作时,也必须把整个值都写进去,即便值里面只有一小部分有变动,也依然要这样做。

如果把整个大型数值都放入缓存,而只引用其中一小部分数据,就会浪费宝贵的内存空间。如果发现自己总是在设计较大的数值结构,恐怕就应该使用文档数据库,而不是键值数据库了。

6.3.3　TTL 键

存活时间(Time to Live,TTL)是采用键值数据库开发应用程序时比较有用的设计模式,也是计算机科学中经常用到的一个词,它用来描述临时的对象。例如,某台计算机发给另一台计算机的数据包就可以具备 TTL 参数,该参数表示此数据包在到达目的地之前可以经由其他路由器或服务器所转发的最大次数。如果该包所经过的设备数量比 TTL 参数指定的值还要多,网络就会丢弃这个数据包,并且将其视为未送达。

TTL 有时可以用在键值数据库的键上面,尤其是当需要在内存有限的服务器中缓存数据,或是需要通过键在指定的时间段内持有某个资源的时候。大型电商公司可能会销售体育赛事和音乐活动的门票,销售时可能会有大量用户在线购买。如果某用户表示自己将要预订某些座位并购票,售票程序可能就会向数据库中添加键值对,以便在该用户付款的时候保留这些座位。电商公司并不希望看到有用户正在购买其他用户已经放入其购物车中的门票,同时也不想把门票保留过长的时间,尤其是考虑到某些用户可能已经放弃了购物车中的那些门票。将 TTL 参数与键相关联,有助于实现这样的需求。

用户在执行付款等操作时,可以通过 TTL 键来为该用户暂时保留某项产品或资源。

应用程序可以创建一个键,来指向某位用户已经预订的座位,而该键本身的值可以是正在购买这张票的顾客所具备的标识符。可以把 TTL 设为 5 分钟,这样既可以给用户留出足够的时间来填写支付信息,也可以防止付款授权的过程失败或用户放弃购物车中的门票后,门票预留过长的时间。TTL 属性的详细使用方式由具体数据库来决定,因此,可以查阅自己所用键值数据库的开发文档,看看它是否支持 TTL,如果支持,又该如何指定过期时间。

6.4　键值数据库的局限

键值数据库最简单，这也意味着它会受到一些重要的限制，尤其是下面几项。

(1) 只能通过键来查询数值。

(2) 某些键值数据库不支持查询位于某个范围内的值。

(3) 不支持像关系数据库使用的那种 SQL 标准查询语言。

使用不同的键值数据库也会发现，软件厂商与开源项目的开发者其实都在想办法弥补这些缺点。

6.4.1　只能通过键查询数据

假设只能通过身份证号或学生 ID 号码这样的标识符来查询与某人有关的信息。记住几个朋友和家人的标识符也许并不难，但是如果要记的人很多，这种信息查询方式就比较困难了。

使用键值数据库时也是如此。有时需要在事先不知道键名的情况下查找与某个对象相关的信息。所幸，键值数据库的开发者添加了一些功能，来满足这样的需求。

一种办法是采用文本搜寻功能来查询。例如，Riak 数据库提供了一套搜索机制及 API，可以在向数据库中添加数据时，给这些数据编制索引。提供的常见搜索功能，如通配符搜索、临近搜索、范围搜索等，而且可以在搜索条件中使用布尔操作符。搜索函数会把与符合搜寻条件的那些值相关联的一组键返回给调用者。

还有一种方法是使用辅助索引。如果所使用的键值数据库支持辅助索引，就可以在值中指定一项属性，并据此编制索引。例如，可以根据地址值中的州或城市创建索引，以便能够直接按照州或城市的名称来搜寻。

6.4.2　不支持指定范围查询

数据库应用程序经常需要查询位于某个范围内的值，如需要选出位于起止日期之间的记录，或是查询首字母位于某两个字符之间的名字。有一些特殊的有序键值数据库，它们会维护一种经过排序的结构，以支持范围查询。

如果键值数据库支持辅助索引，或许可以在编订了索引的值上进行范围查询。此外，某些文本搜寻引擎也能够在文本上执行范围查询。

6.4.3　不支持 SQL 查询语言

由于键值数据库主要用来执行简单的查询操作，因此它不支持标准查询语言。但某些键值数据库支持一些常见的数据格式，如 XML 及 JSON 等，而很多编程语言同时又提供了一些构建并解析 XML 及 JSON 等格式的程序库；此外，Solr 及 Lucene 这样的搜索程序也有解析 XML 及 JSON 的机制。于是，就可以把这些结构化的格式与编程语言的程序库结合起来。尽管这样做并不等同于标准的查询语言，但确实能够实现某些功能。

基本的键值数据库使用的数据模型是有一些限制的。但目前有许多种实现方式都提供了一些经过强化的特性,使开发者能够更容易地编写出应用程序经常用到的功能。

【作　　业】

1. 所谓设计模式,是指对软件设计中普遍存在(反复出现)的各种问题所提出的(　　),用以指出如何在不同情况下解决某个问题。

　　A. 处理能力　　　　B. 流程图形　　　　C. 功能模块　　　　D. 解决方案

2. 键值数据库中键名的设计应该体现出某种(　　),以提升代码的可读性及可扩展性。

　　A. 逻辑结构　　　　B. 物理结构　　　　C. 协调韵律　　　　D. 思维模式

3. 哈希函数是一种能够把输入值映射为输出字符串的(　　),这里所说的输入值可以是一个字符串。

　　A. 机制　　　　　　B. 算法　　　　　　C. 指令　　　　　　D. 设备

4. 外界给哈希函数输入的字符串长度可能会不同,它所产生的输出字符串的长度是(　　)的。

　　A. 同步变化　　　　B. 变长　　　　　　C. 固定不变　　　　D. 变短

5. 哈希函数可以保证即便输入的内容只有细微的差别,输出的哈希码(　　)。它通常会把输入值平均地映射到所有可能的范围相当大的输出值之中。

　　A. 也会有不变的输出　　　　　　　　　B. 也有同步的变化

　　C. 也不会有细微变化　　　　　　　　　D. 也会有很大的不同

6. SHA-1 哈希函数所生成的是(　　)数的哈希值。

　　A. 二进制　　　　　B. 十六进制　　　　C. 八进制　　　　　D. 十进制

7. 为解决键值数据库内存占用量过大的问题,除了设法给服务器装配更多内存之外,依然有理由采用(　　)技术来优化内存及持久化存储区的使用效率。

　　A. 压缩　　　　　　B. 扩张　　　　　　C. 释放　　　　　　D. 删除

8. 在设计一款使用键值数据库的应用程序时,(　　)如果设计得好,可以使应用程序的代码容易阅读,而且也能使程序和键值数据库更容易维护。

　　A. 变量名　　　　　B. 数组名　　　　　C. 键名　　　　　　D. 程序名

9. 在键值对中存放合适的(　　),既可以满足功能需求,又可以保证程序高效运作。

　　A. 代号　　　　　　B. 数据　　　　　　C. 代码　　　　　　D. 图片

10. (　　)就是把各组键值对与集群中由节点所构成的各个群组关联起来的过程。

　　A. 分片　　　　　　B. 分段　　　　　　C. 分块　　　　　　D. 分区

11. 如果按范围分区,要仔细考虑一下将来所要管理的(　　)会不会变大。

　　A. 数据量　　　　　B. 计算量　　　　　C. 使用量　　　　　D. 程序量

12. 要想提升从键值数据库中获取数值的速度,一种方法是把需要频繁访问的值放在内存里面。还有一种方法是(　　)。

　　A. 把不常用到的那些属性删除　　　　　B. 把经常同时用到的属性保存在一起

　　C. 减少程序工作量　　　　　　　　　　D. 减少数据库存储量

13. 如果所使用的键值数据库支持（　　），就可以在值中指定一项属性，并据此编制索引。

　　　A. 随机索引　　　　B. 直接查询　　　　C. 倒挡追溯　　　　D. 辅助索引

14. 键值数据库一般（　　）查询位于某个范围内的值。

　　　A. 支持　　　　　　B. 不支持　　　　　C. 内含　　　　　　D. 缺乏

15. 由于键值数据库主要用来执行简单的查询操作，因此它（　　）SQL 标准查询语言。

　　　A. 不支持　　　　　B. 支持　　　　　　C. 内含　　　　　　D. 缺乏

16. 存活时间（TTL）是计算机科学中经常用到的一个词，用来描述（　　）。例如，当用户执行付款等操作时，可以通过 TTL 键来为该用户暂时保留某项产品或资源。

　　　A. 程序时效　　　　B. 数据时效　　　　C. 临时的对象　　　　D. 固定的对象

17. 一套良好的键名规范应该具备哪 4 项特征？

　　答：_____

_____

_____

_____

_____

18. 键值数据库的键会受到哪两种限制？

　　答：_____

_____

_____

19. 结构化的数据类型为何能减少读取时的延迟（也就是减少从磁盘中获取数据块时所需的时间）？

　　答：_____

_____

_____

_____

【实验与思考】　用键值数据库管理移动应用配置

1. 实验目的

（1）熟悉哈希函数，熟悉碰撞和压缩的概念。

（2）熟悉键值数据库的键及其设计约定。

（3）熟悉键值数据库的值及其设计约定。

（4）理解键值数据库的设计局限。

2. 工具/准备工作

在开始本实验之前,请认真阅读课程的相关内容。

准备一台带有浏览器,能够访问因特网的计算机。

3. 实验内容与步骤

前面简单介绍了汇萃运输管理公司,其业务是在全球运输各种规模的货品。汇萃公司的顾客会与公司联系,并告知包裹和货物的详细信息。一份简单的订单可能只有一件国内包裹,而一份复杂的订单则可能包含上百件需要跨国运输的大宗货物或集装箱货品。为了使顾客能够追踪物流信息,汇萃公司决定研发一款名叫 HC Tracker 的移动应用程序。

HC Tracker 能够在主流的移动设备上运行。应用程序的开发者决定把每位顾客的配置信息都集中存放在一个数据库中,以便使顾客可以在自己的任何一台移动设备上面查询货品的运输状况。所要保存的配置信息包括如下内容。

（1）顾客姓名及账户号码。

（2）显示价格信息所用的默认货币。

（3）出现在信息总览面板里的运单属性。

（4）与警示信息和通知信息有关的首选项。

（5）首选的配色方案及字体等用户界面选项。

除了要管理配置信息,开发者还需要把汇总信息迅速显示在某个界面之中。如果顾客需要查询更为详细的货运信息,那么显示详细信息所用的时间可以稍微长一些。HC Tracker 所用的数据库要能够支持 10 000 名用户同时在线访问,其中 90% 的 I/O 操作都是读取操作。

设计团队评估了关系数据库和键值数据库。

关系数据库:适合管理多张表格之间的复杂关系。

键值数据库:更加注重可缩放性以及快速响应读取操作的能力。

据此,你的数据库选择决定是:＿＿＿＿＿＿＿＿＿＿＿＿＿＿＿＿＿＿＿＿＿＿＿

你的选择理由主要是:＿＿＿＿＿＿＿＿＿＿＿＿＿＿＿＿＿＿＿＿＿＿＿＿＿＿

＿＿＿＿＿＿＿＿＿＿＿＿＿＿＿＿＿＿＿＿＿＿＿＿＿＿＿＿＿＿＿＿＿＿＿＿＿

＿＿＿＿＿＿＿＿＿＿＿＿＿＿＿＿＿＿＿＿＿＿＿＿＿＿＿＿＿＿＿＿＿＿＿＿＿

HC Tracker 移动应用程序所用的数据范围不是很广,因此,开发者认为采用一个命名空间来存放就已经足够了。于是,他们把 TrackerNS 当作该程序的命名空间。

因为每位顾客都有账户号码,所以设计者把该号码视为顾客的独特标识符。

接下来,设计者要决定值的数据结构。审视了用户界面的初步设计方案之后,他们发现顾客的姓名与账户号码经常需要同时使用,因此,这两个值可以放在同一份列表里。程序同时经常用到的默认货币可以和顾客姓名及账户号码放在一起。

Tracker 程序是用来查看物流状态的,不太需要诸如账单地址等管理方面的信息。因此,开发者决定不把这部分信息纳入键值数据库。

程序设计者决定按照"实体名称:账户号码"的命名规则来构造键名。根据 Tracker 程序所要管理的数据类型,打算在数据库中存放 4 种实体,并决定每种实体所具备的属性。

(1) 顾客信息(cust):顾客姓名及首选货币。

用下面的键值对来保存某位顾客的信息,代码如下。

```
TrackerNS['cust:4719364']={'name':'Prime Machine,Inc.','currency':'USD'}
```

分析: 命名空间　　实体:账号　　　　顾客姓名　　　　　　　　　　首选货币

说明: 顾客实体中,由于账户号码已经成为键名的一部分,因此没有必要再将其保存到值的列表里。

(2) 与管理面板有关的配置选项(dshb):Tracker 程序的用户可以对面板进行配置,以选择需要显示在汇总画面中的属性。用户最多可以选择 6 种与运单相关的详细信息。可供选择的选项(括号内是其缩写)如下。

① 收货的公司(shpComp)。

② 收货方所在的城市(shpCity)。

③ 收货方所在的州(shpState)。

④ 收货方所在的国家(shpCountry)。

⑤ 发货日期(shpDate)。

⑥ 预计的收货日期(shpDelivDate)。

⑦ 运输的包裹/集装箱数量(shpCnt)。

⑧ 运输的包裹/集装箱种类(shpType);

⑨ 货品总重量(shpWght)。

⑩ 货品备注(shpNotes)。

用下面的键值对来保存某组与管理面板有关的配置选项,代码如下。

```
TrackerNS['dshb:4719364']={'shpComp','shpState','shpDate','shpDelivDate'}
```

分析: ＿＿＿＿　＿＿＿＿　　＿＿＿＿　＿＿＿＿　＿＿＿＿＿

说明: ＿＿＿＿＿＿＿＿＿＿＿＿＿＿＿＿＿＿＿＿＿＿＿＿＿＿＿＿＿＿＿

＿＿＿＿＿＿＿＿＿＿＿＿＿＿＿＿＿＿＿＿＿＿＿＿＿＿＿＿＿＿＿＿＿＿

请问: 如果配置信息中还要包含用户的首选语言,应该如何调整 HC Tracker 程序的设计?

答: ＿＿＿＿＿＿＿＿＿＿＿＿＿＿＿＿＿＿＿＿＿＿＿＿＿＿＿＿＿＿＿

＿＿＿＿＿＿＿＿＿＿＿＿＿＿＿＿＿＿＿＿＿＿＿＿＿＿＿＿＿＿＿＿＿＿

＿＿＿＿＿＿＿＿＿＿＿＿＿＿＿＿＿＿＿＿＿＿＿＿＿＿＿＿＿＿＿＿＿＿

(3) 与警示和通知信息有关的参数(alrt);此参数用来表示程序应该在何种情况下向用户发送消息。比如,当包裹得到收揽的时候、已经送达的时候或者发生延迟的时候,程序可以向用户发送警示或通知。这些消息可以用电子邮件的形式发送到邮箱,也可以用文字信息的形式发送到手机。许多用户都可以接收由系统发来的通知,然而每位用户获得通知的时机各有不同。

这些参数可以表示为由小列表所构成的一份大列表。比如,假设当汇萃公司收揽包裹的时候,程序应该向某个邮箱发送电子邮件,并且当包裹出现延迟的时候,程序应该给某个手机号发送文字短信,就可以把这些参数表示成下面这个键值对,代码如下。

```
TrackerNS[a1rt:4719364] =
    {altList:
    {'jane.Washingon@primemachineinc.com', 'pickup'},
    {'(202)555-9812', 'delay'}
}
```

分析:_____ _____

　　　_____

_____

_____

说明:_____

_____

(4) 与用户界面有关的配置信息(ui):把配置选项表示成一份由属性名和属性值构成的列表,该列表可以包含字体名称、字体大小及配色方案等信息。例如,某位用户的用户界面参数可以表示成以下这样的键值对,代码如下。

```
TrackerNS[alrt:4719364] =
    {'fontName': 'Cambria', 'fontSize':9, 'colorScheme': 'default'}
```

分析:_____ _____

_____ _____ _____ _____

说明:_____

_____

设计者把实体类型、键名规范及数值结构都定义好之后,开发者就可以编写设置并获取相关数值所需的代码了。

4. 实验总结

_____

_____

5. 实验评价(教师)

_____

_____

文档数据库基础

7.1　关于文档

从 1989 年起，Lotus 通过其群件产品 Notes 提出了数据库技术的全新概念——文档数据库。在传统的数据库中，信息被分割成离散的数据段，而在文档数据库中，文档是处理信息的基本单位。一个文档可以类似于字处理文档，很长、很复杂、无结构；也可以类似于关系数据库中的一条记录。

文档数据库不同于关系数据库。关系数据库是高度结构化的，而文档数据库允许创建许多不同类型的非结构化的或任意格式的字段。与关系数据库的主要不同在于，文档数据库不提供对参数完整性和分布事务的支持，但它和关系数据库也不是相互排斥的，它们之间可以相互交换数据，从而相互补充、扩展。

7.1.1　文档及其格式化命令

文档是一种灵活的数据结构，它们不需要预先定义好模式，而是可以灵活地适应结构上的变化。一组相关的文档可以构成一个集合，类似于关系数据库中的表格，而文档则类似于表格中的数据行。

如果开发者既要利用 NoSQL 数据库的灵活性，又要管理那种键值数据库没有提供直接支持的复杂数据结构，通常会考虑采用文档数据库。与键值数据库类似，文档数据库也不要求开发者必须为数据库中的所有记录都定义一套固定的结构，从这一方面来说，它与关系数据库有所区别。然而，它同时还具备某些与关系数据库相似的特性，例如，可以对一批文档进行查询和筛选，就好比对关系数据库里的数据行做查询和筛选一样。

来看一个常见的 HTML 文档(图 7-1)，它是根据 HTML 的格式化命令渲染而成的。生成图 7-1 文档效果的 HTML 代码如下。

```
<!DOCTYPE html>
<html>
<head>
  <meta charset="utf-8">
  <title>The structure of HTML documents</title>
  <style>
```

The Structure of HTML Documents

HTML documents combine content, such as text and images, with layout instructions, such as heading and table formatting commands.

Major Headings Look Like This

Major headings are used to indicate the start of a high level section. Each high level section may be divided into subsections.

Minor Headings Indicate Subsections

Minor headings are useful when you have along major section and want to visually break it up into more manangeable pieces for the reader.

Summary

HTML combines structure and content Other standards for structuring combinattions of structure and content include XML and JSON.

图 7-1　HTML 文档

```
    .MsoTitle{font-size:36px; font-weight:bold;}
    .MsoNormal{font-size:14px;line-height:18px;}
  </style>
</head>
<body bgcolor=white  style='tab-interval:.5in'>

<div style='mso-element:para-border-div;border:none;
    border-bottom:solid #4F81BD;
mso-border-bottom-themecolor:accent1;border-bottom:1.0pt;
    padding:0in 0in 4.0pt 0in'>
<p class ="MsoTitle">The Structure of HTML Documents</h1>

</div>

<p class=MsoNormal><o:p> </o:p></p>

<p class=MsoNormal>HTML documents combine content, such as
text and images,with layout instructions, such as heading
and table formatting commands. </p>

<p class=MsoNormal><o:p> </o:p></p>

<h1>Major Headings Look Like This</h1>

<p class=MsoNormal>Major headings are used to indicate the
start of a high level section. Each high level section may
be divided into subsections.</p>
```

```
<p class=MsoNormal><o:p> </o:p></p>

<h2>Minor Headings Indicate Subsections</h2>

<p class=MsoNormal style='tab-stops:132.0pt'>Minor
headings are useful when you have along major section and
want to visually break it up into more manangeable pieces
for the reader.</p>

<p class=MsoNormal style='tab-stops:132.opt'> 
    </o:p></p>
<h1>Summary</h1>

<p class=MsoNormal style='tab-stops:132。0pt'>HTML combines
structure and content Other standards for structuring
combinattions of structure and content include XML and
JSON.</p>

</div>
</body>
</html>
```

HTML 文档中保存有两类信息,即内容和格式化命令。内容包括文本以及指向图像、音频或其他媒体文件的引用。文档得到渲染之后,查看文档的人就可以看到或听到这部分信息了。文档还包含一些格式化命令,用来指定这些内容的布局及应该具备的格式,文档可以对不同的内容套用不同的格式。

格式化命令用来指出哪一部分文字应该渲染为主标题(用<h1>和</h1>标记围起来的部分文字是主标题)、何处应该开始新的段落(用<p>和</p>标记围起来的部分就是一个段落),以及其他一些渲染指令。

这里的重点是把格式化命令与内容命令合起来放在同一份 HTML 文档中。可见文档数据库里的文档与 HTML 文档非常相似,它也是一种结构和内容的组合。HTML 文档用预先定义好的标记(标签)来表示格式化命令,而文档数据库中的文档则不一定非要用预定的标记来指定其结构。开发者在排列文档内容的时候可以自行指定一些称呼。

比如,以下这份以 JSON 格式书写的简单的客户记录可以存放顾客的 ID、姓名、地址、首次下单的日期以及最近下单的日期。

```
{
    "customer_±d":187693,
    "name" : "Kiera Brown",
    "address" : {
        "street" : "1232 Sandy Blvd.",
        "city" : "Vancouver",
        "state" : "Washington",
```

```
        "zip" : "99121"
    },
    "first_order" : "01/15/2013",
    "last_order" : "06/27/2014"
}
```

构造 JSON 对象时,需要遵循以下几条简单的语法规则。

(1) 数据要以键值对的形式来安排。

(2) 文档中的各个键值对之间需要以逗号分隔。

(3) 文档必须以"{"起头,并以"}"收尾。

(4) 键值对的名称都是字符串。

(5) 键值对的值可以是数字、字符串、布尔(true 或 false)、数组、对象或 NULL。

(6) 数组里的各元素值列在一对方括号([ ])中。

(7) 对象内部的值也以键值对的形式来表示,那些值列在一对花括号({ })中。

在文档数据库里表示文档有很多办法,JSON 只是其中的一种,还可以表示成 XML 格式等。

总之,文档就是键值对的集合。文档中的键用字符串表示,文档中的值可以是基本的数据类型(如数字、字符串、布尔),也可以是结构化的数据类型(如数组、对象)。文档中既包含结构信息,又包含数据。键值对的名称表示某项属性,而值则表示赋予该属性的数据。定义文档的时候,JSON 与 XML 是两种常见的格式。

7.1.2　按集合管理多份文档

和键值数据库相比,文档数据库的一项优势在于,文档的结构可以设计得灵活一些,相关的属性可以放在同一个对象内部来管理。为了模拟关系型表格的某些特征,可以把实体名称、实例的独特标识符以及属性的名称拼接起来,并用这种形式来构造键名。

文档数据库与关系型表格类似,可以直接把多个属性放入一个对象里,数据库的开发者可以轻松地实现某些常见的需求。例如,可以根据其中某项属性对实体的实例进行过滤,并返回符合要求的实例所具备的全部属性。

当要处理的文档比较多的时候,文档数据库的潜力就更明显了。相似的文档一般可以归入同一个集合。为文档数据库建模时,关键之一就是决定如何把文档划分到不同的集合中。

集合可以理解为由文档构成的列表。文档数据库的设计者会对数据库进行优化,使其可以迅速执行文档的添加、移除、更新以及搜寻等操作;此外,也会考虑数据库的可缩放性,使开发者能在文档集合变得比较大的时候向集群中添加更多的服务器,以满足数据库的需求。同一集合内各文档的结构之间应该有某些相似之处。

7.1.3　集合的设计技巧

集合是由文档构成的。由于集合并不对这些文档的结构加以限制,所以可以在同一个集合内放入许多不同类型的文档。比如,可以把顾客的数据、网页的点击流数据以及服务器的日志数据都放在同一个集合之中。不过,同一个集合内的文档一般应该与同一种实体类型相关。

(1) 不要使用过于抽象的实体类型。

在同一个集合内过滤文档,通常要慢于直接使用各自只包含一种文档类型的多个集合。把多种类型的文档放在同一个集合内,可能会使磁盘的同一个数据块里存有不同类型的文档;由于应用程序要根据文档类型来过滤这些文档,因此从磁盘中读取到的那些数据并不能完全得到利用。所以这种集合设计方式会降低程序的效率。

受到集合大小、索引以及文档种类数等因素的影响,扫描集合中的全部文档可能要比使用索引更快一些。另外,向集合中添加新文档之后,还要考虑更新索引所花的时间。

(2) 用不同函数来操纵不同文档类型。

表示单个集合应该拆分成多个集合的另一条线索就是应用程序的代码。在用于操作某个文档集合的应用程序代码中,应该有相当一部分代码是能够针对所有文档的,同时又有一定数量的代码用来分别处理某些文档里的特殊字段。

比如,用于实现文档的插入、更新及删除操作的那部分代码应该要能适用于客户集合中的全部文档。此外,或许还会编写一些代码,专门用来处理其中的某些文档,如专门处理与客户忠诚度和折扣相关的字段。

在函数中,如果需要用高层的分支语句来处理不同类型的文档,就说明很可能应该把这些文档分别划分到不同的集合之中。然而,在底层的代码中,确实可以经常采用分支语句来处理某些文档所特有的属性。

(3) 采用文档子类型来管理经常同时使用或可以共用大量代码的实体。有些时候,在文档中可以使用类型指示符,用不同代码来处理不同类型的文档。

划分文档集合的时候,可以根据查询的形式考虑这些文档数据的用法。这有助于决定集合与文档的组织结构。集合划分不合理可能会影响应用程序的性能。有时,一些看似没有多大关系的对象也可以放在同一个集合内,只要它们在应用程序中的用法相似即可(例如,它们都是应用程序所要处理的产品)。

7.2　文档数据库数据结构

文档与集合是文档数据库的基本数据结构。文档数据库的分区技术,尤其是分片技术,可以把大型数据库切割到多台服务器上,以提升性能。规范化、去规范化以及查询处理器也在文档数据库的总体性能提升中扮演着重要角色。

7.2.1　文档结构

键是用来查询值的唯一标识符;值就是一个实例,其类型可以是数据库所支持的任意数据类型,如字符串、数字、数组或列表。键值对是由键和值这两个部分组成的数据结构,而文档是由键值对所构成的有序集。

1. 文档：由键值对构成的有序集

文档是集(set)，其中的每个成员都只能出现一次，这些成员就是键值对。例如，以下这个集有三个成员，它们分别如下。

'foo': 'a'、'bar':'b' 和 'baz':'c':{'foo':'a','bar':'b','baz':'c'}

稍微作一些修改，它就由集变成了非集(也称为包(bag))。

{'foo':'a','bar':'b','baz':'c','foo':'a'}

以上这些键值对之所以不能构成集，是因为'foo':'a'这个键值对出现了两次。

对于普通集来说，其中的元素是不区分顺序的。然而，设计文档数据库时，会把这些键值对视为有序的集。也就是说，{'foo' : 'a', 'bar' : 'b', 'baz' : 'c'}与{'baz' : 'c', 'foo' : 'a', 'bar' : 'b'} 是两个不同的文档。

2. 键与值的数据类型

从理论上说，文档数据库的键一般用字符串表示，也能够支持更多的数据类型。

值可以采用各种类型的数据来表示，可以是数字或字符串，也可以是结构更为复杂的一些数据类型，如数组或其他文档。

如果待保存的值是由多个实例构成的，而这些实例又都属于同一种类型，那就可以考虑用数组来保存它们。比如，可以用以下形式的文档来为雇员及其项目建模。

```
{'employeeName':'Janice Collins',
    'department':'software engineering',
    'startDate':'10-Feb-2010',
    'pastProjectCodes':[189847, 187731, 176533, 154812]
}
```

pastProjectCodes 这个键对应的值是一系列项目的代号。由于这些项目的代号都是数字，所以很适合用数组来表示它们。

此外，如果还想在雇员信息中保存(或者嵌入)更为详尽的项目信息，可以把另外一份小文档包含在雇员的大文档里。比如可以写成如下形式。

```
{'employeeName':'Janice Collins',
    'department':'software engineering',
    'startDate':'10-Feb-2010',
    'pastProjects': {
{'projectCode': 189847,
    'projectName':'Product Recommendation System',
    'projectManager':'Jennifer Delwiney'},
{'projectCode':187731,
    'projectName':'Finance Data Mart version 3',
    'projectManager':'James Ross'},
```

```
{'projectCode':176533,
    'projectName':'Customer Authentication',
    'projectManager':'Nick Clacksworth'},
{'projectcode':154812,
    'projectName':'Monthly Sales Report',
    'projeCtManager':'Bonnie Rendell'}
                        }
}
```

3. 集合是由文档构成的组

集合内的文档通常都与同一个主题实体有关,这个实体可以指雇员、产品、记录的事件或客户的概要信息(尽管毫不相关的文档也可以放在同一个集合内,但不建议这样做)。

集合使大家可以操作一组相关的文档。如果要维护一批雇员的记录,可以在集合内的所有记录上面进行迭代,以搜寻特定的雇员。例如,可以找出 startDates 属性早于 2011 年 1 月 1 日的全部雇员。但是当雇员的数量非常庞大时,这样做的效率就比较低了,因为必须把集合中的每条记录与搜寻标准比对一遍,方能筛选出符合要求的雇员。

除了令大家能够方便地操作一组文档之外,集合还提供了其他一些有助于提升操作效率的数据结构。例如,可以编制一份索引,以便高速地扫描集合内的全部文档。集合的索引与书籍背后的索引有些类似,它们都是一种结构化的信息集,用来把某个属性(如关键词)与相关的信息(如出现该词的一系列页码)联系起来。

7.2.2 嵌入式文档

在文档数据库中,开发者可以更加灵活地存储数据,这种灵活程度一般要高于关系数据库。关系数据库的 join 操作把两张大表格连接起来比较耗时,并且需要执行大量的磁盘读取操作,而文档数据库则可以在一份大的文档中嵌入一些小文档,如图 7-2 所示,使得文档数据库不用再通过一张表格中的外键来查找另外一张表格中的相关数据。

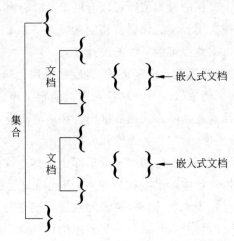

图 7-2 嵌入式文档是包含在文档中的文档

7.2.3 无模式数据库

关系数据库需要建模者明确指定其模式,模式的规格书通常会指定下列内容:表格、列、主键、外键、约束。这些规格书有助于关系数据库管理系统来管理数据库中的数据,也有助于数据库在用户添加不合适的数据时捕获错误。

而文档数据库的建模者不需要明确指定文档的正式结构,因而称为无模式数据库。与关系数据库相比,无模式数据库更加灵活,并且需要由应用程序来完成更多的工作。

使用无模式数据库,开发者和应用程序可以随时向文档中添加新的键值对。创建好集合后,即可直接向其中添加文档,而不需要先把文档的结构告诉数据库。实际上,同一集合内的文档的结构经常会彼此不同。可以根据需求对文档的结构做出调整,并把这些结构有所区别的文档放入同一个集合之中。文档数据库管理系统是根据集合内的文档结构来推断相关信息的。

因为没有模式,数据库管理系统也不能对文档的结构加以限制,不会对这项内容进行检查。因此,数据的限制规则需要由应用程序的代码来负责。

7.2.4 多态模式

因为文档数据库的同一个集合内可以放入多种不同类型的文档,能够具备多种不同的形式,所以文档数据库称为多态数据库(多态模式)。从总体上看,文档数据库不需要用一份正式的规范来制约各文档的结构,而从集合内的每一份具体文档来看,它们可以具备各自不同的结构。从这个意义上说,多态模式可以理解为多样的文档结构。

7.2.5 无须定义显式模式

文档数据库可以把文档灵活地划分到不同的集合之中,但良好的集合应该要容纳相似的实体类型,而其中各个文档的键和值则可以有所不同。有时,采用过分抽象的实体可能会影响程序的性能,并使应用程序的代码变得更为复杂。应该先分析数据库应用程序所支持的查询类型,然后再据此拟定数据库的设计方案。

关系数据库的建模者需要先把表格定义好,然后才能用代码在表格中执行数据行的添加、删除及更新操作,而文档数据库的开发者无须提前定义模式,即可直接创建集合与集合中的文档,并将它们插入数据库。文档数据库旨在适应集合内的各种文档,像这样无须预先定义数据结构的数据库,通常称为无模式数据库。

尽管添加文档之前无须定义模式,但加入数据库中的这些文档实际上还是隐含着一种数据组织结构。例如,构建音乐产品数据库时,会用代码设置每张 CD 的表演者、制作人、音轨数量以及总播放时长等属性;同理,还需要通过代码来分别设置小型家电以及图书所具备的特定字段。此外,可能也要编写一些通用的代码来设置产品名称及所有产品都具备的字段。

7.3 文档数据库基本操作

数据库是存放集合的容器,而集合又是存放文档的容器。在文档数据库中,数据库是级别最高的逻辑结构,其中包含由文档所组成的各种集合。

文档数据库的基本操作与其他类型的数据库相同,也包括插入、删除、更新、获取操作。文档数据库并没有一套标准的数据操纵语言来执行上述操作。接下来的范例采用一种与 MongoDB 文档数据库类似的命令格式来执行这些操作。

7.3.1 向集合中插入文档

在集合对象上可以执行多种不同的操作。insert 方法可以向集合中插入文档,例如以下这条语句就会向 books 集合中插入一份文档,该文档用来描述由库尔特·冯内古特 (Kurt Vonnegut)所写的一本书(书名和作者名),并写入一个独特的标识符。

```
db.books.insert({book_id:1298747,
    "title" : "Mother Night",
    "author" : "Kurt Vonnegut, Jr."})
```

不同的文档数据库会推荐开发者采用不同形式的独特标识符。MongoDB 会在开发者不提供标识符的情况下自行添加独特的标识符,而 CouchDB 则支持采用任意字符串充当标识符,同时推荐开发者使用通用唯一识别码(UUID)来作为标识符。

在很多情况下,一次插入一批文档要比多次插入单个文档的效率更高。例如,三条插入命令向 books 集合中插入三本书,每一条插入命令都会引发一次写入操作,而每一次写入操作都会产生一定的开销。如果把这三份文档放在同一条语句中插入,就只会引发一次写入操作,从而令开销变得比原来低。在 insert 方法的参数列表中,以"["开头并以"]"结尾的部分是一个数组,其中列出了待插入的三份文档。

7.3.2 从集合中删除文档

remove 方法可以从集合中删除文档。下面这条语句会删掉 books 集合内的全部文档。

```
db.books.remove()
```

删掉全部文档之后,books 这个集合还在,但它目前是空的。

remove 命令更为常见的用法是选择性地删除文档,而不是删掉集合内的全部文档。如果只想删掉某一个文档,可以指定一份与待删文档相匹配的查询文档。该文档是一份由键和值所构成的列表,用来匹配待删除的文档。以下是查询文档。

```
{"book_id" : 639397}
```

执行以下这条语句就可以从集合中删掉上面那本书了。

```
db.books.remove({"book_id" : 639397})
```

7.3.3　更新集合中的文档

把文档插入集合之后，可以用 update 方法来修改它。update 方法需要指定以下两个参数。

（1）文档查询参数。

（2）待更新的一系列键和值。

除了这两个参数外，MongoDB 的 update 方法还能够接受另外三个可选的参数。

与 remove 方法类似，update 命令的文档查询参数也是由一系列键和值组成的，它们用来定位待更新的那份文档。比如，如果想更新库尔特·冯内古特的 *Mother Night*，可以用下面的语句来充当文档查询参数。

```
{"book_id":1298747}
```

MongoDB 采用 $ set 操作符来指定需要更新的键和值。例如，下面这条语句可以把值为 10 的 quantity 键添加到集合内的相关文档之中。

```
db.books.update({"book_id":1298747},
    {$set {"quantity":10}})
```

执行完上述语句之后，以上文档就会变成以下内容。

```
{"book_id":1298747,
    "title":"Mother Night",
    "author":"Kurt Vonnegut, Jr.",
    "quantity":10}
```

如果文档里并没有待设置的那个键，update 命令会把那个键和相关的值添加到文档之中。若文档里已有该键，则 update 命令会将该键对应的旧值修改为新值。

除了 set 命令外，文档数据库有时还会提供其他一些操作。

7.3.4　从集合中获取文档

find 方法用于从集合中获取文档。它接受一个可选的查询文档作为参数，用来指定应该返回什么样的文档。下面这条语句能够匹配集合中的所有文档。

```
db.books.find()
```

但是，如果只想获取数据库中的某一部分文档，就应该用筛选标准来构建一份查询文档，并传给 find 命令。例如，下面这条语句会返回作者为 Kurt Vonnegut，Jr. 的所有书籍。

```
db.bookg.find({"author":"Kurt Vonnegut, Jr."})
```

以上两条 find 命令会把相关文档内的全部键和值都返回给调用者。但有时并不想返回所有的键和值，这时可以指定第二个参数，该参数是一份列表，如果想在返回的文档中包括某个键，就把列表中该键所对应的值设为 1。举例如下。

```
db.books.find({"author":"Kurt Vonnegut, Jr."},
    {"title":1})
```

以上这条语句只返回作者为 Kurt Vonnegut，Jr. 的书籍的标题。

有一些更加复杂的查询可以通过条件操作符和布尔操作符实现。以下这条语句可以查出数量大于等于 10 且小于 50 的图书。

```
db.books.find({"quantity" :("$gte":10, "$lt":50)})
```

无论筛选标准多么复杂，都应该以查询文档的形式将其构造出来。

MongoDB 支持的条件操作符和布尔操作符如下。

(1) $ lt：小于。

(2) $ let：小于或等于。

(3) $ gt：大于。

(4) $ gte：大于或等于。

(5) $ in：查询某个键的值是否处在指定的一组值之中。

(6) $ or：查询是否有文档的属性能够满足所给的多个条件之一。

(7) $ not：否定。

7.4　文档数据库分区架构

分区是 NoSQL 中经常使用的一个词。CAP 定理描述了一致性、可用性以及分区容忍性之间的相互制约关系，这里的分区是指把网络区分成（或者说分隔成）多个彼此无法连通的部分。这种意义上的分区对所有的分布式数据库来说都是个重要的概念，但它和文档数据库所关注的分区不同。

讨论文档数据库时，如果提到"分区"一词，是指把文档数据库中的数据划分成不同的部分，并把它们分布到不同的服务器上。

文档数据库的分区方式有两种，一种是垂直分区，另一种是水平分区。一定要根据使用分区一词时所处的语境来分辨它的具体含义。

7.4.1　垂直分区

垂直分区是一项改善数据库性能的技术，它把关系型表格的列划分到多张关系型表格里。如果表格中的某些列需要经常访问，而另外一些不需要，那么这项技术就显得尤为有用了。

与关系数据库管理系统相比，文档数据库不太使用垂直分区技术。虽然有一些方法也可以在非关系数据库中实现垂直分区，但这些数据库通常使用的分区技术却是水平分区（或叫分片技术）。

7.4.2　水平分区或分片

水平分区是指在文档数据库中根据文档来划分数据库，或在关系数据库中根据行来划分表格的行为。划分成的不同区域就是一个分片,它们会保存在不同的服务器上。如果数据库开启了复制数据的功能,那么同一个分片可能会保存在多台服务器上。但无论是否复制数据,文档数据库集群中的同一台服务器上只会有一个分片。

实现大型文档数据库时,分片技术有很多优势。如果把大批用户或负载量都压在一台服务器上,会给 CPU、内存和带宽带来沉重的负担。解决此问题的一种方法是给该服务器装配更多的 CPU、更多的内存和更大的带宽。这种办法称为垂直缩放,与分片技术相比,它需要耗费更多的资金和精力,而分片技术则能够随着文档数据库的增长向集群中添加其他服务器。现有的服务器不会为新添加的服务器所取代,它们依然可以正常运作。

为了实现分片技术,数据库的设计者必须选取一个分片键(分片字段)和一种分区算法。

7.4.3 用分片键分隔数据

分片键(分片字段)是集合中所有文档都具备的一个或多个用来划分文档的键或字段。文档内的任意原子字段都可以充当分片键,举例如下。

(1) 文档的独特标识符。

(2) 名称。

(3) 日期(如创建日期)。

(4) 分类或类别。

(5) 地理区域。

虽说文档数据库是无模式的,但其某些部件却与关系数据库中的模式相仿,例如索引。在关系数据库中,索引是物理数据模型的一部分,这意味着数据库内会有一种数据结构实现该索引。文档数据库等无模式数据库也可以拥有类似索引的对象,它可以提升读取操作的速度,也有助于实现分片。由于集合内的每一份文档都需要放入某个分片中,所以这些文档一定要包含分片键。分片键指定了将文档划入各个分片时所依据的值。分区算法把分片键作为输入数据,并据此决定与该键相对应的分片。

7.4.4 用分区算法分布数据

有很多方式都可以对数据进行水平分区。

如果各分片键的值可以构成有序集,范围分区法就比较有用了。例如,集合内的所有文档都有一个表示创建日期的字段,于是就可以根据该字段把某个月内创建的文档划分到对应的分片里去。2015 年 1 月 1 日至 2015 年 1 月 31 日创建的文档可以划入其中一个分片,而 2015 年 2 月 1 日至 2015 年 2 月 28 日创建的文档可以划入另一个分片。

哈希分区法采用哈希函数决定文档所处的分片。哈希函数能够把输出值平均地分布在本函数的值域之内。例如,对于包含 8 台服务器的集群来说,它所使用的哈希函数应该能均匀地生成 1~8 的值,使得分布在这 8 台服务器中的文档数量大致相同。

基于列表的分区法采用一系列值来判断文档所在的分片。假设产品数据库里的产品分为电子产品、家用电器、家庭用品、书籍以及服装 5 个类型,就可以把产品类型作为分片键,从而将这些文档划分到 5 台不同的服务器上。

分区是一项重要的流程,它使得文档数据库能够通过缩放来应对应用程序的需求,以处理大量的用户请求或其他繁重的负载。分片所用的键是由使用文档数据库的开发者选择的,然而分片所用的算法却是由制作文档数据库管理系统的开发者提供的。

7.5　数据建模与查询处理

文档数据库比较灵活,可以应对种类非常丰富的文档,也可以很好地处理同一个集合中不同结构的文档。设计文档数据库,可能会从数据库所要运行的一些查询请求开始构思。

7.5.1　规范化

数据库规范化是一种将数据分布在表格之中,以减少数据异常概率的流程。而异常则是指数据中发生的不一致现象。

规范化可以减少数据库中多余的数据。例如,经过规范化处理后,与订单有关的那些记录就无须再重复保存客户的姓名和住址了,因为那些属性已经移入它们各自的表格之中。此外,还可以把一些附加属性与顾客及地址关联起来。

数据库的规范化流程有很多条规则可遵循。对数据库进行规范化遵循了几条规则,数据库就处在第几范式。建模者设计数据库时,一般会按照前三条规则对其进行规范化,于是就把具备这种形式的数据库称为符合第三范式的数据库。

"规范化"这个词有时也用来描述文档数据库中的文档设计。如果设计者决定用多个集合来保存相关数据,那么这个数据库也可以认为是经过规范化处理的文档数据库。一份文档经过规范化,就意味着文档中含有指向其他文档的引用,使得我们可以沿着这些引用来查询相关的附加信息。

7.5.2　去规范化

规范化确实可以避免数据异常,但也有可能带来性能问题。查询位于两张或多张大型表格中的数据时,极有可能出现这种情况。这样的查询过程叫做 join(连接),是关系数据库中的一项基本操作。要提升 join 操作的性能,需要花很多精力。数据库管理员与数据建模者要用很长时间去尝试各种改善 join 操作执行效率的方式,而且未必总是能够取得成果。

数据库的设计是需要权衡的。可以设计出一种高度规范化的数据库,这种数据库不包含多余的数据,但它的性能却比较低。面对这样的状况,许多设计者都转而寻求去规范化的方案。

去规范化旨在去除规范化给数据库带来的影响,说得更明确一些就是要引入多余的数据。尽管去规范化会增加数据异常的风险及所需的磁盘空间,但它却可以极大地提升效率。

对数据进行去规范化后,就不用再读取多张表格,也不用对多个集合中的数据进行连接,而只需从同一个集合或文档内获取数据即可。这样要比从多个集合中获取数据快很多,在有索引可供使用的情况下更是如此。

7.5.3 查询处理器

从文档数据库中获取数据要比键值数据库复杂一些。文档数据库提供了多种数据获取方式。比如,可以获取在某个日期之前创建的文档,也可以获取指定类型的文档,还可以获取产品描述中包含"long distance running"字符串的文档。此外,可以将这些查询标准组合起来,以筛选待获取的文档。

查询处理器是数据库管理系统的重要部件,它接受用户输入的一些查询请求以及与数据库中的文档和集合有关的一些数据,然后产生用于获取相关数据的操作序列。如果筛选文档的标准有很多,查询处理器就必须决定它们的先后顺序。它是应该先获取创建日期早于 2015 年 1 月 1 日的全部文档,还是应该先获取产品类型为"电子产品"的全部文档?

如果创建日期早于 2015 年 1 月 1 日的文档数量比产品类型为"电子产品"的文档数量少,就应该先根据日期来筛选,因为这样筛选出的结果要比先根据产品类型来筛选更少一些。这也意味着进行第二轮筛选的时候,候选的文档数量会比较少。查询处理器在规划获取数据的先后步骤时,可能会面临很多种不同的方案。

【作　业】

1. 文档是一种灵活的(　　),它们不需要预先定义好模式,而是可以灵活地适应结构上的变化。

A. 字符数组　　　　B. 数据结构　　　　C. 程序模块　　　　D. 函数功能

2. 一组相关的文档可以构成一个(　　),它类似于关系数据库中的表格,而文档则类似于表格中的数据行。

A. 模块　　　　　　B. 桶　　　　　　　C. 集合　　　　　　D. 数组

3. 如果开发者既需要利用 NoSQL 数据库的灵活性,又需要管理复杂数据结构,通常会考虑采用(　　)。

A. 文档数据库　　　B. 图数据库　　　　C. 键值数据库　　　D. 列族数据库

4. HTML 文档中保存有两类信息,即内容和格式化命令。内容包括文本以及指向图像、音频或其他媒体文件的(　　)。

A. 处理　　　　　　B. 执行　　　　　　C. 组合　　　　　　D. 引用

5. 文档里还包含一些(　　)命令,用来指定这些内容的布局与应该具备的格式。

A. 处理　　　　　　B. 格式化　　　　　C. 渲染　　　　　　D. 优化

6. 在文档数据库里,表示文档有很多办法,而(　　)是定义文档的两种常见格式。

A. JSON、XML　　　B. PDF、XML　　　　C. PSD、DIR　　　　D. EXE、BAT

7. 集合是由文档构成的,可以在同一个集合内放入许多(　　)的文档。

A. 相同大小　　　　B. 不同大小　　　　C. 同一类型　　　　D. 不同类型

8. (　　)是用来规划文档数据库的两种结构。

　　A. 线条和表格　　　　　　　　B. 文档和集合

　　C. 键和值　　　　　　　　　　D. 程序和数据

9. 文档数据库的基本操作与其他类型的数据库相同,也包括插入、删除、更新、获取操作。文档数据库(　　)一套标准的数据操纵语言来执行上述操作。

　　A. 没有　　　　　　B. 有　　　　　　C. 定制　　　　　　D. 创设

10. 不同的文档数据库会推荐开发者采用(　　)的独特标识符,而 MongoDB 会在开发者不提供的情况下自行添加。

　　A. 不重复　　　　B. 唯一　　　　　C. 相同形式　　　　D. 不同形式

11. 把文档插入集合之后,可以用(　　)方法来修改它。

　　A. REPLACE　　　B. UPDATE　　　C. EDIT　　　　D. CREATE

12. 文档数据库的分区技术,尤其是(　　)技术,可以把大型数据库切割到多台服务器上,以提升性能。

　　A. 分离　　　　　　B. 分组　　　　　C. 分片　　　　　　D. 分段

13. 文档是由(　　)构成的有序集。键用来引用与之关联的特定值,值可以是基本的数据类型,也可以是结构化的数据类型。

　　A. 键值对　　　　B. 矛盾对　　　　C. 数字对　　　　D. 图形对

14. (　　)是由文档构成的组,其中的文档通常都与同一个主题实体有关。

　　A. 数组　　　　　　B. 桶　　　　　　C. 组合　　　　　　D. 集合

15. 文档数据库的建模者不需要明确指定文档的正式结构,因而称为(　　)数据库。

　　A. 规则　　　　　　B. 无模式　　　　C. 模式　　　　　　D. 规范

16. 之所以把文档数据库称为多态数据库,是因为集合内的(　　)能够具备多种不同形式。

　　A. 文档　　　　　　B. 模块　　　　　C. 函数　　　　　　D. 程序

17. 文档数据库的分区方式有两种,一种是(　　)分区,另一种是(　　)分区。

　　A. 离散、聚合　　　B. 组合、分散　　C. 上层、下层　　　D. 垂直、水平

18. 数据库(　　)是一种将数据分布在表格中的流程,以减少数据异常的概率和减少数据库中多余的数据。

　　A. 标准化　　　　　B. 规范化　　　　C. 集约化　　　　　D. 去规范化

19. 请至少说出文档数据库的两种用途。

答:

①　_____

_____

②　_____

_____

③　_____

_____

20. 请说出两条采用文档数据库来开发应用程序的理由。

答：

① _____

_____

② _____

_____

③ _____

_____

【实验与思考】 熟悉 MongoDB 文档数据库

1. 实验目的

（1）熟悉文档数据库的数据结构，熟悉键值、文档、集合等基础概念。

（2）熟悉文档数据库的基本操作。

（3）熟悉文档数据库的分区架构。

（4）了解文档数据库的应用案例。

2. 工具/准备工作

在开始本实验之前，请认真阅读课程的相关内容。

准备一台带有浏览器，能够访问因特网的计算机。

3. 实验内容与步骤

文档数据库是最简单的 NoSQL 数据库之一，它根据文档及其集合来存储数据。MongoDB 是一个由 C++ 语言编写，基于分布式文件存储的文档数据库，旨在为 Web 应用提供可扩展的高性能数据存储解决方案。MongoDB 是 NoSQL 数据库中功能最丰富、最像关系数据库的一个成员。它支持的数据结构非常松散，因此可以存储比较复杂的数据类型。

（1）请列出至少 3 条 JSON 对象的语法规则。

答：

① _____

② _____

③ _____

（2）请用 JSON 格式创建一份描述小型家用电器的简单文档，其中要包含的属性是家用电器的 ID（applianceID）、名称（name）、描述（description）、高度（height）、宽度

（width）、长度（length）和运输重量（shipping weight）。

答：_____

_____

_____

_____

_____

_____

（3）登录 MongoDB 文档数据库官网（https://Redis.io/），下载、安装和熟悉 MongoDB 文档数据库。

记录并分析：_____

_____

_____

_____

4. 实验总结

_____

_____

_____

5. 实验评价（教师）

_____

_____

文档数据库设计

8.1 文档数据库设计思考

文档数据库之所以灵活，关键因素之一就在于所用的 JSON 和 XML 文件格式的结构非常灵活。设计者既可以在文档中的大列表里嵌入小列表，也可以把不同类型的数据分割到不同的集合里。可是，对这种自由度的把握使得数据模型的设计有优劣之分。评判数据模型时，可以援引规范化流程所用到的各条规则。

通常，在设计关系数据模型时，要避免在执行插入、更新或删除操作时发生数据异常。而在设计文档数据库时，更多的是通过试探法或者说经验法则来进行。这些法则并不像关系数据库的规范化规则那样正式和严谨。例如，无法单单通过文档数据库模型的描述信息来推测这个模型的效率，而是必须根据用户查询数据库的方式、用户所插入的数据量以及用户更新文档的频率和方式等因素去判断。

8.2 规范化还是去规范化

规范化和去规范化是两种有用的处理流程。规范化可以减少数据异常的发生概率，而去规范化则能够改善性能。为文档数据库建模时，去规范化是一种常见的做法。连接操作是一种复杂的、消耗资源的操作，去规范化的一个好处在于可以减少或消除需要执行连接操作的场合。不过，有时还是需要在应用程序中执行连接操作的。

根据关系数据库的设计理论，冗余数据是一项负面因素，它是数据异常的根源。建模者应该消除冗余数据，以尽力降低数据异常的概率。但关系数据库的性能有时候会因为使用了规范化的模型而变得较低。

8.2.1 一对多与多对多关系

在连接两个实体的线段中，如果某一端为单线，就表示该端所指的实体在本关系中只对应一个数据行；若某一端为三叉线，则表示该端所指的实体在本关系中对应一个或多个数据行。例如，连接客户与订单，可以看出，同一位客户可以对应一个或多个订单，但每个订单却只与一位客户相关联。这种关系就称为一对多关系。

现在考虑客户与促销活动之间的关系。同一位客户可以与很多促销活动相关联，而同一个促销活动也能够与多位客户相联系。这种关系称为多对多关系。

8.2.2 多张表格执行 join 操作

关系数据库程序的开发者经常要操作多张表格中的数据,这种规范化的模型能够缩减冗余数据的总量,并降低数据异常的风险。而文档数据库的设计者不同,他们总是想把相关的数据都放在同一份文档之内,这就相当于把那些数据全都存储在关系数据库的同一张表格里,而不是将其分为多张表格。原因在于,他们需要在提升性能与降低数据异常之间做出权衡。

执行 join 操作是一种相当低效的做法,但可以借助索引来改善 join 操作的执行效率。数据库本身可以实现一些查询优化器,以便拟定出获取数据与连接表格的最佳方式。除了用索引来缩减需要遍历的数据行数外,还可以用其他一些技术迅速找到能够与筛选标准相匹配的数据行。

查询优化器还可以先对数据行进行排序,然后再把多张表格中的数据行合并起来,这要比不经排序就直接合并更有效率一些。这些技术在某些情况下可行,而在另外一些场合则无法奏效。数据库的研究者及开发商已经在查询优化技术上面取得了一些进展,但是在庞大的数据集上执行 join 操作,依然有可能要耗费大量的时间和资源。

8.2.3 文档数据库的建模

文档数据库应用程序的开发者之所以选用这种数据库,很有可能是想要获得更高的可伸缩性或灵活性,或是同时看重这两种特性。对于这些使用文档数据库的人来说,避免数据异常依然是一个重要的问题,但他们更愿意把防止数据异常的责任担在自己身上,从而换取更好的可伸缩性及灵活性。

文档数据库应用程序的开发者是通过缩减 join 操作的执行次数来达成这一目标的。这个过程就叫做去规范化。它的基本思路是,把经常需要同时用到的那些数据放在同一个数据结构之中,比如,放在关系数据库的同一张表格或文档数据库的同一份文档里,以减少文档数据库从持久化存储设备中读取数据的次数,因为即便是从固态硬盘设备中读取,也依然是个相对较慢的过程。

去规范化也有可能遭到滥用。那么,去规范化要做到什么样的程度才算合适呢?这应该根据应用程序向文档数据库所发出的查询请求来判断。

设计 NoSQL 数据库的模型时,某些技巧、建议和设计模式确实可以帮助我们构建易于缩放且便于维护的应用程序。但如果不遵循这些技巧、建议或模式反而有助于提升程序的性能、功能或可维护性,就应该灵活变通才对。

规范化是一项可以减少数据异常发生概率的实用技术,去规范化则尤其适合用来改善查询效率。使用文档数据库时,开发者通常会较为自然地运用去规范化技术。

应该借助查询请求的特征来寻找规范化与去规范化之间的平衡点。这两者如果使用过度,都会损害程序性能。规范化技术使用过度会导致应用程序必须通过连接操作来满足查询请求,而去规范化使用过度则会导致文档变大,使得数据库从持久化存储设备中读入的这些文档里面含有许多用不到的数据,而且还会带来其他一些负面影响。

8.3　应对可变文档

　　建模时,除了要考虑逻辑层面的问题外,还应该考虑设计方案的物理实现问题,尤其要注意可变文档,它们也许会影响程序的性能。尺寸可能发生变化的文档称为可变文档。举例如下。

　　(1) 车队内的每一辆卡车每 3 分钟就会把自己的地点、油料消耗以及其他指标发送给公司的卡车管理数据库。

　　(2) 股票价格会随着交易而发生变化,因此每分钟都需要重新查询股价。如果发现这次查到的价格与上次不同,就要把新价格写入数据库之中。

　　(3) 应用程序要分析社交网站上面的一系列帖子,并从中统计出帖子的总数、每一帖的总体人气,以及其中提到的公司、知名人士、公职人员及机构。应用程序在收集信息的过程中,会持续地更新数据库。

　　如果文档的尺寸超过了刚开始分配给它们的存储空间,这些文档可能就需要移动到磁盘等持久化存储区的其他位置上。这会引发额外的数据写入行为,从而降低程序执行更新操作的效率。

　　有些文档的变动很频繁,而另一些文档则不太会发生改变。如果某份文档中保存了一个统计网页访问量的计数器,那么该文档每分钟可能要变动上百次,而保存服务器事件日志的数据表则只会在服务器于加载过程中发生错误时才会出现变化,此时它会把表示该错误的事件数据复制到文档数据库里。

　　需要写入数据库中的数据集数量会随着时间而增多。为了更好地处理这些输入的数据流,应用程序的设计者安排文档结构的方法之一就是为每个新的数据集创建一份新文档。

　　创建文档时,数据库管理系统会为该文档分配一定量的空间。然而,为了应对将来的增长,数据库分配的空间会比文档本身大一些。如果文档的尺寸超过了刚开始分配的空间,则数据库必须把该文档移动到其他地方才行,这需要先从现有位置读出文档中的数据,然后将其复制到另一个位置,同时还要释放该文档原来所占的空间。

　　应该根据文档大小在整个生命期内的变化情况尽可能地为它预留足够的空间。如果刚开始分配的空间完全能应对该文档在各阶段的大小变化,就可以减少由 I/O 操作所引发的开销。

8.4　编制数量适中的索引

　　应用程序编制的索引数量必须要适中,编制的这些索引都应该有助于改善查询请求的处理速度。虽说索引能够提升查询请求的处理效率,但如果某些索引严重影响写入操作的效率,那就不合适了。考虑索引编制问题时,需要在快速响应查询请求与快速处理插入及更新操作之间求得平衡。设计文档数据库时,要考虑索引的恰当数量。如果索引太少,读取数据的效率不高;反之,若是太多,则写入数据的效率又会变低。

8.4.1　读操作较多的应用

对于某些应用程序来说,读取操作在全体操作中所占的比例要大于写入操作。商务智能程序与其他一些分析程序就属于这种类型。读取操作相对较多的程序基本上应该为每一个有助于过滤查询结果的字段都编制一份索引。比如,如果用户经常要查询某个特定销售区域内的文档,或是某个特定产品类型的订单项,就应该给销售区域及产品类型这两个字段编制索引。

有时很难判断用户会根据哪些字段来过滤查询结果。一个分析师调研数据时,会采用各种不同的字段进行筛选。每运行完一次新的查询,他都有可能从中获知一些新的信息,这又会促使他采用不同的字段组合再发出另外一条查询请求。分析师会反复执行这个过程,以便从每次查到的结果中获得一些思路。

读取操作相对较多的应用程序可以编制大量的索引,尤其是在查询请求的形式无法提前预知的情况下更应该如此。在分析数据所用的程序中,经常会看到可用来筛选查询结果的大部分字段都编制了索引。

对分析数据库进行的查询是个迭代的过程,任何字段都有可能用来过滤查询结果。在这种情况下,可以为绝大部分字段编制索引。

8.4.2　写操作较多的应用

写入操作相对较多的应用程序是指那种写入操作所占比例高于读取操作的程序。由于索引这种数据结构必须进行创建和更新,因此会消耗 CPU 资源、持久化存储空间以及内存资源,而且还会增加在数据库中插入文档或更新文档所用的时间。

针对写入操作较多的应用程序,数据建模者会尽力缩减其索引数量。有一些关键的索引仍然需要编制。与其他设计方面的决策一样,建模者在决定此类程序的索引数量时,也需要在各种相互冲突的因素之间求得平衡。

索引数量越少,更新速度就越快,但同时也有可能拖慢读取的速度。如果执行读取操作的用户能够忍受获取数据时的某些延迟,就可以考虑尽量缩减索引的数量。反之,若是必须迅速响应用户向写入密集型数据库所发出的查询请求,则可以考虑实现另外一个数据库,该数据库会根据这些频繁发出的查询请求,从前一个数据库中抓取相关的数据。

交易处理系统能够迅速响应读取请求及定向的查询请求,它会通过 ETL 这一过程(图 8-1),把数据从某个数据库复制到另外一个数据集市或数据仓库之中。后两种数据库通常都编制了大量索引,以缩短查询请求的响应时间。

有时可能必须通过一些实验才能确定应用程序到底应该为哪些内容编制索引。可以从程序需要支持的查询请求出发来编制相关的索引,以便在最短的时间内处理最为重要和最为频繁的查询请求。如果必须同时支持写入操作较多和读取操作较多的两种应用程序,可以考虑双数据库方案,也就是用两个数据库来分别应对这两种应用程序。

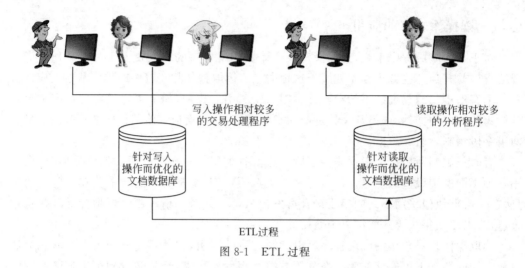

写入操作相对较多
的交易处理程序

读取操作相对较多
的分析程序

针对写入
操作而优化的
文档数据库

针对读取
操作而优化的
文档数据库

ETL过程

图 8-1　ETL 过程

8.5　为文档数据库常见关系建模

收集需求并设计文档数据库时,很可能需要为下列三种常见的关系建模:一对多关系、多对多关系、层级关系。前两种关系都是指两个集合之间的关系,而第三种关系则有可能牵涉同一集合内任意数量的相关文档,重点是如何在文档数据库中高效地实现这些关系。

8.5.1　一对多关系

一对多关系是这三者之中最为简单的一种关系。如果某实体的一个实例与另一实体的一个或多个实例相关联,它们之间就具备一对多的关系。下面举几个例子。

(1) 一张订单内可以有多个订单项。

(2) 一幢公寓楼内可以有多个房间。

(3) 一个组织内可以有多个部门。

(4) 一件产品可能包含多个部件。

一对多关系的模型可以体现出文档数据库与关系数据库在建模方面的区别。设计文档数据库时,用嵌套的两个文档来表示一对多关系中的两个实体。

在一对多关系中,表示"一"的那种实体相当于文档数据库中的主文档,而表示"多"的那种实体则由嵌入式文档所构成的数组来表示,这就是一对多关系的基本建模形式。主文档中的字段用来描述前一种实体,嵌入式文档中的字段用来描述后一种实体。

8.5.2　多对多关系

如果两种实体的实例都可以各自与另一实体的多个实例相关联,它们之间就具备多对多的关系。举例如下。

(1) 一名医生可以接待多位病人,而同一位病人也可以向多名医生求诊。

（2）操作系统的某一个用户组内可以有多名用户，而同一名用户也可以属于多个用户组。

（3）一名学生可以参加多门课程，而同一门课程也可以有多名学生来参加。

（4）一个人可以加入许多俱乐部，而同一个俱乐部里也可以有多名成员。

多对多的关系采用两个集合来建模，每个集合表示一种实体。每个集合内的文档都会维护一份标识符列表，其中的各个标识符分别指向另外一个实体的相关实例。更新多对多的关系时，一定要注意正确更新两种实体的实例，另外文档数据库与关系数据库不同，它不会捕获与引用完整性有关的错误。

8.5.3　层级关系建模

层级关系用来描述实体实例间的上下级关系或整体与部分的关系。层级关系有几种不同的建模方式，每种方式都适合用来应对特定的查询类型。

要想表示层级关系，一种简单的办法是使用指向父节点或子节点的引用。可以采用指向父节点的引用来为数据建模，以描述这些产品类别之间的关系。

还有另外一种建模方式是把所有的上级节点全都列出来。如果必须获知层级体系中任意一个节点到根节点的路径，可以考虑采用此模式。这种模式的好处在于只需一次读取操作就可以获得从当前节点到根节点的完整路径。而前面讲到的两种模式则需执行许多次读取操作，每次都要沿着指向父节点或子节点的引用，在层级体系中上移或下移一层。

这种模式的缺点在于层级发生变化时可能要执行许多次写入操作。发生变化的地点距离根节点越近，所要更新的文档数量就越多。

一对多关系、多对多关系以及层级关系是文档数据库里常见的三种关系。此处描述的这些模式确实能够适用于很多场合，但总是应该根据程序所要执行的查询类型以及文档在生命期中的变化状况来决定要选用的模式。使用模式是为了令程序能够更好地处理查询请求，并更加方便地维护文档，好的模式应该能使这些操作执行得更快或更简单才对。

【作　　业】

1. 文档数据库之所以灵活，关键因素之一就在于所用的（　　）文件格式的结构非常灵活。

　　A. JSON 和 XML　　　　　　　　　B. DIR 和 EXE

　　C. PDF 和 XLS　　　　　　　　　 D. BAT 和 PSD

2. 通常在设计关系数据模型时，要避免在执行插入、更新或删除操作时发生（　　）。

　　A. 数学运算　　　B. 倒挡排序　　　C. 程序异常　　　D. 数据异常

3. 设计文档数据库时，更多的是通过（　　）进行的，它们并不像关系数据库的规范化规则那样正式和严谨。

　　A. 精简原则　　　B. 经验法则　　　C. 进化路线　　　D. 优化条件

4. 规范化和去规范化是两种有用的处理流程。规范化可以减少（　　）的发生概率，而去规范化则能够（　　）。

    A. 数字可视化，提高速度　　　　　　　　B. 索引计算，加快聚合

    C. 数据异常，改善性能　　　　　　　　　D. 数据溢出，减少冲突

5. 为文档数据库建模时，（　　）是一种常见的做法。

    A. 规范化　　　　　B. 去规范化　　　　C. 正规化　　　　D. 差异化

6. 考虑客户与促销活动之间的关系，同一位客户可以与很多促销活动相关联，反之亦然。这种关系称为（　　）关系。

    A. 一对多　　　　　B. 多对多　　　　　C. 多对一　　　　D. 一对一

7. 关系数据库程序的开发者经常需要操作多张表格中的数据，那种（　　）的模型能够缩减冗余数据的总量，并降低数据异常的风险。

    A. 规范化　　　　　B. 去规范化　　　　C. 标准化　　　　D. 集约化

8. 文档数据库的设计者需要在提升性能与降低数据异常之间做出权衡，他们总是想把相关的数据都放在（　　）文档之内。

    A. 很大的　　　　　B. 不同的　　　　　C. 同一份　　　　D. 紧凑的

9. 执行 join 操作是一种相当低效的做法，但可以借助（　　）来改善 join 操作的执行效率。

    A. 排序　　　　　　B. 标准　　　　　　C. 压缩　　　　　D. 索引

10. 通常，开发者之所以选用文档数据库，很有可能是想要获得更高的（　　）和/或（　　）。

    A. 可靠性，运算速度　　　　　　　　　　B. 可伸缩性，灵活性

    C. 精确度，速度　　　　　　　　　　　　D. 压缩比，精确度

11. （　　）的基本思路是，把经常需要同时用到的那些数据放在同一个数据结构中，以减少文档数据库从持久化存储设备中读取数据的次数。

    A. 去规范化　　　　B. 规范化　　　　　C. 标准化　　　　D. 理想化

12. 规范化是一项可以（　　）的实用技术，去规范化则尤其适合用来改善查询效率。

    A. 提高 CPU 运算速度　　　　　　　　　B. 减少数据异常发生概率

    C. 提高内存存取速度　　　　　　　　　　D. 减少硬盘读取误差

13. 应该借助（　　）的特征来寻找规范化与去规范化之间的平衡点。这两者如果使用过度，都会损害程序性能。

    A. 查询请求　　　　B. 关系特征　　　　C. 文档特征　　　　D. 文档尺寸

14. 建模时，除了要考虑逻辑层面的问题之外，还应该考虑设计方案的物理实现问题，尤其要注意（　　）的文档，它们也许会影响程序的性能。

    A. 颜色可能发生变化　　　　　　　　　　B. 内容不会发生变化

    C. 尺寸可能发生变化　　　　　　　　　　D. 尺寸不会发生变化

15. 应该根据（　　）在整个生命期内的变化情况来尽可能地为它预留足够的空间。

    A. 运算速度　　　　　　　　　　　　　　B. 变量个数

    C. 数值大小　　　　　　　　　　　　　　D. 文档尺寸

16. 设计文档数据库的时候,要考虑(　　)的合适数量。如果太少,读取数据的效率就不高;反之,若是太多,则写入数据的效率又会变低。

　　　A. 函数　　　　　B. 索引　　　　　C. 数组　　　　　D. 模块

17. 如果必须同时支持写入操作较多和读取操作较多的两种应用程序,可以考虑(　　)方案,来分别应对这两种应用程序。

　　　A. 多 CPU　　　B. 大内存　　　　C. 双数据库　　　D. 高速处理

18. 文档数据库的建模者如何避免开销较大的 join 操作?

答:＿＿＿＿＿＿＿＿＿＿＿＿＿＿＿＿＿＿＿＿＿＿＿＿＿＿＿＿＿＿＿

＿＿＿＿＿＿＿＿＿＿＿＿＿＿＿＿＿＿＿＿＿＿＿＿＿＿＿＿＿＿＿＿＿＿

＿＿＿＿＿＿＿＿＿＿＿＿＿＿＿＿＿＿＿＿＿＿＿＿＿＿＿＿＿＿＿＿＿＿

19. 如何为多对多的关系建模?

答:＿＿＿＿＿＿＿＿＿＿＿＿＿＿＿＿＿＿＿＿＿＿＿＿＿＿＿＿＿＿＿

＿＿＿＿＿＿＿＿＿＿＿＿＿＿＿＿＿＿＿＿＿＿＿＿＿＿＿＿＿＿＿＿＿＿

＿＿＿＿＿＿＿＿＿＿＿＿＿＿＿＿＿＿＿＿＿＿＿＿＿＿＿＿＿＿＿＿＿＿

20. 有哪三种方式可以为文档数据库中的层级关系建模?

答:＿＿＿＿＿＿＿＿＿＿＿＿＿＿＿＿＿＿＿＿＿＿＿＿＿＿＿＿＿＿＿

＿＿＿＿＿＿＿＿＿＿＿＿＿＿＿＿＿＿＿＿＿＿＿＿＿＿＿＿＿＿＿＿＿＿

【实验与思考】　客户的货物清单

1. 实验目的

(1) 熟悉文档数据库的设计思考,熟悉什么是规范化,什么是去规范化。

(2) 了解应对可变文档、编制适当数量索引的方法。

(3) 了解文档数据库的常见关系建模的方法。

2. 工具/准备工作

在开始本实验之前,请认真阅读课程的相关内容。

准备一台带有浏览器,能够访问因特网的计算机。

3. 实验内容与步骤

我们来讨论如何用文档数据库追踪汇萃运输管理公司承接的运单中所含的货品。

汇萃运输管理公司为各种商户提供全球货运服务。随着业务的增长,公司所要运输和记录的各类货品也变得复杂起来。分析师收集了相关的需求,并对需要运输的集装箱数量作了粗略估算。他们发现有一些字段是所有集装箱都需要具备的,而另外一些字段则是某些特定的集装箱所专用的。

每个集装箱都有一组关键的字段,如客户名称、发货方、收货方、货品内容概述、集装箱中的货品数量、危险品标示、水果等易变质物品的过期时间、交货地点的联系人及联系信息等。

此外,某些集装箱还需要具备专门的信息。危险品必须伴有材料安全性数据表,其中包括处理危险品的紧急救援人员信息。易变质的食品必须包含与食品检验有关的详细信息,诸如检验人员的姓名、负责检验的机构以及检验机构的联系信息等。

分析人员发现 70%～80% 的请求都只会返回一条清单记录。这些请求通常是根据清单的标识符或客户名称、装运日期、发货方等标准查询的。剩余 20%～30% 的请求大部分都是与客户有关的综合报表,其中会列出各运单都具备的一些信息。经理偶尔也会根据运输类型(如危险品、易变质食品等)生成综合报表,但这种情况非常少见。

公司的管理者告诉分析师,公司计划在未来的 12～18 个月内大幅扩展业务规模。分析师意识到将来会有更多类型的货物需要运输,而且与拥有特定字段的危险品和易变质食品一样,这些货物可能也要包含各自特有的信息。他们还发现,现在必须为以后的数据扩充做好准备,使得数据库可以支持新的字段。根据这些情况,分析师们决定使用支持水平扩展且具备灵活结构的文档数据库。

开始设计文档与集合的时候,他们首先考虑所有货物清单都需要具备的字段,并决定设立包含下列字段的清单集合。

(1) 客户名称。

(2) 客户联系人的名称。

(3) 客户地址。

(4) 客户电话号码。

(5) 客户传真。

(6) 客户电子邮箱。

(7) 发货方。

(8) 收货方。

(9) 装运日期。

(10) 预计的收货日期。

(11) 集装箱内的货品数量。

接下来,他们考虑易变质食品和危险品专用的字段,并决定把这些特殊字段都规整到各自的文档中。那么,现在要决定的就是,这些专有文档是应该嵌入清单文档,还是应该单独放到另外的集合里。

分析师查看了经理所要生成的报表样例,他们发现易变质食品所特有的字段通常都会与清单中的共有字段一并打印出来,于是,他们决定把描述易变质食品的文档嵌入清单文档中。

请记录:思考,并为将描述易变质食品的文档嵌入到清单文档之中而建立相应的字段(例如,可能有文档 ID、文档名称、文档说明等)。

- 字段 1(名称):_____

  (说明):_____

- 字段 2(名称)：_____
  (说明)：_____
- 字段 3(名称)：_____
  (说明)：_____
- 字段 4(名称)：_____
  (说明)：_____

分析师又查看了与危险品有关的报表,发现其中并没有提到 MSDS。于是他们找了几位经理和管理人员,向其询问报表中为什么会有这个明显的疏忽。然后他们问了法务人员,法务人员告诉他们,所有的危险品运单都必须包含 MSDS。公司必须向监管机构证实自己的数据库里含有 MSDS 信息,而且在出现紧急状况时必须要能获取这一信息。最后,法务人员和分析师决定再定义一种报表,使得负责运输设施的经理在发生紧急状况时可以生成此类报表,并打印出 MSDS 信息。

由于 MSDS 信息不需要频繁使用,所以分析师决定把这种文档单独放到一个集合里。清单集合中的文档可以包含名为 msdsID 的字段,该字段能够指向相关的 MSDS 文档。这样做可以使法务人员方便地列出缺少 msdsID 字段的危险品运单,以便按照监管规定来补充这些缺失的 MSDS 信息。

请记录：思考,并为关联 MSDS 信息而建立相应的字段(例如,可能有文档 ID、文档名称、文档说明等)：

- 字段 1(名称)：_____
  (说明)：_____
- 字段 2(名称)：_____
  (说明)：_____
- 字段 3(名称)：_____
  (说明)：_____
- 字段 4(名称)：_____
  (说明)：_____

分析师估计读取操作在所有操作中的比例是 60%～65%,而写入操作的比例为 35%～40%。因为他们想要尽量提升读取和写入的速度,所以需要谨慎地考虑应该为哪些字段编制索引。

由于大部分读取操作都属于只针对一张清单所进行的查询,因此他们决定先从清单文档的字段入手。针对清单的标识符字段来编制索引是理所当然的,因为这样可以更快地获取与某张清单有关的文档。

分析师还发现,有时也需要按照客户名称、装运日期及发货方来查询,于是他们考虑是不是应该针对这三个字段分别编制三份索引。但是,考虑到很少需要单独按照日期或发货方来列出相关的全部运单,因此他们最后觉得没有必要为这三个字段分别编制索引。

分析师决定,只要给客户名称、装运日期及发货方这三个字段合起来编制一份索引就够了。只需检查这份索引,就可以判断出是否存在与特定的客户、装运日期及发货方组合相符的清单,而不必实际检查集合内的具体文档,这就减少了读取操作的执行次数。

请记录：你是否同意分析师关于建立索引的上述判断？你最后确定的建立索引的字段是：

- 索引字段 1（名称）：_____
    （说明）：_____
- 索引字段 2（名称）：_____
    （说明）：_____
- 索引字段 3（名称）：_____
    （说明）：_____
- 索引字段 4（名称）：_____
    （说明）：_____

分析师发现，目前要处理的清单种类是比较少的，但是将来可能会出现更多类型的清单。例如，公司现在虽然还没有运送冷冻货物，但已经开始有人讨论是不是应该提供此项服务了。分析师们知道，如果需要频繁地根据类型来筛选文档，就说明应该把每个类型的文档都放入不同的集合中。

但他们立刻又发现，刚才那条设计原则不适用于目前的情况，因为他们并不清楚到底会有多少种清单类型。清单的类型可能会变得非常多，如果每一种类型都要用一个集合来管理，那么集合的数量也会特别多，这样反而不如放在同一个集合内更加方便。

请记录：请参考文档数据库的设计特点，考虑是否为要处理的清单建立设计原则，例如是否应该把每个类型的文档都放入不同的集合之中？此项原则是否有必要立即实行？请说明你的理由。

答：_____
_____

综上所述，分析师们从生成报表的需求出发，运用一些基本的设计原则迅速拟定了一套初始的数据库结构方案，这套方案可以记录各种复杂的货运清单。

请将你参考分析师们的意见之后形成的自己的设计建议（简单阐述）表达如下。

------------------- 请将设计建议短文附纸粘贴于此 -------------------

4. 实验总结

_____
_____
_____

5. 实验评价（教师）

_____
_____

课程实践：MongoDB 文档数据库

9.1　初识 MongoDB

MongoDB(中文网址为 https://www.mongodb.org.cn)是 NoSQL 文档数据库中的典型代表，如图 9-1 所示。它是用 C++ 语言编写的，一种开源、容易扩展、表结构自由(模式自由)、高性能且面向文档的数据库，其目的是为 Web 应用程序提供高性能、高可用性且易扩展的数据存储解决方案。

图 9-1　MongoDB(中文网)首页

MongoDB 数据库于 2007 年 10 月开始开发，于 2009 年 2 月首度推出。经过多年的发展，MongoDB 数据库已经趋于稳定。虽然当前数据库应用的前 3 名依然是 Oracle、MySQL 和 SQL Server，但身居第 4 名的 MongoDB 已经超越了很多传统的关系数据库。

9.1.1　MongoDB 特点

MongoDB 数据库有以下特点。

(1) 数据文件存储格式为 BSON(一种 JSON：JavaScript 对象表示法的扩展)，例如

```
{ "name" : "joe" }
```

其中 name 是键，joe 是值。

(2) 面向集合存储，易于存储对象类型和 JSON 形式的数据。集合类似于一张表格，

但没有固定的表头。

（3）模式自由。一个集合可以存储一个或多个键值对的文档，还可以存储键不一样的文档，可以轻松增减字段而不影响现有程序的运行。

（4）支持动态查询。MongoDB 有丰富的查询表达式，查询语句使用 JSON 形式作为参数，可以很方便地查询内嵌文档和对象数组。

（5）完整的索引支持。文档内嵌对象和数组都可以创建索引。

（6）支持复制和故障恢复。从节点可以复制主节点的数据，主节点所有对数据的操作都会同步到从节点，从节点的数据和主节点的数据是完全一样的，以作备份。当主节点发生故障之后，从节点可以升级为主节点，也可以通过从节点对故障的主节点进行数据恢复。

（7）二进制数据存储。MongoDB 使用高效的二进制数据存储方式，可以将图片文件甚至视频转换成二进制数据存储到数据库中。

（8）自动分片。支持水平的数据库集群，可动态添加机器。分片功能实现海量数据的分布式存储，通常与复制集配合使用，实现读写分离、负载均衡。

（9）支持多种语言。MongoDB 支持 C、C++、C♯、Erlang、Haskell、JavaScript、Java、Perl、PHP、Python、Ruby、Scala 等开发语言。

（10）使用内存映射存储引擎。MongoDB 把磁盘 I/O 操作转换成内存操作，如果是读操作，内存中的数据起到缓存的作用；如果是写操作，内存可以把随机写操作转换成顺序写操作，以大幅度提升性能。MongoDB 会占用所有能用的内存，所以最好不要把别的服务和它放一起。

9.1.2　MongoDB 应用场景

MongoDB 数据库适用于以下场景。

（1）网站数据。MongoDB 非常适合实时地插入、更新与查询，具备网站实时数据存储所需的复制及高度伸缩性。考虑搭建一个网站可以使用 MongoDB，它非常适用于迭代更新快、需求变更多、以对象数据为主的网站应用。

（2）缓存。由于 MongoDB 是内存型数据库，性能很高，也适合作为信息基础设施的缓存层。系统重启之后，由 MongoDB 搭建的持久化缓存可以避免下层数据源过载。

（3）大尺寸、低价值的数据。使用传统的关系数据库存储数据，首先要创建表格，再设计数据表结构，进行数据清理，得到有用的数据，按格式存入表格中；而 MongoDB 随意构建一个 JSON 格式的文档，就能把它先保存起来，留着以后处理。

（4）高伸缩性的场景。如果网站数据量非常大，很快就会超过一台服务器能够承受的范围。使用 MongoDB 可以胜任网站对数据库的需求，轻松地自动分片到数十甚至数百台服务器。

（5）用于对象及 JSON 数据的存储。MongoDB 的 BSON 数据格式非常适合文档格式化的存储及查询。

MongoDB 不适合以下场景。

（1）高度事务性的系统。传统的关系数据库更适用于需要大量原子性复杂事务的应用程序,例如银行或会计系统。对支持事务的传统关系数据库来说,当原子性操作失败时,数据能够回滚,以保证数据在操作过程中的正确性,而 MongoDB 暂时不支持此事务。

(2) 传统的商业智能应用。针对特定问题的 BI 数据库需要高度优化的查询方式。对于此类应用,数据仓库可能是更合适的选择。

(3) 使用 SQL 更方便时。虽然 MongoDB 的查询也比较灵活,但如果使用 SQL 统计比较方便时,就不适合使用 MongoDB。

9.2　MongoDB 结构

要很好地使用 MongoDB,需要了解它的组成结构。MongoDB 的组成结构如下:数据库包含集合,集合包含文档,文档包含一个或多个键值对(图 9-2)。

```
{
    name : "sue",              ←———  field : value
    age : 26,
    status : "A",
    groups : [ "news", "spords" ]
}
```

图 9-2　文档包含键值对

9.2.1　数据库

MongoDB 中的数据库包含集合,集合包含文档(图 9-3)。一个 MongoDB 服务器实例可以承载多个数据库,数据库之间是完全独立的。每个数据库有独立的权限控制,在磁盘上,不同的数据库放置在不同的文件中。一个应用的所有数据建议存储在同一个数据库中。当同一个 MongoDB 服务器上存放多个应用数据时,建议使用多个数据库,每个应用对应一个数据库。

数据库通过名字来标识。数据库名可以使用满足以下条件的任意 UTF-8 字符串来命名。

(1) 不能是空字符串("").

(2) 不能含有空格、.(点)、$ 、/、\和\0(空字符)。

(3) 应全部小写;

(4) 最多64B。

这些限制是因为数据库名最终会变成系统中的文件。

MongoDB 有一些一安装就存在的数据库,举例如下。

(1) admin:超级管理员("root")数据库。在 admin 数据库中添加的用户具有管理数据库的权限。一些特定的服务器端命令只能从这个数据库运行,如列出所有数据库或者关闭服务器。

（2）local：这个数据库永远不会被复制，可以用来存储限于本地单台服务器的任意集合。

（3）config：用于分片设置时，config 数据库在内部使用，用于保存分片的相关信息。

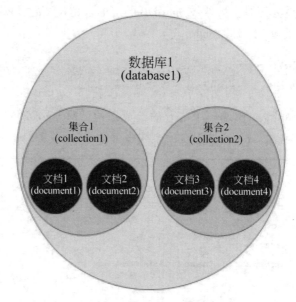

图 9-3　数据库包含集合

9.2.2　普通集合

集合就是一组文档，类似于关系数据库中的表。同一个应用的数据，建议存放在同一个数据库中，但是一个应用可能有很多个对象，比如一个网站可能需要记录用户信息，也需要记录商品信息。集合解决了上述问题，可以在同一个数据库中存储一个用户集合和商品集合。

集合是无模式的，也就是说，一个集合里的文档可以是各式各样的。集合跟表最大的差异在于表是有表头的，每一列保存什么信息需要对应，且在存储信息前需要先设计表，确定每一列的数据类型。而集合不需要设计结构，只要满足文档格式就可以存储，即使它们的键名不同。MongoDB 会自动识别每个字段的类型。

集合通过名字来标识区分。集合名可以是满足下列条件的任意字符串。

（1）不能是空字符串("")。

（2）不能含有\0(空字符)，这个字符表示集合名的结尾。

（3）不能以"system."开头，这是为系统集合保留的前缀。

（4）不能含有保留字符 $ 。有些驱动程序支持在集合名里面包含 $ ，但是不建议使用。

子集合是集合下的另一个集合，可以更好地组织存放数据。惯例是使用"."字符分开命名来表示子集合。例如，做一个论坛模块，按照面向对象的编程应该有一个论坛的集合

forum,但是论坛功能里应该还有很多对象,比如用户、帖子。这里就可以把论坛用户集合命名为 forum.user,把论坛帖子集合命名为 forum.post。也就是把数据存储在子集合 forum.user 和 forum.post 里,而 forum 集合并不存储数据,甚至可以删掉。forum 集合跟它的子集合没有数据上的关系。

9.2.3　固定集合

MongoDB 的固定集合(Capped)是性能出色且有着固定大小的集合。所谓大小固定,可以想象它就像一个环形队列,如果空间不足,最早的文档就会被删除,为新的文档腾出空间,即在新文档插入的时候自动淘汰最早的文档。

Capped 的属性特点如下。

(1) 对固定集合插入速度极快。

(2) 按照插入顺序的查询输出速度极快。

(3) 能够在插入最新数据时淘汰最早的数据。

(4) 固定集合文档按照插入顺序存储,默认情况下查询全部就是按照插入顺序返回的,也可以使用 $ natural 属性反序返回。

(5) 可以插入及更新,但更新不能超出集合的大小,否则更新失败。

(6) 不允许删除,但是可以调用 drop() 删除集合中的所有行。

(7) 在 32 位机器上,一个固定集合的最大值约为 482.5MB,在 64 位机器上,只受系统文件大小的限制。

Capped 的应用场景主要是储存日志信息和缓存一些少量的文档。一般适用于任何想要自动淘汰过期文档的场景,没有太多的操作限制。

9.2.4　文档

文档是 MongoDB 中数据的基本单元。键值对按照 BSON 格式组合起来存入 MongoDB,就是一个文档。

文档的特点如下。

(1) 每个文档都有一个特殊的键"_id",它在文档所处的集合中是唯一的。

(2) 文档中的键值对是有序的,前后顺序不同就是不同的文档。

(3) 文档中的键值对,值不仅可以是字符串,还可以是数值、日期等数据类型。

(4) 文档的键值对区分大小写。

(5) 文档的键值对不能用重复的键。

文档的键名是字符串。除了下列情况,键名可以使用任意 UTF-8 字符。

(1) 键名不能含有 \0(空字符)。

(2) 键名最好不含有.和 $,它们有特别含义。

(3) 键名最好不使用下划线"_"开头。

9.2.5　数据类型

数据类型在数据结构中的定义是一个值的集合以及定义在这个值集合上的一组操

作。通俗地说,数据类型的意义就是告诉计算机这个变量是用来干什么的。

比如有一个值是"2016-08-15",另一个值是"2016-08-16",当它们作为字符串类型时,就是一个文本,而当它们作为日期类型时,就有了先后之分。在数据库中,可以使用日期字段作为排序。可见,了解数据类型可以帮助我们更好地使用 MongoDB。

MongoDB 支持的数据类型比较丰富,与一些编程语言有很多相似的类型。比如,在 Java 语言中用 MongoDB 的 Java 驱动存入一个 Java 的整数,那么 MongoDB 中保存的数据类型也是一个整数。根据存储时分配的内存位数,整数又分为 32 位整数和 64 位整数,它们在 MongoDB 中的表达有些特殊。

9.2.6　索引

索引就是给数据库做一个目录。有了索引,在数据库中查询数据就不需要扫描整个库了,而是先在索引中查找,将查询速度提高几个数量级,在索引中找到条目后,就可以直接跳转到目标文档的位置。此外,索引还能帮助排序。如果用没做索引的键来排序,MongoDB 需要把所有数据放到内存中进行排序,如果集合太大了,MongoDB 就会报错。在这种情况下,可以对需要排序的键设置索引,MongoDB 就能按索引顺序提取数据,这样就能排序大规模的数据。

(1) 普通索引(区别于唯一索引)。可以给 MongoDB 文档中任何一个键建立索引,无论这个键的数据类型是什么,甚至可以是文档。也可以同时给两个键建立索引,组合索引。

(2) 唯一索引。是用 unique 属性给索引声明,表示这个索引是唯一的,不允许这个键有重复的值出现。如果对有重复数据的键建立唯一索引会失败,当对已经建立了唯一索引的集合插入重复数据时,在安全插入模式下会看到存在重复键的提示。

唯一索引也可以复合。创建复合唯一索引时,单个键的值可以重复,只要所有键的值组合起来不同就好。

(3) 地理空间索引。现在大多数的软件开发都与地图地址有关,比如大众点评、美团的定位、附近有哪些店、滴滴打车搜索附近的车等 LBS(基于位置的服务)相关项目。一般是存储每个地点的经纬度坐标,如果要查询附近的场所,就需要建立索引来提升查询效率。

MongoDB 中有地理空间索引。这是比较新的特殊索引技术,与 SQL Server 等关系数据库中的空间索引类似。通过使用该特性,可以索引基于位置的数据,从而处理给定坐标开始的特定距离内有多少个元素这样的查询。随着使用基于位置数据的 Web 应用的增加,该特性在开发中的作用越来越重要。

9.3　分布式运算模型 MapReduce

作为一个数据库,MongoDB 不仅要存储数据,有时也需要提供一些简单的运算,包括对数据进行比较、排序等。MongoDB 提供了聚合框架,能实现一些简单的功能,比如 count、distinct 和 group 等。

MongoDB 可以分布式部署,数据分散存储在不同的计算机中,这也导致了要对数据作比较、排序等运算存在一定的困难。为了解决这个问题,一些复杂的运算操作采用了分布式的运算模型 MapReduce,实现对分布式保存的数据进行运算。

MapReduce 是一种采用分布式思想的编程模型,尤其适合处理大数据。假设有一个运算任务,是对比几个网站之间的数据。每个网站有 5 万条数据,2 个网站之间需要比较 25 万次。随着网站的增加,比较次数增长很快。如果用一台机子来运算,即使用上多线程,因为单机的性能瓶颈,可能需要 5 天。如果用 2 台机子来运算,可能需要 2.5 天(理想状态),但是需要手动分割任务。如果用 5 台、10 台甚至更多计算机,就可能把时间缩短到 1 天甚至几个小时即可运算完成。这就是分布式运算。

但是,传统的分布式运算需要人工切分任务。MapReduce 则具有一定的策略,在设置相关配置后,只需一次输入这几个网站的所有数据,就可以很方便地进行自动分类、分配任务并运算。

可见,MapRcduce 可以根据给定规则自动分割任务,在多台计算机中进行运算,并返回结果。简单地说,就是将大批量的工作(数据)分解,将每个部分分发到不同的计算机中执行,让每台计算机都完成一部分,然后再合并成最终结果。这样做的好处是在任务被分解后,可以通过大量机器进行并行计算,减少整个操作的时间。

9.4 存储原理与大文件存储规范

MongoDB 存取读写速度快,甚至可以用来当作缓存数据库。但是使用过程中,它的服务非常占内存,几乎是服务器有多少内存就会占用多少内存。

9.4.1 存取工作流程

一台计算机的存储器分为内存和硬盘。内存由半导体材料制作,容量较小但数据传送速度较快。硬盘由磁性材料制作,存储容量大但数据传送速度慢。内存和硬盘之间还有个高速缓存。如果要使用硬盘上的数据,得先通过 I/O 操作,将数据装入内存。在很多情况下,磁盘 I/O(特别是随机 I/O)是系统的瓶颈。

鉴于这种情况,MongoDB 在存取工作流程上有一个非常酷的设计,MongoDB 的所有数据实际上是存放在硬盘上的,然后部分或全部要操作的数据通过内存映射存储引擎映射到内存中。如果是读操作,直接从内存中取数据,如果是写操作,会修改内存中对应的数据,然后就不需要管了。操作系统的虚拟内存管理机制会定时把数据刷新保存到硬盘中。内存中的数据什么时候写到硬盘中,则是操作系统的事情了。图 9-4 展示了 MongoDB 的存取工作流程。

MongoDB 的存取工作流程区别于一般硬盘数据库在于以下两点。

读:一般的硬盘数据库在需要数据时才去硬盘中读取请求数据,MongoDB 则是尽可能地将数据放在内存中。

写:一般硬盘数据库在有数据需要修改时会马上写入刷新到硬盘,MongoDB 只是修改内存中的数据就不管了,因为映射,写入数据的操作会排队等待操作系统的定时刷新保存到硬盘。

MongoDB 的设计思路有以下两个好处。

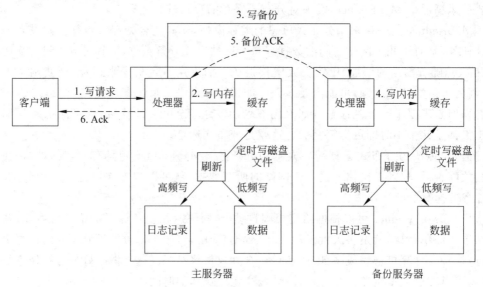

图 9-4　MongoDB 存取工作流程

（1）将什么时候调用 I/O 操作写入硬盘这样的内存管理工作交给操作系统的虚拟内存管理来完成，大大简化了 MongoDB 的工作。

（2）把随机写操作转换成顺序写操作，自然写入，而不是一有数据修改就调用 I/O 操作去写入，减少了 I/O 操作，避免了零碎的硬盘操作，大幅度提升性能。

但是这样的设计思路也有问题：如果 MongoDB 在内存中修改了数据，在数据刷新到硬盘之前停电或者系统宕机了，就会丢失数据。针对这样的问题，MongoDB 设计了 Journal 模式，Journal 是在服务器意外宕机的情况下，将数据库操作进行重演的日志。打开 Journal 时，在默认情况下，MongoDB 每 100ms（这是在数据文件和 Journal 文件处于同一磁盘卷上的情况，如果它们不在同一磁盘卷上，默认刷新输出时间是 30ms）往 Journal 文件中刷一次数据，即使断电也只会丢失 100ms 的数据，这对大多数应用来说都是可以容忍的。MongoDB 默认打开 Journal 功能，以确保数据安全，而且 Journal 的刷新时间可以在 2 ～ 300ms 范围内调整。值越低，刷新输出频率越高，数据安全度也就越高，但磁盘性能上的开销也更高。

9.4.2　大文件存储规范 GridFS

MongoDB 支持二进制数据类型的文件存储，但有个限制，即其中单个 BSON 对象目前最大不能超过 16MB，这是为了避免单个文档过大，完整读取时对内存或网络带宽占用过高，这也有助于更改不良的数据库结构设计。为应对存储更大的文件，MongoDB 提供了 GridFS，这是一种将大型文件存储在 MongoDB 数据库中的文件规范。所有 MongoDB 支持的语言（Java、C♯、PHP、Perl 等）都实现了 GridFS 规范，可以将大型文件保存到 MongoDB 中。

GridFS 建立在 MongoDB 的基本功能上，它是如何实现大文件存储的呢？可以考虑把大文件分成很多份满足 BSON 单文档限制条件的小文件来保存，GridFS 就是基于此原理规定了一套规范,告诉 MongoDB 怎样自动分割大文件,形成许多小块,然后将这些小块封装成 BSON 对象,插入到特意为 GridFS 准备的集合中。然后用一个特别的文档记录来存储分块的信息和文件的元数据,也就是记录这些小块装的是哪一段信息,先后顺序是怎样的,等到用的时候就能按顺序拼接起来,返回一个完整的大文件。元数据是关于数据的组织、数据域及其关系的信息,简言之,元数据就是关于数据的数据,主要是描述数据的信息,算是一种电子目录,用来记录存储的位置等。

在默认情况下,为 GridFS 准备的集合是 fs.files 和 fs.chunks。

(1) fs.files:用来存储元数据对象。

(2) fs.chunks:用来存储二进制数据块。

fs.files 中的每个文档代表 GridFS 中的一个文件,与文件相关的自定义元数据也可以存在其中。GridFS 规范还定义了一些 fs.files 文档必需的键。

GridFS 的主要应用场景如下。

(1) 有大量的上传图片(尤其适合 Web 应用,用户上传或者系统本身的文件发布等),类似于 CDN 的功能,一些静态文件也可以放置于 MongoDB 中,而不用像以前一样放于其他文件管理系统中,这样方便统一管理和备份。

(2) 很多大文件需要存放,存放的文件量太大太多,在单台文件服务器已经放不下的情况下,可以考虑使用 GridFS,毕竟 MongoDB 可以部署集群。

(3) 文件的备份、文件系统访问的故障转移和修复。类似于一些比较小型的存储系统,比如小型网盘,可以做到存取速度较快,也方便管理,检查重复文件等也比较方便。

9.5　复制与分片

可以集群部署多个 MongoDB 服务器是 MongoDB 数据库的特点之一。复制是 MongoDB 自动将数据同步到多个服务器的过程,设置好策略之后免去了人工操作。分片是 MongoDB 支持的另一种集群功能。

9.5.1　复制集

数据错误和数据丢失都容易导致更严重的问题,尤其是在金融行业和电商领域。经过复制之后,MongoDB 在多个服务器都会有数据的冗余备份,防止数据的丢失。在多个服务器上存储的数据副本也提高了数据的可用性,并保证数据的安全性。有了复制,就可以从硬件故障和服务中断中恢复数据。所以强烈建议在生产环境中使用 MongoDB 的复制功能。

复制功能不仅可以用来应对故障(故障时切换数据库或者故障恢复),还可以用来作读扩展、热备份,或者作为离线批处理的数据源。

9.5.2　主从复制和副本集

MongoDB 提供了两种复制部署方案:主从复制和副本集。它们都只在一个主节点上进行写操作,然后,写入的数据在不影响 MongoDB 读写功能的情况下同步到所有的从节点上,主从节点无须阻塞等待同步结束也能照常使用。副本集实际上是主从复制的优化方案。

主从复制只有一个主节点,至少有一个从节点,可以有多个从节点。它们的身份是在启动 MongoDB 数据库服务时就需要指定的。所有的从节点都会自动地去主节点获取最新数据,做到主从节点数据保持一致。主节点不会去从节点上拿数据,只会输出数据到从节点。从理论上说,一个集群中可以有无数个从节点,但是这么多从节点对主节点进行访问,主节点会受不了。一般不超过 12 个从节点的集群可以运作良好。

在生产环境下使用主从复制集群的过程中会发现一个比较明显的缺陷:当主节点出现故障,比如停电或者死机,整个 MongoDB 服务集群就不能正常运作了。需要人工处理这种情况,修复主节点之后再重启所有服务。当主节点一时难以修复时,也可以把其中一个从节点启动为主节点,这个过程需要人工停机操作处理,这给网站和其他应用的用户造成影响,所以主从复制集群的容灾性不算太好。

为了解决主从复制集群的容灾性问题,副本集应运而生。副本集是具有自动故障恢复功能的主从集群。副本集跟主从集群最明显的区别就是它没有固定的主节点,也就是主节点的身份不需要指明,整个集群会自己选举出一个主节点,当它不能正常工作时,又会另外选举出其他的节点作为主节点。副本集中总会有一个活跃节点和一个或多个备份节点。这就大大提升了 MongoDB 服务集群的容灾性。在具有足够多的节点的情况下,即使一两个节点不工作了,MongoDB 服务集群仍能正常提供数据库服务。

而且副本集的整个流程都是自动化的,只需要为副本集指定有哪些服务器作为节点,驱动程序就会自动去连接服务器。在当前活跃节点出故障后,自动提升备份节点为活跃节点。如果停电死机、故障的节点来电或者启动之后,只要服务器地址没改变,副本集会自动连接它作为备份节点。一般 MongoDB 都推荐使用副本集。

9.5.3 分片

MongoDB 能够实现分布式数据库服务,很大程度上得益于分片机制。分片是指拆分数据,将它们分散保存在不同机器上的过程。MongoDB 实现了自动分片功能,能够自动地切换数据和做负载均衡。

自动分片是 MongoDB 数据库的核心内容,它内置了几种分片逻辑,例如哈希分片、区间分片和标签分片。用户不需要自己设计外置分片方案和框架,也不需要在应用程序上作处理,在数据库需要启用分片框架或者增加新的分片节点时,应用程序的代码几乎不需要改动。

通常,一开始时使用 MongoDB 单个实例服务器即可,到后面遇到性能瓶颈之后再部署分片。考虑应用分片的场景可能如下。

(1)当请求量巨大,出现单个 MongoDB 实例服务器不能满足读写数据的性能需求时。

(2)当数据量太大,本地磁盘不足时。

(3)想要将大量数据放在内存中提高性能,而单个 MongoDB 实例服务器内存不足时。

9.6 MongoDB 版本与平台

下载安装之前，有必要了解一下 MongoDB 的版本。如果版本选得不对，使用过程中会遇到各种各样的问题。

MongoDB 是一个跨平台的数据库，它可以运行在不同的操作系统上，提供数据库服务。对于平台的选择，只需要根据安装 MongoDB 数据库服务的计算机的操作系统来选择平台安装包即可。

9.6.1 版本选择

MongoDB 的版本分为开发版和稳定版。开发版表示仍在开发中的版本，包含许多修改，还有一些新的功能特性，尽管还未得到充分的测试，但仍发布出来给开发者测试。稳定版则是经过充分测试的版本，是稳定和可靠的，但通常包含的功能特性会少一些。在生产环境中是不建议使用开发版本的，最好使用稳定版，否则就会遇到一些无法预估的情况。

开发版和稳定版可以从版本号来区分。版本号一般有 3 位数，第一位数字是主版本号，代表着重大版本的更新时，主版本号才会变动。第二位数字代表是开发版还是稳定版的更新。第二位数字是偶数时，说明它是稳定版；第二位数字是奇数时，就是开发版。第三位数字表示修订号，用于解决缺陷和修复 bug 等。

9.6.2 平台选择

MongoDB 官网提供了 4 个操作平台的安装包，即 Windows、UNIX、MacOS 和 Solaris。

不同操作系统中 MongoDB 之间的性能对比是一个比较复杂的过程，需要考虑硬件性能、网络情况、操作系统版本和位数以及 MongoDB 的版本，所以不能轻易断言 MongoDB 在哪个操作系统中的性能更好。

Linux 是开源的操作系统，它作为服务器是一种趋势，因为大家都用 Linux 作为服务器。

Linux 具有稳定性。由于文件系统的区别以及内存管理方式的差异，Linux 系统可以长时间地运作，不需要关机重启，也不会出现卡顿的情况，同时在高负载的情况下表现较为稳定。建议在生产环境下使用 Linux 系统作为 MongoDB 数据库服务器。在测试开发环境下，可以使用其他操作系统的计算机。

Windows 和 Mac OS 都是日常生活中常见的操作系统，Solaris 在其 10 版本之前一直是私有系统，之后才开始开源，面向公众，使用的场景比较少。本书选择在 Windows 下安装 MongoDB。

MongoDB 的安装包分别是针对不同操作系统的位数编译的，32 位和 64 位版本的数据库功能是相同的，唯一的区别是针对 32 位系统的版本将单个实例的数据集总大小限制在 2GB 左右。32 位的计算机系统受地址空间的限制，所以单个实例最大数据空间仅为

2GB,64 位基本无限制(128T),故建议使用 64 位计算机部署 MongoDB。

【实验与思考】 MongoDB 文档数据库

1. 实验目的

(1) 熟悉典型的文档数据库 MongoDB 的特点与应用场景。

(2) 熟悉 MongoDB 的结构及其存储原理,熟悉 MongoDB 的复制与分片机制。

(3) 了解 MongoDB 的分布式运算模型 MapReduce。

(4) 通过浏览 MongoDB 中文网站和阿里云 MongoDB 网页,进一步了解 MongoDB 应用。

2. 工具/准备工作

在开始本实验之前,请认真阅读课程的相关内容。

准备一台带有浏览器,能够访问因特网的计算机。

3. 实验内容与步骤

鉴于运行 MongoDB 数据库需要一定的硬件环境,本次实验通过浏览 MongoDB 网站和阿里云 MongoDB 网页来进一步了解和学习 MongoDB 的应用。

(1) 浏览 MongoDB 网站(https://www.mongodb.org.cn/)。

在浏览器中输入网址,打开 MongoDB 中文网。请浏览网站各页面的内容并记录。

当前 MongoDB 的最新版本是: _____

浏览"MongoDB 教程",谈谈该网页是如何介绍 MongoDB 数据库的。

答: _____

_____

_____

_____

_____

浏览"MongoDB 客户端",该网页介绍了 MongoDB 驱动程序。MongoDB 提供了当前所有主流开发语言的数据库驱动包,开发人员使用任何一种主流开发语言都可以轻松编程,实现对 MongoDB 数据库的访问。在这些编程语言中,你略有了解的是哪些?

答: _____

_____

_____

浏览"MongoDB 手册"。MongoDB 提供了一系列有用的工具,在运维管理上为开发者提供了方便。浏览这些工具文档,你感兴趣的是哪一类工具?

答：＿＿＿＿＿＿＿＿＿＿＿＿＿＿＿＿＿＿＿＿＿＿＿＿＿＿＿＿＿＿＿＿＿＿＿

＿＿＿＿＿＿＿＿＿＿＿＿＿＿＿＿＿＿＿＿＿＿＿＿＿＿＿＿＿＿＿＿＿＿＿＿＿＿

＿＿＿＿＿＿＿＿＿＿＿＿＿＿＿＿＿＿＿＿＿＿＿＿＿＿＿＿＿＿＿＿＿＿＿＿＿＿

单击"MongoDB 数据库"，在阿里云网站了解云数据库 MongoDB 版的商业信息。你也可以尝试去腾讯云网站了解腾讯云有没有 MongoDB 数据库的相关服务。

答：＿＿＿＿＿＿＿＿＿＿＿＿＿＿＿＿＿＿＿＿＿＿＿＿＿＿＿＿＿＿＿＿＿＿＿

＿＿＿＿＿＿＿＿＿＿＿＿＿＿＿＿＿＿＿＿＿＿＿＿＿＿＿＿＿＿＿＿＿＿＿＿＿＿

＿＿＿＿＿＿＿＿＿＿＿＿＿＿＿＿＿＿＿＿＿＿＿＿＿＿＿＿＿＿＿＿＿＿＿＿＿＿

（2）体验 MongoDB 的操作命令。本书 7.3.1 节介绍了 MongoDB 向集合中插入文档的命令。请模仿该命令，采用 MongoDB 的语法编写一条命令，向 db.books 集合中插入一本书，书名自己定义。

答：＿＿＿＿＿＿＿＿＿＿＿＿＿＿＿＿＿＿＿＿＿＿＿＿＿＿＿＿＿＿＿＿＿＿＿

＿＿＿＿＿＿＿＿＿＿＿＿＿＿＿＿＿＿＿＿＿＿＿＿＿＿＿＿＿＿＿＿＿＿＿＿＿＿

（3）体验 MongoDB 的操作命令。本书 7.3.2 节介绍了 MongoDB 从集合中删除文档的命令。请模仿该命令，采用 MongoDB 的语法编写一条命令，从 db.books 集合中删除作者为 Isaac Asimov（艾萨克·阿西莫夫）的书籍。

答：＿＿＿＿＿＿＿＿＿＿＿＿＿＿＿＿＿＿＿＿＿＿＿＿＿＿＿＿＿＿＿＿＿＿＿

（4）体验 MongoDB 的操作命令。本书 7.3.4 节介绍了 MongoDB 从集合中获取文档的命令。请模仿该命令，采用 MongoDB 的语法编写一条命令，从 db.books 集合中获取数量大于等于 20 的图书。

答：＿＿＿＿＿＿＿＿＿＿＿＿＿＿＿＿＿＿＿＿＿＿＿＿＿＿＿＿＿＿＿＿＿＿＿

4. 实验总结

＿＿＿＿＿＿＿＿＿＿＿＿＿＿＿＿＿＿＿＿＿＿＿＿＿＿＿＿＿＿＿＿＿＿＿＿＿＿

＿＿＿＿＿＿＿＿＿＿＿＿＿＿＿＿＿＿＿＿＿＿＿＿＿＿＿＿＿＿＿＿＿＿＿＿＿＿

＿＿＿＿＿＿＿＿＿＿＿＿＿＿＿＿＿＿＿＿＿＿＿＿＿＿＿＿＿＿＿＿＿＿＿＿＿＿

＿＿＿＿＿＿＿＿＿＿＿＿＿＿＿＿＿＿＿＿＿＿＿＿＿＿＿＿＿＿＿＿＿＿＿＿＿＿

5. 实验评价（教师）

＿＿＿＿＿＿＿＿＿＿＿＿＿＿＿＿＿＿＿＿＿＿＿＿＿＿＿＿＿＿＿＿＿＿＿＿＿＿

＿＿＿＿＿＿＿＿＿＿＿＿＿＿＿＿＿＿＿＿＿＿＿＿＿＿＿＿＿＿＿＿＿＿＿＿＿＿

列族数据库基础

10.1　列族数据库谷歌 BigTable

关系数据库可以通过几台大型服务器构成的群组来应对超大型数据库,但这样成本太高。键值数据库虽然有某些特性可以适应这种规模的数据量,并把经常同时用到的数据存放在一起,但它却没有把多个列划分成组的机制。文档数据库或许能够应对如此庞大的数据,可还是缺少管理大规模数据所需的一些特性,如与 SQL 相仿的查询语言。

谷歌、脸书和亚马逊等公司都需要找到能够应对超大型数据库的解决方案。2006年,谷歌公司发表了一篇题为《BigTable:适用于结构化数据的分布式存储系统》的论文,描述了一种新型的列族数据库。谷歌设计这种数据库是为了供很多大型服务使用,如Web indexing(网页索引)、Google Earth(谷歌地球)及 Google Finance(谷歌财经)等。BigTable 成了实现超大规模 NoSQL 数据库的样板,其他的列族数据库有 Cassandra、HBase 及 Accumulo 等。

列族数据库是可缩放性较高的一类数据库,它允许开发者灵活地变更列族中的各列,也提供了高度的可用性。在某些情况下,甚至还具备跨越多个数据中心的可用性。

谷歌 BigTable 的核心特性如下。

(1) 开发者可以动态地控制列族中的各列。

(2) 数据值是按照行标识符、列名及时间戳来定位的。

(3) 数据建模者和开发者可以控制数据的存储位置。

(4) 读取操作和写入操作都是原子操作。

(5) 数据行是以某种顺序来维护的。

如图 10-1 所示,行是由列族构成的,每个列族都包含一组相关的列。例如,表示地址信息的列族可能会包含以下几个列:街道地址、城市、省或州、邮政编码、国家。

10.1.1　动态控制列族的列

列族把经常同时用到的数据项归为一组。对于同一行来说,不同的列族在磁盘中的存储位置有可能相邻,也有可能不相邻,然而列族内的各列会保存在一起。

在数据结构定义方面,BigTable 采取了折中做法。数据建模者必须在实现数据库之前定义好列族,但开发者可以在某个列族内部动态地定义列。使用列族数据库时,不需要

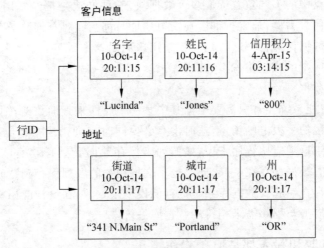

图 10-1　列族数据库示意

更新与模式有关的定义信息。从开发者的角度来看，列族数据库类似于关系型表格，列则相当于键值对。

列族和动态列使得数据库的建模者可以先定义好一套宽泛的结构（也就是列族），而不需要提前把属性值的各种详细变化情况都了解清楚。比如，某公司要用列族数据库来保存客户的信息。数据建模者只需定义 address（地址）这个列族，而不用定义其中每一列的名字。开发者向同事打听详细的需求，发现所有的客户都位于美国。于是，就在 address 列族中添加了名为 state（州）的列。几个月后，公司决定把客户群扩展到加拿大，而那里与州相对应的行政实体称为 Province（省）。现在，开发者只需要再向数据库中添加名为 Province 的列，而不需要等待数据建模者重新定义数据库的模式并更新数据库。

10.1.2　按行 ID、列名及时间戳确定数据值

在 BigTable 中，数据值是根据行标识符、列名及时间戳来定位的。行标识符类似于关系数据库的主键，它只会与特定某一行相关联。列族数据库中的行可以有多个列族，这与面向行的关系数据库是不同的。在关系数据库中，同一行内的所有数据值都会存放在一起，而列族数据库只会把行中的某一部分数据存放在一起。

通过列名可以唯一地确定与之对应的那一列，通过时间戳来管理列值的各个版本。用户把新值插入 BigTable 数据库后，旧值并不会被覆盖。数据库会给新值打上时间戳，而应用程序则通过时间戳来判定列值的最新版本，根据行标识符、列名及时间戳来定位数据值。同一列的值可以有多个版本，查询列值时，数据库默认返回最新版本。

10.1.3　控制数据存储位置

获取数据的速度与数据在磁盘中的存储位置有关。有一些数据库查询请求可能会使数据库管理系统（DBMS）从磁盘中的多个不同位置来获取数据块，这将导致 DBMS 必须先等磁盘旋转到合适位置并且等待读写头就位，然后才能去读取对应的数据块。

为避免从磁盘中的不同位置读取多个数据块,一种办法是把经常用到的数据保存得近一些。以地址信息为例,通常查询客户街道地址时都会同时查询其所在的城市。于是,可以考虑将这几份数据保存在一起。列族正是用来满足这一需要,它能够把其中的各列保存在持久化存储区中的相近位置上,使程序只读取一个数据块就有可能获取到处理查询请求所需的全部数据。

例如,商务智能系统经常只需要根据其中某一个属性来查询数据,销售经理可能要查询上个月浙江地区的平板电脑销量,这时没有必要同时查询销售平板电脑的店铺所在的城市或街道。对于这类应用程序来说,按照列来保存数据会更有效率。这种数据库不会把同一行内的所有数据保存在一起,同时也不会把相关的各列保存到一起,它是把同一列中的各项数据保存在一起。数据库系统的存储模型很重要,在设计应用程序的时候,要提早选定那种存储模型与程序需求相符的数据库系统。

10.1.4 行内读取和写入都是原子操作

BigTable 的设计者把读取与写入操作都实现成原子操作,而不考虑读取或写入的具体列数。这就意味着,读取一组列值时,要么全部读到每一列的值,要么就连任何一列的值都读不到。原子操作不可能返回只完成了一部分的结果。

10.1.5 按顺序排列数据行

BigTable 会按照某种顺序来维护各行数据,因此可以非常方便地进行范围查询。比如,表示销售记录的数据行可以按照日期来排序,这样,如果要获取过去一周内的销售记录,数据库就可以直接把相关的记录拿出来,而无须先对表格中的大量数据进行排序或使用依照日期编制的辅助索引来查找。

一张表格只能按照一种顺序来排列,所以必须谨慎选择排列方式。BigTable 提供了一种可以在常见的硬件上应对 PB 级数据的数据管理系统。这套设计在数据建模的特性与应对数据量变化的能力之间进行了权衡。由于 BigTable 的设计者已经考虑到了数以百计的列族,至少数以万计的列以及数十亿的行,因此设计出来的列族数据库具备了键值数据库、文档数据库及关系数据库的某些特性。

10.2 列族键值及文档数据库异同

参照 BigTable 有助于理解列族数据库,但它是供谷歌公司使用的,并不对外开放,而两种较为流行且可供公众使用的列族数据库是 Cassandra 和 HBase。

HBase 运行在 Hadoop 环境中,而 Cassandra 则无须依赖 Hadoop 或其他大数据系统即可单独运作。在这两种较流行的列族数据库中,Cassandra 更加独立一些,所以可以以它作参考模型来讲解列族数据库。

各种 NoSQL 数据库都旨在应对传统关系数据库不便解决的问题,所以列族数据库的某些特征与其他 NoSQL 数据库,尤其是键值数据库及文档数据库类似。此外,很多 NoSQL 数据库也采用分布式数据库技术来满足可缩放性以及可用性方面的需求。

10.2.1　与键值数据库异同

键值数据库是架构最简单的 NoSQL 数据库,它由键空间构成,是一种为了特定目标而把相关的键和值组织在一起的逻辑结构。可以为每个应用程序单独实现一个键空间,也可以令多个应用程序共用同一个键空间。无论采用哪种方案,键空间都用来存储相关的键名及键值。

列族数据库中的列族与键值数据库中的键空间是类似的(如命名空间),都用来维护一组属性,开发者也可以在列族数据库中随意添加列及列值。一个键空间类似于关系数据库中的一个数据库。在键值数据库与 Cassandra 数据库中,键空间都是数据建模者和开发者使用的最外层逻辑结构。

与键值数据库不同的是,列中的值是根据行标识符、列名以及时间戳来索引的。这两种数据库在索引编制方面有区别。

10.2.2　与文档数据库异同

文档数据库扩充了键值数据库的功能,使得开发者可以使用结构更丰富且更便于访问的数据结构。文档数据库的文档与关系数据库的行类似,它们都可以存放多个数据字段,文档数据库经常以 JSON 或 XML 结构来容纳这些字段。虽说也可以把 JSON 或 XML 作为字符串保存到键值数据库里,但那些数据库并不能根据 JSON 或 XML 字符串的内容进行查询。

某些键值数据库提供了搜索引擎,可以把 JSON 或 XML 文档的内容视为一种值,并为其编制索引,但这种机制并不是键值数据库的标准组件。

假如把以下文档存放在键值数据库中,就只能设置或获取整份文档,而不能单独查询或提取其中的某一部分数据,如不能单独对地址(address)字段进行操作。

```
{
    "customer_id" : 187693,
    "name" : "Kiera Brown",
    "address" : {
        "street" : "1232 Sandy Blvd. ",
        "city" : "Vancouver",
        "state" : "Washington",
        "zip" : "99121"
            }
    "first_order" : "01/15/2013",
    "last_order" : "06/27/2014"
}
```

而文档数据库则可以根据文档中的元素进行查询及筛选。比如,可以用以下这条命令来获取 Kiera Brown 这位顾客的地址(该命令采用 MongoDB 的语法)。

```
db.customers.find({"customer_id" : 187693}, {"address" :
```

```
1})
```

列族数据库也支持类似的查询,这使得用户可以选出某个数据行中的一部分数据。Cassandra 使用 Cassandra Query Language(CQL)作为查询语言,这是一种与 SQL 类似的语言,可以通过熟悉的 SELECT 语句来获取数据。

列族数据库与文档数据库类似,既可以为所有列都指定列值,也可以只为其中的某些列指定列值,且并不要求每一行都把各列填满。文档数据库和列族数据库都允许开发者以编程方式向其中添加新的字段或列。

10.2.3 与关系数据库对比

列族数据库的某些特征与关系数据库类似,它们都采用某种独特标识符来确定数据行的身份。这个标识符在列族数据库中叫做行键(行关键字),而在关系数据库中则称为主键。为了提升数据获取速度,这两种数据库都会分别为行键和主键编制索引。

这两种数据库都可以认为是以表格形式来存放数据,至少在某种抽象层面上可以这么说。至于具体的存储模型,则各有不同,甚至同是关系数据库,也会采用不同的模型来存放数据。列族数据库中有一种概念叫做映射,也称作字典或关联数组。每一列的键可以把列名映射到列值,而每个列族的名称则对应于由该列族内的各列所构成的那个映射/字典/关联数组。由此看来,列族是一种由小映射所构成的大映射,列族数据库采用二重映射结构来存储列值。

列族数据库与关系数据库的其他重要区别还体现在类型固定的列、数据库事务、连接操作以及子查询等方面。

列族数据库并不支持类型固定的列,它把列值视为一串字节,而其具体含义则有待应用程序来解读。这使得开发者可以非常灵活地操作数据,根据本行内其他列的值来以多种方式解释某一串字节的含义。但同时,这也使开发者在把数据保存到数据库之前必须负责对其进行验证。

设计列族数据库时,要注意以下两点。

(1) 不要执行涉及多行数据的事务。尽管在同一行内进行的读取和写入操作都是原子操作,但 Cassandra 等列族数据库并不支持跨越多个数据行的事务。如果必须把跨越多行数据的两项或多项操作合起来当成一个事务执行,最好是找一种只需一行数据就能解决的实现方式。由于这可能需要对数据模型做出某些修改,所以设计并实现列族时应该考虑到这一因素。

(2) 不要在查询中嵌入子查询。使用列族数据库时,很少用到连接及子查询。由于列族数据库会促使我们以去规范化的方式设计数据模型,因此能够消除对连接操作的需求,或者至少能够降低需要执行连接操作的次数。

列族数据库会用一个列族来维护销售人员信息,并将相关销售人员的数据再保存一份,存放到另外一个用来维护产品销售信息的列族之中。列族数据库通过去规范化的形式来维护相关信息,并把它们同时纳入同一个行标识符之下。

10.3 列族数据库使用架构

宽泛地说,分布式数据库使用的架构可以分为两类:一类是由多种节点(至少要有两种节点)组成的架构,另一类是由对等节点组成的架构。

HBase 是构建在 Hadoop 环境之中的数据库,它会利用多种 Hadoop 节点来运作,其中包括名称节点、数据节点以及一台维护集群配置信息的中心服务器。由对等节点组成的架构中只有一种节点,例如 Cassandra,其中的每个节点都必须能够处理集群所需运行的服务和任务。

10.3.1 多种节点组成 HBase 架构

Apache HBase 数据库采用 Hadoop 作为其底层架构。Hadoop 文件系统(Hadoop File System,HDFS)使用一套由名称节点和数据节点组成的主从式架构。名称节点用来管理文件系统,并提供中心化的元数据管理功能;而数据节点用来存储实际数据,并根据管理者配置的参数来复制相关的数据。

Zookeeper 是一种节点类型,它能够协调 Hadoop 集群中的各个节点。Zookeeper 维护了一份共享的分层命名空间。由于客户端必须与 Zookeeper 相通信,所以它有可能成为 HBase 的故障单点(是指那种因自身故障而导致整个系统故障的点)。不过,Zookeeper 的设计者可以把其中的数据复制到多个节点,以缓解故障风险。

HBase 数据库除了要使用由 Hadoop 环境提供的服务(图 10-2)之外,还需要用一些服务器进程来管理与表格数据的分布情况有关的元数据。RegionServer 是用来管理 Region 的一种实例,而 Region 则是 HBase 数据库用来存储表格数据的单元。HBase 刚创建好某张表格时,会把该表内的所有数据都放在某一个 Region 之中。如果以后数据量持续增加,数据库就会创建其他的 Region,并把数据划分到多个 Region 之中。RegionServer 是 Region 所在的服务器,每一台这样的服务器应该能运行 20~200 个 Region,每个 Region 应该保存 5~20GB 的表格数据。主服务器用来监控 RegionServer 的运作。

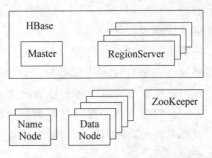

图 10-2　HBase 数据库依赖由多种节点组成的 Hadoop 环境

当客户端设备需要对 HBase 数据库中的数据执行读取或写入操作时,可以从 Zookeeper 服务器中查出另一台服务器的名称,那台服务器上保存着与相关的 Region 在集群中的存储位置有关的信息。客户端可以把这份信息缓存起来,这样下次就不用再向 Zookeeper 查询这些细节了。有了此信息后,客户端会与存放相关 Region 信息的那台服务器相通信。如果要执行的是读取操作,就向那台服务器询问与给定的行键有关的数据保存在哪一台服务器中;若执行写入操作,则询问与行键相关联的新数据应该由哪一台服务器负责接收。

这种架构方式的一个优点是,可以针对特定类型的任务来部署每一台服务器,并对其进行调节。比如,可以专门为充当 Zookeeper 的那台服务器设定一份特殊的配置。同时,这种架构方式也要求系统管理员必须维护多份配置,并且要根据具体的服务器来分别调整每一份配置。另一种架构方式是只在集群中使用一种节点,也就是令每个节点都可以完成集群所要执行的每一种任务。Cassandra 数据库用的就是这种架构方式。

10.3.2　对等节点组成 Cassandra 架构

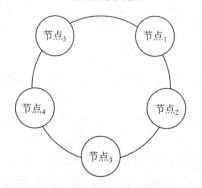

与 HBase 数据库类似,Cassandra 数据库也是一种具备高度可用性、可缩放性及一致性的数据库。但是它的架构方式却与 HBase 数据库不同,它并不使用由功能固定的服务器组成的层级结构,而是采用对等模型(图 10-3)作为架构。所有的 Cassandra 数据库节点都运行同一种软件,不过每一台服务器可以向集群提供不同的功能。

对等架构方式有很多优点,首先是简洁。由于每个节点都不会成为系统中的故障单点,因此这种集群缩放起来非常方便,只需向其中添加服务器或从中移除服务器即可。集群中的服务器会与其他每一台服务器相通信,所以新加入的节点最终也会分配到一套待管理的数据。而移除某个节点后,由于其他服务器上还存有数据副本,所以那些服务器依然可以继续响应针对这些数据的读取及写入请求。

图 10-3　Cassandra 采用对等架构,其中每个节点的地位都是相同的

由于对等网络中并没有一台主服务器来负责协调,所以集群里的每一台服务器都要能够执行本来应该由主服务器处理的一些操作,举例如下。

(1) 共享与集群中各台服务器的状态有关的信息。

(2) 确保节点拥有最新版本的数据。

(3) 如果接收写入数据的那台服务器出现故障,要确保这些数据依然能够存储到数据库中。

Cassandra 会通过相关的协议来实现以上功能。

10.3.3　按 Gossip 协议传播服务器状态

为分享集群中各台服务器的状态,每台服务器只需向集群中其他服务器发出 ping 命令,或请求其他服务器给出更新后的状态信息。但问题是,如果每台服务器都要轮番查询集群里的其他服务器,那么网络中的流量就会极速增大,而每台服务器与其他服务器相互通信的时间也会迅速增加。

考虑以下情况。如果集群中只有两台服务器,那么每台服务器只需向另一台服务器发出一条信息查询请求,并接收后者传回来的信息即可,此时整个集群中只需交换两条消息。添加第 3 台服务器后,为了获知其他节点的状态,彼此之间一共要交换 6 条消息。如

果服务器数量增加到 4 台,需要交换的消息数量就会增加到 12 条。若是集群里有 100 个节点,为了互相传递状态信息,总共需要交换 9900 条消息。集群中的消息数量是服务器数量的函数。如果集群里有 N 台服务器,为了使每台服务器都得知其他服务器的最新状态,一共要交换 $N \times (N-1)$ 条消息。如果每两台服务器之间都必须传递一条消息,那么当集群中添加了新服务器后,要传递的消息总数就会迅速增加。

有一种方法能够更高效地分享状态信息,就是使每台服务器不仅把自身的状态信息发送出去,还把它知道的其他服务器的状态信息也一起发送出去。这样,这一组服务器就可以作为一个整体来与另外一组服务器分享信息了。

Cassandra 的 Gossip 协议的运作流程如下。

(1) 集群中的某个节、点发起会话,与随机选取的另一节点进行交谈。

(2) 发起会话的这个节点向目标节点发送一条起始消息。

(3) 目标节点回复一条确认消息。

(4) 起始节点收到由目标节点回复的确认消息之后,再向目标节点发送一条最终确认消息。

在交换消息的过程中,每台服务器都可以收到其他服务器收集到的状态信息,此外,其中也会包含版本信息。有了版本信息,交换的双方就可以判断出这两份与某台服务器状态有关的数据中,哪一份才是最新的数据。

10.3.4　分布式数据库的反熵操作

热力学第二定律描述了熵的特性,熵用来表达系统或物体的混乱及失序程度(或者称为一个系统不受外部干扰时往内部最稳定状态发展的特性)。例如,碎的玻璃比完整的玻璃拥有更多的熵。

数据库,尤其是分布式数据库,也容易产生某种形式的熵(信息熵)。当数据库中的数据不一致时,信息熵就会增加。如果某个数据副本指出小敏最近一次购物是在 2014 年 1 月 15 日,而另一份副本却说她最近一次买东西是在 2014 年 I1 月 23 日,就表明系统处在数据不一致的状态。

Cassandra 数据库使用一种反熵算法来修正副本之间的不一致现象,从而提升数据的有序程度。当某台服务器开始与另一台服务器进行反熵会话时,会发送一种名为 Merkle 树或哈希树的数据结构,该结构是根据列族内的数据计算出来的。收到该结构的那台服务器也会根据自己拥有的那份列族数据计算出这样一个哈希结构,所以能够较迅速地完成反熵操作。如果这两份哈希结构彼此无法匹配,服务器就会从两份数据中找出较新的那一份,并用它替换掉旧的数据(图 10-4)。

10.3.5　用提示移交保留与写入请求

Cassandra 数据库集群的一项特色是可以很好地应对写入密集型应用程序,其部分原因在于,即便本应处理写入请求的那台服务器出现故障,整个系统也依然能够持续接受写入请求。Cassandra 数据库集群中的每个节点都可以处理客户发出的请求。由于所有节点都知道集群的状态信息,因此它们均可以充当客户端的代理人,把客户端的请求转发

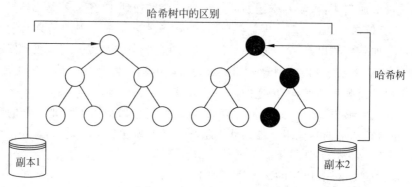

图 10-4　在不同数据副本间进行比对,确保数据是最新的

给集群中的适当节点。

　　启动了提示移交机制之后,数据库会把与写入操作有关的信息存放在代理节点上,并且定期检查发生故障的那个节点处于何种状态。如果那个节点已经恢复正常,代理节点就把与写入操作有关的信息移交给刚刚恢复的那个节点。

　　列族数据库采用的这种架构方式具有极大的可伸缩性,然而部署和管理起来却有一定困难。一方面固然要根据需求选择合适的数据库,另一方面也要尽量降低管理和开发的难度,并减少运行数据库所需的计算机资源量。

10.4　列族数据库适用场合

　　列族数据库适合用在需要部署大规模数据库的场合,这时使用的数据库需要具备较高的写入性能,并且要能在大量的服务器及多个数据中心上运作。Cassandra 采用支持提示移交机制的对等架构,这意味集群中只要有一个节点能正常运行并通信,整个数据库就可以接受写入请求。因此,像社交网站等写入操作较多的应用程序,很适合使用列族数据库来管理数据。

　　如果要开发的写入密集型程序同时还需要执行数据处理事务,列族数据库恐怕就不是最佳方案了。此时或许可以考虑采用混合技术来使用一种支持 ACID 事务的数据库,如关系数据库或是 FoundationDB 这样的键值数据库。

　　列族数据库适合用在需要以大量服务器应对网络负载的环境中。尽管它也可以仅仅运行在单一节点上,但为了更好地部署、测试及熟悉这套 DBMS,最好还是把它放在多个节点中运行。列族数据库一般都要运行在很多台服务器上,如果只需要一台或几台服务器就能满足性能方面的需求,那么键值数据库、文档数据库,甚至关系数据库可能都会比列族数据库更合适。

　　Cassandra 可以部署在多个数据中心,并且能够在这些数据中心之间进行数据复制。如果要求数据库系统必须能在某个数据中心完全无法运作的情况下继续保持可用,可以考虑部署 Cassandra 数据库。

　　如果是因为看重数据模型的灵活性而选择列族数据库,可以同时考虑一下键值数据库和文档数据库。在只需要一台或几台服务器的环境中,这两种数据库已经完全能满足需求了。

10.5 列族数据库基本组件

列族数据库的基本组件指的是开发者使用最频繁的一些数据结构,包括键空间、列族、列以及行键。无论使用哪种列族数据库,都应该熟悉这些组件,并由开发者来明确地定义。例如,列就需要有明确的界定。有了这些基本组件,就可以构建列族数据库了。

10.5.1 键空间

键空间是列族数据库的顶级数据结构(图 10-5),因为开发者创建的其他数据结构都要包含在键空间里。键空间在逻辑上能够容纳列族、行键以及与之相关的其他数据结构,类似于关系数据库的模式。一般来说,应该为每个数据库应用程序都设计键空间。

10.5.2 行键

行键(图 10-6)用来分辨列族数据库中各个数据行的身份,是确定数值存储顺序的一个组件。它的用途与关系数据库中的主键相似。

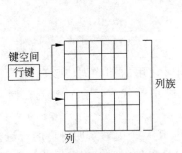

图 10-5 键空间是列族数据库的顶层容器

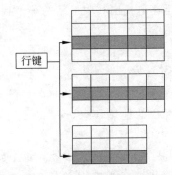

图 10-6 行键用来分辨列族数据库中的各个数据行

行键只是列族数据库用来区分数值的组件之一,要准确地定位某个数值,还需要用到列族的名称、列的名称以及时间戳等版本排序机制。

除了能够辨明数据行的身份外,行键还可以对数据进行分区和排序。在 HBase 数据库中,各数据行是按照行键的词典顺序保存的,可以把词典顺序理解成是由字母表顺序及非字母的字符顺序构成的一套排序标准。

在 Cassandra 数据库中,各数据行的存储顺序由一个称为分区器的对象决定,默认使用的是随机分区器。这种分区器会把数据行随机地分布在各个节点之中。Cassandra 也提供了能够保留顺序的分区器(保序分区器),它可以按照词典顺序安排各数据行的存储次序。

10.5.3　列

列是数据库用来存放单个数值的数据结构,列名、行键及版本组合起来可以唯一地标识某个值。不同的列族数据库会采用不同的方式表示列值,有些列族数据库只是把列值简单地表示成字节串,由于不需要验证数值类型,因此可以尽量降低数据库的开销。HBase 数据库采用的就是这种方式。

其他一些列族数据库可能支持整数、字符串、列表以及映射等数据结构。Cassandra 的查询语言提供了将近 20 种不同的数值类型。值占据的长度也可以各不相同。例如,数据库中的某个值可能是像 12 这样的简单整数,而另一个值则可能是高度结构化的 XML 文档等复杂对象。

列是列族数据库的成员。数据库设计者创建数据库时会定义列族。定义好列族后,开发者依然可以随时向其中添加新列。使用关系数据库时,与可以向关系型表格中插入数据类似,使用列族数据库时也可以创建新的列。

列由以下 3 部分组成:列名、时间戳或其他形式的版本戳、列值。列名与键值对中的键一样,也用来引用相关的值。时间戳或其他形式的版本戳是一种对列值进行排序的手段。系统更新某列的列值时,会把新值插入数据库,同时也会把一个时间戳或其他形式的版本戳与新值一起保存到列名之下。版本控制机制使数据库既能在同一个列里存放多个列值,又能迅速地找出其中最新的那个列值。不同的列族数据库会使用不同类型的版本控制机制。

10.5.4　列族

列族是由相关的列构成的集合。经常需要同时使用的那些列应该放到同一个列族中。比如,客户的地址信息,诸如街道、城市、州、邮编等就应该合起来放在同一个列族里面。

列族是保存在键空间之中的。每个列族都对应于一个能够辨明身份的行键。这使得列族数据库的列族看起来与关系数据库的表格有些相似,其实两者之间有重要的区别。关系数据库的表格中存放的那些数据不一定非要按照某种预先规定好的顺序来维护。关系型表格中的数据行也不像列族数据库的列值那样,一定要进行版本控制。

列族数据库的列族与关系数据库的表格类似,都能够存放多个列及多个行。但两者还是有一些重要的区别,例如,列族数据库的各个数据行之间可以有所变化,而不需要像关系数据库那样必须把每一列都填满。

两者之间最重要的区别可能在于,关系数据库表格中的列没有列族数据库中的列那样灵活。向关系数据库中添加新列是必须修改模式定义的,而向列族数据库中添加新列,则只需在客户端程序里给出列名。例如,可以直接在程序中指定新列的名字,并向其中插入一个值。

如果把整个列族数据库当成一座冰山,那么数据库程序设计者操纵的那些数据结构都只不过是露出水面的那小一部分而已。在这些明显的数据结构下还有着很多组件用来支撑整个列族数据库。

【作　　业】

1. 关系数据库可以通过几台大型服务器构成群组来应对超大型数据库,但这样做(　　)。
　　A. 不太可靠　　　　B. 速度太慢　　　　C. 成本太高　　　　D. 系统庞大

2. 互联网大公司都需要找到能够应对超大型数据库的解决方案。2006 年,(　　)发表了一篇题为《BigTable:适用于结构化数据的分布式存储系统》的论文,描述了一种新型数据库——列族数据库。
　　A. 亚马逊公司　　B. 谷歌公司　　　C. 微软公司　　　　D. 脸书公司

3. 列族数据库是(　　)较高的一类数据库,它允许开发者灵活地变更列族中的各列,也提供了高度的可用性。
　　A. 可缩放性　　　B. 运算速度　　　C. 计算能力　　　　D. 系统成本

4. 作为最早的列族数据库,谷歌 BigTable 的核心特性有很多,但(　　)不属于其中。
　　A. 开发者可以动态地控制列族中的各列
　　B. 数据值是按照行标识符、列名及时间戳来定位的
　　C. 数据建模者和开发者可以控制数据的存储位置
　　D. 具有良好的增删改查功能的 SQL 语言

5. 在列族数据库中,(　　)是由(　　)构成的,每个(　　)都包含一组相关的(　　)。
　　A. 列,行组,行组,行　　　　　　　　B. 行,列组,列组,列
　　C. 行,列族,列族,列　　　　　　　　D. 行,行组,列族,行

6. 从开发者的角度来看,列族数据库类似于(　　),列则相当于(　　)。
　　A. 关系型表格,关系　　　　　　　　B. 键值对,关系型表格
　　C. 关系型表格,文档　　　　　　　　D. 关系型表格,键值对

7. 在 BigTable 中,数据值是根据行标识符、列名及(　　)来定位的。
　　A. 时间戳　　　　B. 关键字　　　　C. 关系链　　　　　D. 时钟

8. BigTable 的设计者把读取与写入操作都实现成(　　),而不考虑读取或写入的具体列数。这就意味着,它不可能返回只完成了一部分的结果。
　　A. 关系链接　　　B. 原子操作　　　C. 分子运动　　　　D. 系统组合

9. 由于谷歌公司 BigTable 的设计者已经考虑到了数以百计的列族、至少数以万计的列以及数十亿的行,因此设计出来的列族数据库具备了(　　)的某些特性。
　　A. 文档数据库及图数据库　　　　　　B. 键值数据库及文档数据库
　　C. 键值数据库、文档数据库及关系数据库　　D. 键值数据库、文档数据库及图数据库

10. 参照谷歌 BigTable 有助于理解列族数据库,它(　　)。两种较为流行且可供公众使用的列族数据库是 Cassandra 和 HBase。
　　A. 只能用于 Windows 平台　　　　　B. 可以用于 Windows 和 Linux 平台
　　C. 是开源的,全面开放　　　　　　　D. 并不对谷歌公司以外开放

11. 列族数据库中的(　　)与键值数据库中的(　　)是类似的。

  A. 键空间,列族   B. 列族,键空间

  C. 行,列   D. 列族,行族

12. Apache HBase 数据库采用多种节点组成的(　　)底层架构。

  A. iOS   B. Hadoop   C. Windows   D. Linux

13. (　　)使用一套由名称节点和数据节点组成的主从式架构。名称节点用来管理文件系统,而数据节点则用来存储实际数据。

  A. Hadoop 文件系统(HDFS)   B. Windows 文件系统(WDFS)

  C. iOS 文件系统(iFS)   D. Linux 文件系统(LXDS)

14. (　　)节点能够协调 Hadoop 集群中的各个节点,它维护了一份共享的分层命名空间。

  A. iOS   B. Hadoop   C. Zookeeper   D. Linux

15. 与 Apache HBase 类似,Apache (　　)也是一种具备高度可用性、可缩放性及一致性的数据库,它采用对等模型作为架构,其所有节点都运行同一种软件,不过每一台服务器可以向集群提供不同的功能。

  A. iOS   B. Hadoop   C. Zookeeper   D. Cassandra

16. 在对等网络中,集群里的每一台服务器都能够执行应该由主服务器所处理的一些操作。但是,其中不包括(　　)。

  A. 共享与集群中各台服务器的状态有关的信息

  B. 共享 Linux、Windows 和 iOS 的存储空间

  C. 确保节点拥有最新版本的数据

  D. 如果接收写入数据的服务器出现故障,要确保这些数据依然能够存储到数据库中

17. 在热力学第二定律中描述的(　　),用来表达系统或物体的混乱及失序程度。分布式数据库容易产生某种形式的信息熵。

  A. 熵   B. 频   C. 散   D. 碎

18. 列族数据库适合用在那种需要部署(　　)的场合,在那种场合中使用的数据库需要具备较高的写入性能,并且要能在大量的服务器及多个数据中心上运作。

  A. 复杂程序设计   B. 小型分布系统

  C. 大规模数据库   D. 高性能计算

19. 如果只需要一台或几台服务器就能满足性能需求,那么(　　)数据库不一定合适。

  A. 键值   B. 文档   C. 关系   D. 列族

20. 列族数据库基本组件是指开发者使用最频繁的一些数据结构,包括键空间、(　　)等。

  A. 列族   B. 列   C. 行键   D. A、B 和 C

21. 谷歌公司的 BigTable 为什么要使用时间戳?

  答:_____

22. Cassandra 数据库使用的反熵协议,其目标是什么?

答:_____

23. 什么是键空间? 在关系数据库中,与键空间类似的数据结构叫什么?

答:_____

_____

24. 列族数据库的列与关系数据库的列有何区别?

答:_____

_____

_____

25. 什么样的列应该归入同一个列族之中? 什么样的列应该放在不同的列族之中?

答:_____

_____

26. 分区在列族数据库中的用途是什么?

答:_____

_____

_____

_____

_____

27. 反熵流程中为什么要用到哈希树?

答:_____

_____

_____

【实验与思考】　熟悉列族数据库

1. 实验目的

(1) 了解谷歌公司的 BigTable 列族数据库的诞生、发展及其特点。

(2) 熟悉列族数据库的使用场合。

(3) 熟悉列族数据库与键值数据库、文档数据库的异同。

（4）熟悉列族数据库使用的架构。

（5）熟悉列族数据库的基本组件。

2. 工具/准备工作

在开始本实验之前，请认真阅读课程的相关内容。

准备一台带有浏览器，能够访问因特网的计算机。

3. 实验内容与步骤

（1）请说出列族数据库的两种用途。

答：

① _____

_____

② _____

_____

③ _____

（2）请至少说出两条采用列族数据库来开发应用程序的理由。

答：

① _____

_____

② _____

_____

③ _____

（3）说出列族数据库与键值数据库之间的一个共同点。

答：_____

_____

_____

（4）说出列族数据库与文档数据库之间的一个共同点。

答：_____

_____

_____

（5）说出列族数据库与关系数据库之间的一个共同点。

答：_____

_____

_____

（3）通过网络搜索，了解具有代表性的不同列族数据库产品，并简单记录。

记录并分析：_____

4. 实验总结

5. 实验评价（教师）

列族数据库设计

11.1　列族数据库设计概述

由于需求来源于最终用户,所以,列族数据库的设计是由用户驱动的。由用户提出的数据库应用程序所要应对的问题如下。

（1）西北地区昨天共有多少新订单?

（2）某位顾客上次下订单是在什么时候?

（3）有多少订单正在送往乌鲁木齐的途中?

（4）温州货仓中的哪些货品,其数量低于最低存货量?

只有明确了以上问题后,才能开始设计列族数据库。与其他 NoSQL 数据库一样,设计也是从查询入手的。

通过这些查询请求,可以看出一些对列族数据库的设计非常有用的信息,包括以下内容。

（1）实体。

实体可以表示具体的事物(如客户及产品),也可以表示抽象的概念(如服务级别协议或信用积分记录)。列族数据库用数据行对实体建模,一个数据行应该对应于一个实体,数据行之间可以通过行键来区分身份。

（2）实体属性。

实体的属性用列来建模。查询请求会通过相关的列名来指定筛选实体时的标准,也会通过列名来指定需要返回的一系列属性。

（3）查询标准。

设计者可以用查询请求中的筛选标准来决定如何通过表格及分区更好地安排数据。比如,如果某些查询请求需要选出下单时间位于某两个日期之间的订单,可以设计一张以日期顺序来排列数据行的表格,并用这张表格来满足这些查询请求。

（4）派生值。

设计者可以依照查询请求要返回的一系列属性来决定应该把哪些属性划分到同一个列族之中。最有效的列族划分方式是把经常同时用到的列保存在同一个列族里。如果设计者看到查询请求里出现了一些派生值,比如昨天所下订单的总量或每张订单平均是多少美元等,就表明可能需要再添加一些属性来保存这些派生值。

与实体、属性、查询标准及派生值有关的信息是设计列族数据库时的切入点。设计者可以从这些信息入手,利用列族数据库的特性来打造最合适的实现方案。

列族数据库的实现和关系数据库不同,设计时一定要记住以下几点。

(1) 列族数据库应该实现成稀疏且多维的映射图。

(2) 在列族数据库中,各个数据行拥有的列可以有所不同。

(3) 列族数据库的列可以动态添加。

(4) 列族数据库不需要执行连接操作,会对数据模型执行去规范化处理。

列族数据库的这些特征会影响到设计建议。但是,讲到键空间时,则只会提醒为每个应用程序都分配单独的键空间,此外不会有其他建议。其原因在于,不同的应用程序要应对不同形式的查询请求,而列族数据库的设计应该由这些查询请求来决定。

HBase 与 Cassandra 是两种较为流行的列族数据库。它们有很多特性相似,也有一些方面不同。例如,HBase 采用时间戳来记录列值的多个版本;而 Cassandra 虽然也使用时间戳,却是为了解决数值之间的冲突。甚至对于同一个列族数据库产品来说,不同版本之间的实现细节也会有区别。

11.2　列族数据库的结构

列族数据库比较复杂,为确保数据库正常运作,它必须持续运行许多条处理流程。此外,它还要用一些复杂的数据结构来提升自身性能,如果改用简单的数据结构来实现,数据库的性能就不会这么高。

列族数据库的内部结构及配置参数遍布数据库的各个层面,从保存单一数值这样的底层操作,到数据库内的各种高层组件,都要用到相关结构及参数。而其中的某些结构和参数,尤其能帮助数据库程序的设计者和开发者更好地掌握列族数据库的用法。

11.2.1　集群与分区

集群和分区是分布式数据库经常用到的概念,向量时钟用于版本管理,提交日志和 Bloom 过滤器用来支持相关的数据结构,以改善数据完整性及可用性,还能提升读取操作的执行效率。分布式数据库要依赖集群与分区机制来协调各服务器之间的数据处理及数据存储工作。

1. 集群

集群是为了共同运行某个数据库系统而配置的一组服务器,它们在功能方面可能有所区别,也可能彼此相同。这些服务器协同运作,以实现列族数据库等分布式的服务。

例如,作为 Hadoop 基础架构的一部分,HBase 使用多种不同的服务器节点来共同满足 Hadoop 的需求。而 Cassandra 则只使用一种类型的节点,节点间没有主节点和从节点之分,每个节点负责的工作都是相似的。

分布式数据库的一些操作有时比较偏向底层,一般的数据库开发者不需要关注它们。如果开发者必须自己编写代码来确保读取请求和写入请求发给了适当的服务器,或是必须自行维护集群中每台服务器的状态,程序的代码量就会急剧增加。

2. 分区

分区是数据库的一种逻辑子集。数据库通常会根据数据的某个属性把一组不同的数据存放到某个分区中。比如,数据库可能会根据下列标准中的某一条来把每份数据分配到特定的分区里。

(1) 根据值所在的范围来分区,如根据行 ID 的值分区。

(2) 根据哈希码进行分区,如根据列名的哈希码分区。

(3) 根据一组数值来分区,也就是根据一个(例如省的名称)或多个字段的取值所能构成的各种组合方式来分区。例如,根据产品种类及销售区域这两个属性的取值组合来分区。

(4) 把上述标准中的两项或多项结合起来分区。

列族数据库集群中的每个节点或服务器可以维护一个或多个分区。

当客户端应用程序发送数据请求时,请求最终会转给某一台特定的服务器,而客户端想要的数据就保存在那台服务器的分区里。在主从式架构中,这个请求会先发给中心服务器;而在对等架构中,可以先发给任意一台服务器。无论采用哪种架构,该请求最终都能正确地转给负责处理此请求的那台服务器。

实际上,很多台服务器上可能都分别存放着同一个分区的多份拷贝。这样能够提升读取和写入操作的成功率。即便在相关服务器出现故障时,这些操作也依然有可能成功。此外,它也可以改进效率,因为含有该分区拷贝的每一台服务器都能够响应与分区内的数据有关的请求。由此可见,这种模型有效地实现了负载均衡。

11.2.2 其他底层组件

除了开发者经常遇到的结构和流程,列族数据库里还有一些组件,包括提交日志、Bloom 过滤器、一致性级别。大多数开发者都不太接触它们,然而它们对数据库的可用性和效率是至关重要的。

副本数量和一致性级别都属于配置参数,数据库管理员可以根据应用程序的需求调整这些参数,以便定制列族数据库的功能。

1. 提交日志

如果应用程序向数据库写入数据后,收到一条表示写入成功的响应消息,就有理由相信数据已经正确地保存到了持久性存储设备中。即便服务器发送完这条响应消息后立刻出现故障,也依然能在它重启之后获取到刚才写入的那份数据。

即将写入数据库中的那些数据会先保存在提交日志里,然后再适时地写入相关的数据库分区之中。这样能够减少因随机写入磁盘而产生的延迟。

要满足这个要求,一种方法是先等数据库把数据写入磁盘或其他持久性存储设备,然后再发送表示写入成功的那条应答消息。数据库确实可以先把数据写入磁盘,但在这之前,它必须等磁盘的读写头移动到正确的位置才行。如果每次写入之前都要等待读写头就位,就会严重降低写入操作的效率。

另一种方法是不要立刻把数据写入数据库分区和相关的磁盘数据块中,而是先记录到提交日志里,列族数据库就可以采用这种办法。提交日志是一种只能在其末尾追加数据的文件。

数据库管理员可以专门指定一块磁盘给提交日志使用。由于这块磁盘上不会再发生其他类型的数据写入操作,因此随机寻道的次数就会减少,从而使延迟时间减少。

数据库从故障中恢复过来后,数据库管理系统会读取提交日志,并把其中尚未保存到相关分区内的项目分别写入适当的数据库分区里。执行数据恢复流程,该流程会把提交日志中的相关项目读取出来,并将其写入适当的数据库分区里。用户必须等待数据库把日志中的所有项目都写入分区后才能开始使用数据库。

2. Bloom 过滤器

Bloom 过滤器是由霍华德·布鲁姆(Howard Bloom)在 1970 年提出的二进制向量数据结构。它具有空间和时间效率,被用来检测一个元素是不是集合中的一个成员。如果检测结果为是,该元素不一定在集合中;但如果检测结果为否,该元素一定不在集合中。因此 Bloom 过滤器具有 100% 的召回率。这样每个检测请求返回有"在集合内(可能错误)"和"不在集合内(绝对不在集合内)"两种情况,可见 Bloom 过滤器是牺牲了正确率和时间,以节省空间。

3. 一致性级别

一致性级别用来表示数据副本之间的一致性程度。从严格意义上讲,只有当所有数据副本中的数据都相同时,数据才算一致;而从相反的角度来说,只要数据持久地写入了其中至少一个副本,就可以认为该数据是"一致的"。

一致性级别需要根据下列几方面的需求设置,它们有时是互相冲突的。

(1)把数据保存到持久性存储设备后,写入操作是否需要返回一条表示写入成功的状态信息。

(2)两位用户查询同一个行 ID 所对应的同一组列值,却收到了不同的数据,这种情况是否允许出现。

(3)如果应用程序分布在多个数据中心里,当其中一个数据中心出现故障时,是否要求其他数据中心都必须拥有最新的数据。

(4)如果应用程序要把数据更新到两个或多个副本中,是否允许用户读到的数据出现某些不一致的现象。

对于很多应用程序来说,较低的一致性级别就可以满足需求了。比如,有的应用程序每分钟都要从上百个工业传感器中收集数据,就可以允许偶尔发生数据丢失现象。这些数据通常都会用来计算总和、平均值、标准差以及其他一些描述性的统计指标,而不会单独使用。

在其他一些情况下,需要较为中等的一致性级别。网络游戏玩家希望游戏进度能在暂停或切换到其他设备时保存,即便丢失了一小部分信息也会令玩家不满,因为他们必须重新去玩其中的某一部分,或是可能失去了上次玩游戏时获得的一些成就。

为了能在某台服务器发生故障时下继续正确地保存玩家的游戏存档,可以配置底层列族数据库的一致性级别,命令数据库把每份数据都写入 2～3 个副本之中。一致性级别越高,可用性就越好,但是这样会拖慢写入操作的速度,从而有可能影响游戏的效果。

此外,还有一些对容错要求特别苛刻的应用程序,它们需要使用极高的一致性级别,也就是必须令数据库把副本写入多台数据中心里的多台服务器之中。

11.3　处理流程及协议

除了数据结构外,列族数据库若想正常运作,还需要依赖几个重要的后台处理流程。

11.3.1　复制

复制是一个与一致性级别密切相关的流程。一致性级别用来指定服务器需要保存的副本数量,而复制流程则用来决定这些副本应该保存到何处,以及怎样使其中的数据及时更新。

最简单的一种方案是由哈希函数来选定存放第一份副本的那台服务器,然后根据别的服务器与这台服务器之间的相对位置来决定其他副本应该存放到何处。比如,Cassandra 数据库的所有节点在逻辑上是呈环状排列的。因此,放置好第一份副本后,就可以依照顺指针方向把其他副本相继存放到环状结构的后续节点中。

列族数据库也可以根据网络拓扑结构决定副本的放置位置。比如,副本可以建立在数据中心的不同机架中,万一某个机架里的服务器出现故障,数据库依然保持可用。

11.3.2　提示移交

由于有数据副本,因此即使某个节点出现故障,数据库也依然能够应对读取操作,同时也无须担心在相关节点故障时如何处理写入操作,因为列族数据库专门设计了一套提示移交机制来解决这个问题。

数据库把写入操作派发给某个节点时,如果发现该节点出现故障,可以把此操作重新定向到其他节点,比如重定向到另一个副本节点,或是某个专门在目标节点出现故障时接收写入操作的节点。备份节点接收了重定向写入消息后,会创建一种数据结构,用来存放与这项写入操作有关的信息,以及这项写入操作本来应该发送到的地方。提示移交机制会定期查询目标服务器的状态,当目标服务器恢复正常时,就会把刚才保存的写入请求发送过去。

把写入请求保存到提示移交机制专用的数据结构里,与向副本中写入数据有所区别。提示移交机制专用的信息保存在该机制自身的数据结构中,并且由提示移交流程负责管理。等到数据正确地写入目标节点后,就可以认为这次写入操作在一致性和数据复制方面已经顺利地完成了。

11.4　设计数据表格

列族数据库是设计给大批量数据使用的,很适合存放稀疏且多维的数据集,其灵活性体现在数据的类型以及保存数据所用的结构上。列族数据库会通过高效的数据结构来优化其对存储空间的利用方式。

11.4.1　用去规范化代替连接

由于表格是用来对实体建模的,因此有理由认为每种实体都应该用一张表格来表示。然而,列族数据库所需的表格数量通常比同等的关系数据库少,因为列族数据库的设计者会对数据进行去规范化处理,从而免去了执行连接操作的必要。例如,在关系数据库中,通常要用三张表格来表示多对多关系,其中两张表格分别表示两个相关的实体,而另一张表格则专门用来表示两个实体之间的关系。

如图 11-1 所示,同一位客户可以购买多件产品,而同一种产品也可以卖给多位客户。在关系数据库中,多对多的关系是用一张表格来建模的,这张表格中存有多对多关系涉及的两个实体的主键。

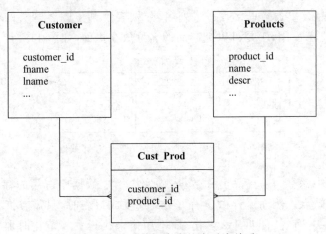

图 11-1　关系数据库中的多对多关系

图 11-2 显示了用去规范化的数据模型来表达同样的含义。在这套模型中,每位顾客的数据行里都含有一组列名,它们与该顾客所购买的产品相对应。同理,每种产品的数据行里也有一组顾客 ID,它们分别与购买该产品的诸位顾客相对应。

列名中可以直接保存与客户及产品相关的实际数据。例如,并没有先设计一个叫做 ProductPurchased1 的列名,然后再把该列的值设为 PR_B1839,而是直接把产品 ID 保存在列名里,其好处是 Cassandra 数据库会在保存列名中的数据时对其进行排序,而保存列值中的数据时则不会排序。

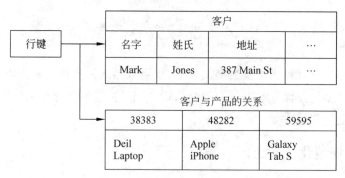

图 11-2　列族数据库中的多对多关系

11.4.2　同时在列名和列值中存储数据

有一种对列的有效利用方式，就是借助列值进行去规范化。比如，在存放客户及产品数据的数据库中，产品的描述信息、尺寸、颜色及重量等属性都是存放在产品表格中的。但如果应用程序要生成一份报表，列出某位顾客购买的产品，那么或许打印出产品标识符的同时还要打印产品的名称。由于要处理的数据量很大，因此最好不要为了生成报表而同时查询客户表格与产品表格，也不对两者执行连接操作。

在图 11-2 中，客户表格里含有一组列名，分别表示某位顾客购买的各件产品具备的 ID，而列值刚好空着没用，于是可以把产品的名称放在里面，如图 11-3 所示。

图 11-3　同时在列名和列值之中存储数据

在客户表格中保存一份产品名称数据，确实会增加数据库占用的存储空间——这是去规范化的一项缺点。然而这样做也有好处：在生成报表时，只需查询一张表格就可以知道某位顾客购买的产品都叫什么名字，而不用像未执行去规范化时那样要查询两张表格。实际上，这确实多占用了一些存储空间，以此来换取读取性能的提升。

一个实体，比如某位特定的客户或某件特定的产品，其全部属性都应该放在同一个数据行里。有时，这会导致一些数据行拥有的列值比另一些数据行要多，但这对列族数据库来说比较常见。通常考虑用一个数据行来为一个实体建模。一般来说，对数据行的写入操作是原子操作，若更新表格中的多个列，则这些列要么全都得到更新，要么就连任何一个都无法更新。

11.4.3　不要将大量操作分配给少数服务器

分布式系统可以利用多台服务器解决问题，但是，如果把大量操作任务都压在少数几台服务器上，就会使其他服务器无法充分利用，令分布式系统中产生热点。

HBase 数据库采用字典顺序排列各行数据。假设要把数据载入表格中,而表格中各行的键值都是由某个源系统按顺序分配好的号码,且待加载的数据在文件中又是按这个顺序排列的,那么,当 HBase 数据库系统加载每一条记录时,就有可能向负责处理前一条数据的那台服务器中写入数据,且其写入的数据块也有可能离前一条记录所在的数据块比较近。这样固然能减少磁盘延迟时间,却意味着数据库操作总是由集群中的某一台服务器来处理,其他服务器未能充分利用。

要避免这种热点现象,可以对系统生成的序列值应用哈希函数,或在那些按顺序生成的值前面加上随机字符串。以上两种方法都可以令数据库在加载数据的过程中不按照字典顺序来处理源文件里的数据。

11.4.4 维护适当数量的列值版本

HBase 数据库能够为一个列值维护多个版本的数据。不同版本的列值都有各自的时间戳,根据时间戳可以分辨出哪个版本是最早写入的,哪个版本是最近才写入的。这能够更加方便地实现回滚功能,把列值恢复到早前的版本。

列值的版本数量应该与应用程序的需求相符,保存多余的版本必然会多占用一些存储空间。可以设置 HBase 数据库的最少版本数量和最多版本数量。如果版本数量超过最大版本数,则数据库会在执行数据压缩操作中删去较旧版本。

11.5 编 制 索 引

决定是否需要编制索引时,其实是考虑时间和空间究竟哪一个更重要。如果时间更重要,要尽量缩短响应时间,就应该使用索引。列族数据库会自动根据行键来编制索引。如果还需要编制辅助索引,但所用的列族数据库又不支持自动的辅助索引,可以用表格来手工实现。与使用数据库自动编制的辅助索引相比,这样做虽然有某些缺点,但它通常能带来更多的好处,所以是值得考虑的。

数据库索引函数与书籍的索引类似。在某本书的索引中搜寻某个词汇或术语,可以查出书中提到该词的页面。与之类似,也可以在列族数据库的索引中搜寻某个列值,如州名的缩写,以查出引用该列值的数据行。在很多情况下,通过索引获取数据要比不使用索引更快一些。

要分清主索引和辅助索引。主索引是根据表格的行键编订的。辅助索引则是根据一个或多个列值制作的。数据库系统及应用程序都可以创建并管理辅助索引。虽然未必每一种列族数据库都会自动管理辅助索引,但可以手工创建及管理相关表格,并把这些表格当成列族数据库的辅助索引来使用。

11.5.1 自动管理辅助索引

如果需要为列值编制辅助索引,而列族数据库系统本身又会自动管理辅助索引,就应该直接使用这些索引。采用由数据库自动管理的辅助索引,编写的代码量会相对少一些。

比如,在 Cassandra 数据库中,可以使用以下 CQL 语句来创建一份索引。

```
CREATE INDEX state ON customers(state);
```

执行完以上语句后,维护这份索引所需的全部数据结构就会由 Cassandra 数据库自行创建并管理好。同时,数据库还能以最佳方式来运用索引。比如,如果对客户所在的州以及客户的姓氏这两个列编制了索引,那么在执行与二者相关的下列查询语句时,就能自行判断应该先根据哪个索引来筛选数据。

```
SELECT
    Fname, lname
FROM
    customers
WHERE
    state = 'OR'
AND
    lname = 'Smith'
```

使用自动编制的辅助索引,第二个优势在于不用为了使用索引而修改代码。比如,根据查询需求构建一个应用程序,但这些需求又随着时间推移而不断变化。原来只需根据客户所在的州生成报表即可,而现在用户则要求必须根据所在的州及姓氏来生成报表。

这时给姓氏所在的列创建一份辅助索引就可以了,数据库系统会在适当的时机自动使用这份索引。而如果采用表格来实现索引,就必须修改代码才能满足新的需求。

遇到以下几种情况时,不要使用自动索引,或是至少应该经过测试后再审慎地使用它们。

(1) 某个列只有少数几种取值。

(2) 某个列中有很多互不相同的值。

(3) 列值较为稀疏。

(4) 列的基数太多了,即列中有很多互不相同的取值。

11.5.2　用表格创建辅助索引

如果使用的列族数据库系统不能自动管理辅助索引,或是想要为其编制索引的那个列里含有很多互不相同的值,就可以考虑自行创建并管理索引。

由应用程序自行创建的索引应该使用相同的表格、列族及列结构来存放数据,把想要通过索引来访问的数据放到这张表格中。

还是以存放客户及产品信息的数据库为例。终端用户想要生成一种报表,把购买某件产品的所有客户都列出来。此外,他们还想生成另外一种报表,把某位客户所购买的全部产品列出来。

与根本不使用索引相比,用表格充当辅助索引当然要多占用一些存储空间。通过列族数据库系统来自动管理辅助索引也是一样。这两种方法其实都是用存储空间的增加来换取效率提升。

如果用表格充当索引,就需要自己维护这些索引。至于应该在什么时候更新索引,则有两种大的策略可供参考。一种方法是在索引依据的表格发生变动时更新索引,如某位客户购买某件产品时就更新与这两份表格有关的索引。还有一种方法是定期以批处理任务的形式更新索引。

11.6 应对大数据的工具

如果正在使用列族数据库,要解决的可能就是大数据问题了。可以借助一些专门工具更好地对大数据及大数据系统进行移动、处理及管理。

各种 NoSQL 数据库,如键值数据库、文档数据库和图数据库,都适用于很多应用程序,这些程序要处理的数据规模也各不相同。列族数据库一般不宜处理较小的数据集。

与天气、交通、人口及手机使用情况等相关的数据,显然满足高速和巨量这两个标准,因为这些数据都是根据不同的实体,以各种形式迅速产生出来的。列族数据库非常适合管理这一类数据。

数据库是用来存放并获取数据的,同时也能高效地完成相应的操作。然而,还有一些与之相关的任务会对数据库起到支援作用,一般来说,若要充分发挥数据库的效用,需将以下这些任务执行好。

11.6.1 萃取、转换、加载数据

移动大量数据是比较困难的,原因有很多,其中包括以下几点。

(1) 没有足够的网络带宽来应付这么大的数据量。

(2) 复制大量数据所需的时间太长。

(3) 数据在传输过程中可能出错。

(4) 在源服务器与目标服务器上很难存放这么多数据。

在大数据时代,这些问题变得更加难处理了。ETL 工具要处理的数据量比以前更大,数据形式也变得更多了。

以下这些工具都有助于应对处理大数据时的某些 ETL 需求,而且它们都要运行在 Hadoop 环境中。

(1) Apache Flume。用来移动大量的日志数据,也可以用于移动其他类型的数据。这是个分布式系统,具备可靠性、易缩放性及容错性,使用流式事件模型来捕获并投递数据。当某个事件发生后,如某条数据写入日志文件后,数据就会传给 Flume。Flume 通过通道来发送数据,通道是一种抽象机制,可以把数据投递给一个或多个目标。

(2) Apache Sqoop。与关系数据库一起运作,可以把数据移动到某种大数据来源中,也可以从大数据来源里获取数据,这种大数据来源可以指 Hadoop 文件系统或 HBase 列族数据库。Sqoop 也使得开发者能够以 MapReduce 的形式来运行大规模的平行计算任务。

(3) Apache Pig。是数据流语言,它提供了一种简明的数据转置方式——称为 Pig Latin 的编程语言提供了加载、过滤、聚合及连接数据所用的高级编程语句,其程序可以转译为 MapReduce 任务。

11.6.2 分析大数据

从数据里面获得灵感,有很多种分析方法。比如,可以在数据中搜寻某种模式,或是用某种方式提取有用的信息。有两个大的学科对数据分析较有用,一个是统计学,另一个是机器学习。

1. 用统计学方法进行描述和预测

统计学是数学的分支,研究如何描述大型数据集(总体),以及如何从数据中做出推论。统计学中的描述统计学对理解数据的特征来说尤为有用。

平均值和标准差等简单的指标可以用来衡量数据的分布情况,从而描绘出一份数据的概况,这个概况很有用,在对比两份数据的时候更是如此。

还有一种统计学方法叫做预测统计学或推论统计学,它研究的是如何根据数据来做出预测。

2. 通过机器学习寻找数据中的模式

机器学习所用的方法涉及很多学科,如计算机科学、人工智能、统计学、线性代数等。有许多轻而易举就能实现的服务,背后都有机器学习技术来做支撑,如根据过往的购买行为向顾客推荐新商品,分析社交媒体中各篇文章的人气,检测网络欺诈行为以及进行机器翻译等。

机器学习中有个领域叫做无监督学习,有助于探索庞大的数据集。常见的一种无监督学习技术称为聚类技术。聚类算法可以找出数据中蕴含的隐晦结构或共有模式。比如,该算法可以发现公司中的一些客户总是喜欢在深夜或每周前几天进行购物。于是,营销专家就可以专门针对这群人制订促销计划,以提升他们的平均购买金额。

而监督学习技术使程序能够从样例数据中学到一些知识。比如,信用卡公司每天都会收集大量数据,其中有些数据表示合法的信用卡交易,有些则表示欺诈交易。基于这些数据,可以用各种手段来创建分析器程序,以判断某笔交易是合法的还是欺诈的。

3. 进行大数据分析的工具

NoSQL 数据库的用户可以使用各种免费的分布式平台构建自己的工具,也可以使用现成的统计工具和机器学习工具。MapReduce 与 Spark 是分布式平台,R 是流行的统计工具包,Mahout 是为大数据而设计的机器学习系统。

(1) MapReduce。是进行分布式平行处理所用的一种编程模型。MapReduce 程序主要由两个部件构成,一个是映射函数 Map,另一个是归纳函数 Reduce。

① Map:映射过程,把一组数据按照某种 Map 函数映射成新的数据。

② Reduce:归约过程,把若干组映射结果进行汇总并输出。

MapReduce 引擎会把外界输入的一系列值交给映射函数,以便生成一组输出值;然后再把这些输出值交给归纳函数进行变换,在变换过程中通常要执行一些聚合式操作,如对数据进行计数、求和或求平均值等。MapReduce 模型是 Apache Hadoop 项目的核心部件,广泛地用于执行大数据分析。

（2）Spark。是 MapReduce 的代用品,是轻量级大数据处理框架(图 11-4),由加州大学伯克利分校的研究者设计。这两个平台都可以解决类型相似的问题,但方法却并不相同。MapReduce 需要向磁盘中写入很多数据,而 Spark 则要占用相当多的内存。MapReduce 采用的计算模型较为固定(总是先执行映射操作,然后执行归纳操作),而 Spark 则可以使用更加宽泛的计算模型来计算。

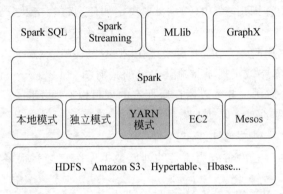

图 11-4 以 Spark 为核心的轻量级大数据处理框架

（3）R。是一个开源的统计平台。该平台核心部分包含的模块提供了很多常见的统计函数。用户可以按照需要向 R 环境中添加一些程序库,以实现其他功能。这些程序库可以提供与机器学习、数据挖掘、专门学科、视觉化以及专门的统计方法等相关的功能。R 本来并不是特意设计给大数据用的,不过至少有两个程序库可以使 R 系统具备大数据分析能力。

（4）Mahout。是一个 Apache 项目,开发了一些适用于大数据的机器学习工具。Mahout 机器学习软件包一开始是以 MapReduce 程序的形式编写的,但是后来改用 Spark 实现了。Mahout 尤其适合用来执行推荐、分级以及聚类等处理。

11.6.3 监控大数据的工具

系统管理员的一项主要责任是确保应用程序与服务器正常运行。通用的监控工具以及某些数据库专用的工具可以帮助管理员来管理分布式系统,举例如下。

（1）Ganglia。一款适用于高性能集群的监控开源工具。它并不局限于某一种具体的数据库类型。该软件采用层级结构表示集群中的节点,并监视各节点间的通信状况。

（2）Hannibal。一款 HBase 数据库专用的开源监控工具,尤其适合用来监视并管理集群中的 Region。Region 是分布数据时所用的一种高级数据结构。Hannibal 数据库提供了视觉化工具,使管理员能够迅速看到集群中的数据在当前和过去的分布情况。

（3）OpsCenter。是 Cassandra 数据库使用的开源工具,给系统管理员提供了单一访问点,他们可以从这里看到整个集群及其中各项任务的运行状态。

【作　　业】

1.（　　）可以表示具体的事物（如客户及产品），也可以表示抽象的概念（如服务级别协议或信用积分记录），列族数据库用数据行来对它建模。

　　A. 三体　　　　　　　B. 实体　　　　　　　C. 虚体　　　　　　　D. 载体

2. 设计者可以用查询请求中的（　　）来决定如何通过表格及分区更好地安排数据。

　　A. 数据结构　　　　B. 关键字　　　　　　C. 筛选标准　　　　　D. 分析模式

3. 设计列族数据库时，有一些要点要记住，但不包括（　　）。

　　A. 列族数据库应该实现成稀疏且多维的映射图

　　B. 在列族数据库中，各个数据行所拥有的列可以有所不同

　　C. 列族数据库的列可以动态添加

　　D. 列族数据库经常需要执行连接操作

4. HBase 与（　　）是两种较为流行的列族数据库。它们有很多特性相似，但有一些方面彼此不同。

　　A. Cassandra　　　　B. SPSS　　　　　　　C. Oracle　　　　　　D. SQL Server

5. 列族数据库是比较复杂的，它的某些内部结构及配置参数尤其能帮助数据库程序的设计者和开发者更好地掌握列族数据库的用法，但（　　）不属于其中。

　　A. 集群　　　　　　B. 电子表格　　　　　C. 分区　　　　　　　D. 提交日志

6. 集群是为了共同运行某个数据库系统而配置的一组（　　），它们协同运作，以实现列族数据库等分布式的服务。

　　A. 集线器　　　　　B. 路由器　　　　　　C. 工作站　　　　　　D. 服务器

7. 分区是数据库的一种逻辑子集。数据库通常会根据数据的某个（　　）来把一组不同的数据存放到某个分区之中。

　　A. 字长　　　　　　B. 内容　　　　　　　C. 属性　　　　　　　D. 符号

8. 列族数据库里有一些组件虽然不那么突出，但它们对数据库的可用性和效率是至关重要的。不过，（　　）不属于其中。

　　A. 提交日志　　　　B. 路径分析　　　　　C. Bloom 过滤器　　D. 一致性级别

9. 除了数据结构，列族数据库若想正常运作，还需要依赖几个重要的后台处理流程，例如复制和（　　）。

　　A. 提示移交　　　　B. 路径分析　　　　　C. Bloom 过滤器　　D. 一致性级别

10. 列族数据库是设计给大批量数据使用的，很适合存放（　　）的数据集，其灵活性体现在数据的类型以及保存数据的结构上面。

　　A. 精度复杂　　　　B. 数额巨大　　　　　C. 复杂密集　　　　　D. 稀疏且多维

11. 列族数据库所需的表格数量通常比同等的关系数据库少，因为列族数据库的设计会进行（　　）处理，免去了执行连接操作的必要。

　　A. 标准化　　　　　B. 杂凑化　　　　　　C. 去规范化　　　　　D. 规范化

12. 决定是否需要编制索引时，考虑的问题其实是（　　）究竟哪一个更重要。

A. 大小和形状　　　B. 时间和空间　　　C. 规模和精度　　　D. 成本和效果

13. 各种 NoSQL 数据库要处理的数据的规模也各不相同。列族数据库一般不宜处理(　　)数据集。

A. 较小的　　　　B. 较大的　　　　C. 图形　　　　D. 文字

14. 造成移动大量数据比较困难的原因有很多,但其中不包括(　　)。

A. 没有足够的网络带宽来应付这么大的数据量

B. 复制大量数据所需的时间太短

C. 数据在传输过程中可能出错

D. 在源服务器与目标服务器上面很难存放这么多数据

15. Apache Flume、Apache Sqoop、Apache Pig 这些工具都有助于应对处理大数据时的某些 ETL 需求,而且它们都要运行在(　　)环境中。

A. MongoDB　　　B. Rides　　　　C. HBase　　　　D. Hadoop

16. 设计列族数据库时,终端用户的查询请求扮演着何种角色?

答:＿＿＿＿＿＿＿＿＿＿＿＿＿＿＿＿＿＿＿＿＿＿

＿＿＿＿＿＿＿＿＿＿＿＿＿＿＿＿＿＿＿＿＿＿

＿＿＿＿＿＿＿＿＿＿＿＿＿＿＿＿＿＿＿＿＿＿

17. 说出三种不应该使用辅助索引的情形。

答:＿＿＿＿＿＿＿＿＿＿＿＿＿＿＿＿＿＿＿＿＿＿

＿＿＿＿＿＿＿＿＿＿＿＿＿＿＿＿＿＿＿＿＿＿

＿＿＿＿＿＿＿＿＿＿＿＿＿＿＿＿＿＿＿＿＿＿

18. 统计学可以分为哪两种?它们各自的用途是什么?

答:＿＿＿＿＿＿＿＿＿＿＿＿＿＿＿＿＿＿＿＿＿＿

＿＿＿＿＿＿＿＿＿＿＿＿＿＿＿＿＿＿＿＿＿＿

19. 机器学习可以分为哪两种?它们各自的用途是什么?

答:＿＿＿＿＿＿＿＿＿＿＿＿＿＿＿＿＿＿＿＿＿＿

＿＿＿＿＿＿＿＿＿＿＿＿＿＿＿＿＿＿＿＿＿＿

＿＿＿＿＿＿＿＿＿＿＿＿＿＿＿＿＿＿＿＿＿＿

【实验与思考】 客户数据分析

1. 实验目的

(1) 熟悉列族数据库的设计要求。

(2) 熟悉列族数据库的结构与处理流程。

(3) 熟悉列族数据库的表格与索引设计。

(4) 了解应对大数据的处理与分析工具。

2. 工具/准备工作

在开始本实验之前,请认真阅读课程的相关内容。

准备一台带有浏览器，能够访问因特网的计算机。

3. 实验内容与步骤

利用本章知识讨论汇萃运输管理公司如何使用列族数据库来分析与客户和运输行为有关的大量数据。

汇萃公司的分析师想要掌握客户的运输行为是如何变化的。分析师做了一些假设，解释为什么有的客户货运量比较大，有的客户货运量比较小。现在，他们需要用很多不同种类的数据来验证这些假设，这些数据包括以下内容。

（1）自从公司设立以来，每位客户所下的全部货运订单。

（2）客户记录中的所有细节信息。

（3）与客户所在的行业及市场相关的新闻报道、产业资讯以及其他文字信息。

（4）与运输行业有关的历史数据，尤其是财务数据库里的数据。

由于数据的种类繁多且数量巨大，所以这个项目属于大数据项目。于是，开发团队决定使用列族数据库来研发该项目。

请分析并简单阐述，开发团队决定选择列族数据库，这个决定正确吗？为什么？

答：_____

_____

_____

接下来，开发团队要关注的是项目的具体需求。

在项目的第一个阶段中，分析师想通过统计和机器学习技术更好地了解这些数据。这一阶段所要解决的问题是：有没有哪些相似的客户或相似的订单可以归为一组？不同的客户所下的订单，其平均金额有什么区别？在一年之中的不同时间点上，客户所下订单的平均金额有什么变化？此外，分析师还需要针对具体的客户和运输路线生成报表。为了生成这些报表，需要查询下列内容。

（1）某位客户下了哪些订单？

（2）某张订单包含哪些订单项？

（3）在给定的时间段内，某条运输路线上面有多少只货船？

（4）在给定的时间段内，身处某个特定行业的那些客户进行了多少次托运？

请分析，开发团队为什么要列举出这些查询内容。

答：_____

_____

_____

数据库的设计者现在知道他们应该在项目的第一阶段为哪些实体建模了。列族数据库中需要包含下列表格。

（1）Customers（客户）。

（2）Orders（订单）。

（3）Ships（货船）。

（4）Routes（航线）。

Customers 表格里有一个列族,包含客户的公司名称、地址、联系方式、所在行业以及面对的市场类型等数据。Orders 表格里含有与订单中的订单项有关的细节信息,如名称、描述及重量等。Ships 表格中含有与货船特征有关的信息,如容量、船龄、维修历史等。Routes 表格里会存放一些与航线有关的描述信息,以及该航线的详细地理信息。

除了需要给上面的四个主要的实体创建表格外,设计者还需要为以下三套数据创建相关表格,以便将其当作索引来使用。

(1) Orders by customer(每一位客户所下的全部订单)。

(2) Shipped items by order(每一张订单中的全部订单项)。

(3) Ships by route(每一条航线中的全部货船)。

请分析,开发团队针对列族数据库构思了 4 个加 3 个表格,它们的作用分别是什么?

答: _____

_____

_____

请分析,开发团队为什么要建立索引表格,它们的作用分别是什么?

答: _____

_____

_____

创建好这些表格后,就可以在处理查询请求的时候把它们当作索引来使用了,这样能够迅速地找到待查的数据。尽管基础表格与索引表格在数据加载过程中会有不同步的现象,但由于是成批地加载数据,而且是在加载好数据后才去生成报表的,因此这种不同步现象并不会给程序带来问题。

此外,因为某些查询请求中会提到某个时间段,所以设计者决定为相关的列编制自动索引。由于这些索引是由数据库负责管理的,因此开发者与用户无须使用专门的索引表即可发出相关的查询请求,并按照时间对其进行过滤。

请将你参考开发团队的意见之后形成的设计建议(简单阐述)表达如下。

-------------------- 请将设计建议短文附纸粘贴于此 --------------------

4. 实验总结

_____

_____

_____

5. 实验评价(教师)

_____

第12章

课程实践：HBase 列族数据库

12.1 HDFS 分布式存储

Hadoop 是由 Apache 基金会开发的一个分布式系统基础架构,用户可以在不了解分布式底层细节的情况下基于 Hadoop 开发分布式程序,利用集群进行高速运算和存储。其标识如图 12-1 所示。

图 12-1 Hadoop 标识

分布式文件系统(Hadoop Distributed File System,HDFS)是 Hadoop 的组件之一。HDFS 是基于流数据模式访问和处理超大文件的需求而开发的,有高容错性的特点,设计部署在低廉的商用服务器硬件环境上,提供高吞吐量来访问应用程序的数据,适合有着超大数据集的应用程序。Hadoop 框架最核心的设计就是 HDFS 和 MapReduce,HDFS 为海量数据提供了分布式计算中的数据存储管理,而 MapReduce 则为海量数据提供了计算能力。

HDFS 的优点如下。

(1)高容错性。

① 上传的数据自动保存多个副本,通过增加副本的数量来增加它的容错性。

② 如果某一个副本丢失,HDFS 会复制其他机器上的副本,而用户不必关注它的实现。

(2)适合大数据的处理,能够处理 GB、TB 甚至 PB 级别的数据。

(3)流式文件写入。

① 一次写入,多次读取。

② 文件一旦写入,不能修改,只能增加,以保证数据的一致性。

(4)可构建在廉价机器上,提供了容错和恢复机制。

HDFS 的主要缺点如下。

(1)不适合低延迟的数据访问。HDFS 用于处理大型数据集分析任务,主要是为了达到高的数据吞吐量,这就可能会以高延迟作为代价。因此,它不适合处理一些时间要求比较短的低延迟应用请求。

(2)无法高效存储大量的小文件。因为命名空间把文件系统的元数据放置在内存中,所以文件系统能容纳的文件数目是由命名空间的内存大小来决定的。当 Hadoop 处理很多小文件(文件小于 HDFS 中磁盘的块大小)时,会导致效率低下。

(3) 不支持多用户写入及任意修改文件。HDFS 的一个文件只有一个写入者,而且写操作只能在文件末尾完成,即只能执行追加操作。

12.2 初识 HBase 数据库

Apache HBase 数据库是一种构建在 HDFS 之上的分布式、面向列的存储系统,是谷歌 BigTable 的开源实现,其标识如图 12-2 所示。就像 BigTable 利用 GFS 提供的分布式数据存储一样,HBase 数据库在 Hadoop 的基础上实现了类似于 BigTable 的能力。需要实时读写、随机访问超大规模数据集时,可以使用 HBase 数据库。

图 12-2 HBase 标识

HBase 的原型于 2007 年 2 月在 Hadoop 项目中创建。2007 年 10 月,Hadoop 0.15.0 发布了第一个"可用"版本。2008 年 1 月,HBase 成为 Hadoop 的子项目。2014 年 2 月,HBase 0.98.0 发布。2015 年 2 月,HBase 1.0.0 发布。到 2017 年 12 月 31 日,HBase 的版本为 1.4.0。

12.2.1 面向行存储的数据库

尽管已经有许多数据存储与访问的策略和实现方法,但事实上大多数解决方案,特别是一些关系数据库,构建时并没有考虑超大规模和分布式的特点。许多商家通过复制和分区的方法来扩充数据库,使其突破单个节点的界限,但这些功能通常都是事后增加的,安装和维护都很复杂,同时也会影响 RDBMS 的特定功能,例如联接、复杂查询、触发器、视图和外键约束。这些操作在大型 RDBMS 上的代价相当高,甚至根本无法实现。

行式数据库是按照行存储的,它擅长随机读操作,不适用于大数据。SQL Server、Oracle、MySQL 等传统数据库都属于行式数据库,它们以行列二维表的形式存储数据,如表 12-1 所示。

表 12-1 User 表: 行存储数据排列

ID	姓名	年龄	性别	职业
1	张三	35	男	教师
2	李丹	18	女	学生
3	John	26	男	IT 工程师

User 表中的列是固定的,定义了序号、姓名、年龄、性别和职业等属性,User 的属性不能动态增加。这个表存储在计算机的内存和硬盘中,虽然内存和硬盘的机制不同,但操作系统是以同样的方式存储的。数据库必须把这个二维表存储在一系列一维的"字节"中,由操作系统写到内存或硬盘中。没有索引的查询使用大量 I/O,建立索引和视图需要花费大量时间和资源,面向查询的需求,数据库必须作极大的扩充才能满足性能要求。

12.2.2　面向列存储的数据库

列式数据库一开始就是面向大数据环境下数据仓库的数据分析而产生的。大数据存储有两种方案可供选择：行存储和列存储。这两种存储方案的焦点是谁能够更有效地处理海量数据，且兼顾安全性、可靠性、完整性。列式数据库的代表是 HBase、Sybase IQ、Infobright、InfiniDB、GBase 8a、ParAccel、Sand/DNA Analytics 和 Vertica。

列式数据库把一列中的数据值串在一起存储，然后再存储下一列。表 12-1 对应的列式存储为 1、2、3；张三、李丹、John；男、女、男；35、18、26；教师、学生、IT 工程师，如表 12-2 所示。

表 12-2　User 表：列存储数据排列

ID	1	2	3
姓名	张三	李丹	John
性别	男	女	男
年龄	35	18	26
职业	教师	学生	IT 工程师

两种存储的数据都是从上至下、从左向右排列的。行是列的组合，行存储以一行记录为单位，列存储以列数据集合为单位，或称列族。行存储的读写过程是一致的，都是从第一列开始，到最后一列结束。列存储的读取是列数据集中的一段或者全部数据，写入时，一行记录被拆分为多列，每一列数据追加到对应列的末尾处。

12.2.3　行与列存储方式的对比

从表 12-1 和表 12-2 可以看出，行存储的写入是一次完成的。如果这种写入建立在操作系统的文件系统上，可以保证写入过程的成功或失败，数据的完整性因此可以确定。列存储由于需要把一行记录拆分成单列保存，写入次数明显比行存储要多，再加上磁头在盘片上移动和定位花费的时间，实际时间消耗会更大。所以，行存储在写入上占很大优势。

数据修改实际也是一次写入过程。不同的是，数据修改是对磁盘上的记录作删除标记。行存储是在指定位置写入一次，列存储是将磁盘定位到多个列上分别写入，这个过程仍是行存储时间的数倍，所以数据修改也是行存储占优势。读取数据时，行存储通常将一行数据完全读出，如果只需要其中几列数据，就会存在冗余列，出于缩短处理时间的考虑，消除冗余列的过程通常是在内存中进行的。列存储每次读取的数据是集合的一段或全部，读取多列时，就需要移动磁头，再次定位到下一列的位置继续读取。

由于列存储的每一列数据类型是同质的，因此不存在二义性问题。比如某列数据类型为整型，那么它的数据集合一定是整型数据，这种情况使数据解析十分容易。相比之下，行存储要复杂得多，因为一行记录中保存了多种类型的数据，数据解析需要在多种数据类型之间频繁转换，这个操作很消耗 CPU，增加了解析的时间。所以，列存储的解析过程更有利于分析大数据。

　　显然,两种存储格式各有优缺点:行存储写入消耗的时间比列存储少,并且能够保证数据的完整性,缺点是数据读取过程中会产生冗余,如果只有少量数据,此影响可以忽略,数量大可能会影响到处理效率。列存储在写入效率、保证数据完整性上都不如行存储,但它在读取过程中不产生冗余,这对数据完整性要求不高的大数据处理领域,比如互联网,犹为重要。

　　改进集中在两个方面:在行存储读取过程中避免产生冗余数据,在列存储中提高读写效率。

　　(1) 行存储的改进。减少冗余数据,首先是在定义数据时避免冗余列的产生;其次是优化数据存储结构,保证从磁盘读出的数据进入内存后能够被快速分解,消除冗余列。即使低端 CPU 和内存的速度也比机械磁盘快 $100\sim1000$ 倍。如果用高端硬件配置,这个处理过程还要更快。

　　(2) 列存储的改进。在计算机上安装多块硬盘,以多线程并行的方式读写它们。多块硬盘并行工作可以减少磁盘读写竞用,这对提高处理效率优势十分明显。但更多的硬盘会增加投入成本,在大规模数据处理应用中是不小的数目。对于写过程中的数据完整性问题,可考虑在写入过程中加入类似关系数据库的"回滚"机制,当某一列发生写入失败时,此前写入的数据全部失效,同时加入散列码校验,进一步保证数据完整性。

　　这两种存储方案还有一个共同改进的地方:频繁的小量数据写入对磁盘影响很大,更好的解决方法是将数据暂时保存在内存中并整理,达到一定数量后一次性写入磁盘。

　　两种存储格式的特性决定了它们都不可能是完美的解决方案。如果首要考虑的是数据的完整性和可靠性,那么行存储是不二选择,列存储只有在增加磁盘并改进软件设计后才能接近这样的目标。如果以保存数据为主,行存储的写入性能比列存储高很多。在需要频繁读取单列集合数据的应用中,列存储是最合适的。如果每次读取多列,两个方案可酌情选择:采用行存储时,应考虑减少或避免冗余列;采用列存储方案时,为保证读写效率,每列数据尽可能分别保存到不同的磁盘上,多个线程并行读写各自的数据,避免了磁盘竞用,同时也提高了处理效率。无论选择哪种方案,将相同内容数据聚集在一起都是必需的,这可以减少磁头在磁盘上的移动,缩短数据读写时间。

12.3　HBase 数据库的使用场景

　　HBase 数据库不是关系数据库,也不支持 SQL,但它有自己的特长,这是关系数据库不能处理的。HBase 数据库是一个适合非结构化数据存储的数据库,它基于列而不是基于行的模式,巧妙地将大而稀疏的表放在商用的服务器集群上。

　　当数据量越来越大,关系数据库在服务响应和时效性上会越来越慢,这就出现了读写分离策略。多个切片负责读操作,使服务器成本倍增。随着压力增加,会采用分库机制,把关联不大的数据分开部署,一些 join 查询需要借助中间层。随着数据量进一步增加,一个表的记录越来越多,查询就变得很慢,于是又搞分表,以减少单个表的记录数。而采用 HBase 数据库就简单了,只需要增加机器即可,HBase 数据库会自动水平切分扩展,跟

Hadoop 的无缝集成保障了其数据可靠性和海量数据分析的高性能。

使用 HBase 数据库的用户数量迅猛增长,部分原因在于 HBase 数据库产品变得更加可靠和性能更好,更多原因在于越来越多的公司开始投入大量资源来支持和使用它。随着越来越多的商业服务供应商提供支持,用户越发自信地把 HBase 数据库应用于关键应用系统。HBase 数据库的一个设计初衷是用来存储互联网持续更新网页的副本,但其用在互联网相关的其他方面也很适合。例如,从存储个人之间的通信信息,到通信信息分析,HBase 数据库成为脸书、推特等公司的关键基础架构。

HBase 数据库作为常用的大数据存放工具,基本解决三大类场景问题,即平台类(如阿里还有其他内部的日志同步工具 TT、图组件 Titan、日志收集系统 Flume 等)、内容服务类(如购物收藏夹、交易数据、聊天记录等)和信息展示类(如天猫"双十一"大屏、微信短信系统等)。

HBase 并不适合所有场景。首先,确保有足够多的数据,如果有上亿或上千亿行数据,HBase 是很好的选择。如果只有上千或上百万行数据,则用传统的 RDBMS 可能更好。因为如果所有数据只在一两个节点上存储,会导致集群其他节点闲置。其次,确保可以不依赖 RDBMS 的额外特性,例如列数据类型、第二索引、事务、高级查询语言等。最后,确保有足够的硬件。因为 HDFS 在小于 5 个数据节点时基本体现不出优势。

12.4　HBase 数据库模型和系统架构

HBase 数据库是一种专门存放半结构化数据的数据库,它将数据存储在表里,通过表名、行键、列族、列和时间戳访问指定的数据。HBase 数据库不会存储空值数据,极大地节约存储空间。

12.4.1　HBase 数据库的相关概念

HBase 数据库的数据模型也是由一张张的表组成,每一张表里也有数据行和列,但是 HBase 数据库中的行和列和关系数据库的稍有不同。

1. Table(表)

HBase 数据库会将数据组织进一张张的表里。但需要注意的是,表名必须是能用在文件路径里的合法名字,因为 HBase 数据库的表是映射成 HDFS 上面的文件。一个 HBase 数据库中的表由多行组成。

2. Row(行)

在表里面,每一行代表一个数据对象,每一行都是以一个行键(行键)来唯一标识的。HBase 数据库的行里包含一个 Key 和一个或多个包含值的列。行键并没有什么特定的数据类型,以二进制的字节来存储。它只能由一个字段组成,而不能由多个字段组合组成。HBase 数据库对所有行按照行键升序排序,设计行键时,将经常一起读取的行放到一起,因此行键的设计就非常重要。数据的存储目标是相近的数据存储到一起,一种常用的行键的格式就是网站域名。如果行键是域名，应该将域名进行反转（如 org.apache.www、org.apache.mail、org.apache.jira）再存储。这样，所有 apache 域名将会存储在一起，好过基于子域名的首字母分散在各处。

与其他 NoSQL 数据库一样，行键是用来检索记录的主键。访问 HBase 数据库中的表中的行只有三种方式：通过单个行键访问、通过行键的范围扫描、全表扫描。行键可以是任意字符串（最大长度是 64KB，实际应用中长度一般为 10B ～ 100B），在 HBase 数据库内部，行键保存为字节数组。

3. Column（列）

HBase 中的列包含分隔开的列族和列的限定符。

4. Column Family（列族）

列族包含一个或多个相关列，是表的模式的一部分，必须在使用表之前定义。HBase 表中的每个列都归属于某个列族，列都以列族作为前缀，如 anchor：name、anchor：tel 都属于 anchor 这个列族。每一个列族都拥有一系列的存储属性，例如，值是否缓存在内存中，数据是否要压缩，或者它的行键是否要加密等。表格中的每一行拥有相同的列族，尽管一个给定的行可能没有存储任何数据在一个给定的列族中。

每个列族可以存放很多列，每个列族中的列数量可以不同，每行都可以动态地增加和减少列。列是不需要静态定义的，HBase 对列数没有限制，列数可以达到上百万个，但是列族的个数有限制，通常只有几个。在具体实现上，一张表的不同列族是分开独立存放的。HBase 的访问控制、磁盘和内存的使用统计等都是在列族层面进行的。

5. Column Qualifier（列标识符）

列的标识符是列族中数据的索引。例如，给定了一个列族 content，标识符可能是 content：html，也可能是 content.pdf。在创建表格时，列族是确定的，但是列的标识符是动态的，并且行与行之间的差别也可能是非常大的。列族中的数据通过列标识进行映射，这里的"列"也可以理解为一个键值对，Column Qualifier 就是键。列标识也没有特定的数据类型，以二进制字节来存储。

定义 HBase 表时，需要提前设置好列族，表中所有的列都需要组织在列族里。列族一旦确定后就不能轻易修改，因为它会影响到 HBase 真实的物理存储结构，但是列族中的列标识以及其对应的值可以动态增删。表中的每一行都有相同的列族，但不需要每一行的列族里都有一致的列标识和值，所以列族是一种稀疏的表结构，可以在一定程度上避免数据的冗余。

6. Cell（单元格）

单元格是由行、列族、列标识符、值和代表值版本的时间戳组成的。每个 Cell 都保存着同一份数据的多个版本（默认是三个），并按照时间倒序排序，即最新的数据排在最前面。单元数据也没有特定的数据类型，以二进制字节来存储。

7. Timestamp（时间戳）

时间戳是写在值旁边的一个用于区分值的版本的数据。默认情况下，每一个单元中的数据插入时都会用时间戳来进行版本标识。读取单元数据时，如果时间戳没有被指定，则默认返回最新的数据，写入新的单元数据时，如果没有设置时间戳，默认使用当前时间。每一个列族的单元数据的版本数量都被 HBase 单独维护，默认情况下 HBase 保留三个版本数据。

12.4.2　HBase 数据库的逻辑模型

类似于 BigTable，HBase 是一个稀疏、长期存储（硬盘）、多维度和排序的映射表，这张表的索引是行关键字、列关键字和时间戳，HBase 中的数据都是字符串，没有其他类型。

用户在表格中存储数据，每一行都有一个可排序的主键和任意多的列。由于是稀疏存储，同一张表里的每一行数据都可以有截然不同的列。列名字的格式是"＜family＞：＜qualifier＞"，都是由字符串组成的，每一张表有一个列族集合，这个集合是固定不变的，只能通过改变表结构来改变，但是列标识的值相对于每一行来说都是可以改变的。

HBase 把同一个列族里的数据存储在同一个目录下，并且 HBase 的写操作是锁行的，每一行都是一个原子元素，可以加锁。HBase 所有数据库的更新都有一个时间戳标记，每个更新都是一个新的版本，HBase 会保留一定数量的版本，这个值是可以设定的，客户端可以选择获取距离某个时间点最近的版本单元的值，或者一次获取所有版本单元的值。

可以将一个表想象成一个大的映射关系，通过行键、行键+时间戳或行键+列（列族：列修饰符）就可以定位特定数据。HBase 是稀疏存储数据的，其中某些列可以是空白的。

HBase 的逻辑模型如表 12-3 所示。

表 12-3　HBase 的逻辑模型

行　　键	时间戳	列族 anchor	列族 info
"database.software.www"	t4	anchor：tel＝"01012345678"	info：PC＝"100000"
	t3	anchor：name＝"James"	
	t2		info：address＝"BeiJing"
	t1	anchor：name＝"John"	
"c.software.www"	t3		info：address＝"BeiJing"
	t2	anchor：tel＝"01012345678"	
	t1	anchor：name＝"Jmes"	

表 12-3 中有 "database.software.www" 和 "c.software.www" 两行数据，并且有 anchor 和 info 两个列族。在 "database.software.www" 中，列族 anchor 有三条数据，列族 info 有两条数据；在 "c.software.www" 中，列族 anchor 有两条数据，列族 info 有一条

数据。每一条数据对应的时间戳都用数字来表示,编号越大,表示数据越旧,相反表示数据越新。

有时候,也可以把 HBase 看成一个多维度 Map 模型来理解它的数据模型,举例如下。

```
{
    "database.software.www" {
        anchor: {
            t4: anchor:tel = "01012345678"
            t2: anchor:name = "James"
            t1: anchor: name = "John"
        }
        info: {
            t4: info:PC = "100000"
            t2: info:address = "BeiJing"
        }
    }
    "c.software.www": {
        anchor: {
            t2: anchor:tel = "01012345678"
            t1: anchor:name = "James"
        }
        info: {
            t1: info:address = "Beijing"
        }
    }
}
```

一个行键映射一个列族数组,列族数组中的每个列族又映射一个列标识数组,列标识数组中的每一个列标识又映射到一个时间戳数组,里面是不同时间戳映射下不同版本的值,但是默认取最近时间的值,所以可以看成是列标识和它所对应的值的映射。也可以通过 HBase 的 API 去同时获取多个版本的单元数据的值。行键在 HBase 中相当于关系数据库的主键,创建表的时候行键就已经设置好,用户无法指定某个列作为行键。

12.4.3　HBase 数据库的物理模型

虽然从逻辑模型来看,每个表格是由很多行组成的,但是在物理存储方面,它是按照列来保存的。表 12-3 对应的物理模型如表 12-4 所示。

表 12-4　HBase 的物理模型

行　　键	时间戳	列族 anchor	列族 info
"database.software.www"	t1	anchor: name	John
"database.software.www"	t2	info: address	BeiJing

行　　键	时间戳	列族 anchor	列族 info
"database.software.www"	t3	anchor：name	James
"database.software.www"	t4	anchor：tel	01012345678
"database.software.www"	t4	info：PC	100000
"c.software.www"	t1	anchor：name	James
"c.software.www"	t2	anchor：tel	01012345678
"c.software.www"	t3	info：address	BeiJing

需要注意的是,在逻辑模型上,有些列是空白的,这样的列实际上并不会被存储。请求这些空白的单元格时,会返回 null 值。如果查询时不提供时间戳,会返回距离现在最近的那一个版本的数据,因为存储时数据会按照时间戳来排序。

12.4.4　HBase 数据库的特点

严格意义上说,非关系数据库不是一种数据库,而是一种数据结构化存储方法的集合。HBase 作为一种典型的非关系数据库,仅支持单行事务,通过不断增加集群中的节点数据量来增加计算能力,具有以下特点。

(1) 容量巨大。HBase 数据库在纵向和横向上支持大数据量存储,一个表可以有百亿行、百万列。

(2) 面向列。HBase 数据库是面向列(族)的存储和权限控制,列(族)独立检索。列式存储是指其数据在表中按照某列存储,在查询少数几个字段的时候能大大减少读取的数据量。

(3) 稀疏性。HBase 数据库是基于列存储的,不存储值为空的列,因此 HBase 数据库的表是稀疏的,这样可以节省存储空间,增加数据存储量。

(4) 数据多版本。每个单元中的数据可以有多个版本,默认情况下版本号是数据插入时的时间戳,用户可以根据需要查询历史版本数据。

(5) 可扩展性。HBase 数据库数据文件存储在 HDFS 上,由于其具有动态增加节点的特性,因此 HBase 数据库也可以很容易实现集群扩展。

(6) 高可靠性。预写日志(Write Ahead Log,WAL)机制保证了数据写入时不会因集群故障而导致写入数据丢失;HBase 数据库位于 HDFS 上,而 HDFS 也有数据备份功能;同时 HBase 数据库引入了 ZooKeeper,避免 Master 出现单点故障。

(7) 高性能。传统的关系数据库是基于行的,查找时是按行遍历数据,不管某一列数据是否需要,都会进行遍历。而基于列的数据库会单独存放每列,查找一个数量较小的列时,查找速度很快。HBase 采用了读写缓存机制,具有高并发快速读写能力;采用主键定位数据机制,使其查询响应在毫秒级。

(8) 数据类型单一。HBase 中的数据都是字符串,没有其他类型。

12.4.5　HBase 数据库的系统架构

HBase 数据库隶属于 Hadoop 生态系统，采用主从分布式架构，由 Client、ZooKeeper、HMaster、HRegionServer 和 HRegion 组件构成。在底层，它将数据存储在 HDFS 中，系统架构如图 12-3 所示。Client 包含访问 HBase 数据库的接口，ZooKeeper 负责提供稳定可靠的协同服务，HMaster 负责表和 HRegion 的分配工作，HRegionServer 负责 HRegion 的启动和维护，HRegion 响应来自 Client 的请求。

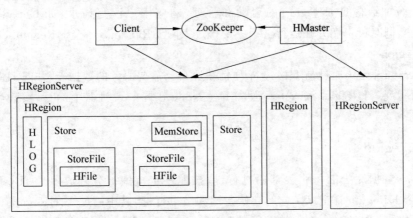

图 12-3　HBase 的系统架构示意

1. Client

Client 包含访问 HBase 数据库的接口，使用 RPC 机制与 HMaster 和 HRegionServer 进行通信，并维护 Cache 来加快对 HBase 数据库的访问，比如 HRegion 的位置信息。与 HMaster 进行通信进行管理表的操作，与 HRegionServer 进行数据读写类操作。

2. ZooKeeper

ZooKeeper 的引入使得 Master 不再是单点故障。通过选举，保证任何时候集群中只有一个处于 Active 状态的 Master，HMaster 和 HRegionServer 启动时会向 ZooKeeper 注册。ZooKeeper 的主要作用如下。

（1）存储所有 HRegion 的寻址入口，完成数据的读写操作。

（2）实时监控 HRegionServer 的上线和下线信息，并通知给 HMaster。

（3）存放整个 HBase 数据库集群的元数据以及集群的状态信息。

3. HMaster

HMaster 是 HBase 数据库集群的主控服务器，负责集群状态的管理维护。HMaster 的作用如下。

（1）管理用户对表的增、删、改、查操作。

（2）为 HRegionServer 分配 HRegion。

（3）管理 HRegionServer 的负载均衡，调整 HRegion 分布。

（4）发现失效的 HRegionServer，并重新分配其上的 HRegion。

（5）当 HRegion 切分后，负责两个新生成 HRegion 的分配。

（6）处理元数据的更新请求。

4. HRegionServer

HRegionServer 是 HBase 数据库集群中具体对外提供服务的进程，主要负责维护 HMaster 分配给它的 HRegion 的启动和管理，响应用户读写请求（如 Get、Scan、Put、Delete 等），同时负责切分在运行过程中变得过大的 HRegion。一个 HRegionServer 包含多个 HRegion。

HRegionServer 通过与 HMaster 通信获取自己需要服务的数据表，并向 HMaster 反馈其运行状况。HRegionServer 一般和 DataNode 在同一台机器上运行，实现数据的本地性。

5. HRegion

HBase 数据库中的每张表都通过行键，按照一定范围被分割成多个 HRengion（子表）。每个 HRegion 都记录了它的起始行键和结束行键，其中第一个 HRegion 的起始行键为空，最后一个 HRegion 的结束行键为空。由于行键是有序的，因而 Client 可以通过 HMaster 快速地定位到行键位于哪个 HRegion 中。

HRegion 负责和 Clicnt 通信，实现数据的读写。HRegion 是 HBase 数据库中分布式存储和负载均衡的最小单元，不同的 HRegion 分布到不同的 HRegionServer 上，每个 HRegion 大小也都不一样。HRegion 虽然是分布式存储的最小单元，但并不是存储的最小单元。HRegion 由一个或多个 Store 组成，每个 Store 保存一个列族，因此一个 HRegion 中有多少个列族就有多少个 Store。多个 Store 又由一个 MemStore 和 0 至多个 StoreFile 组成。MemStore 存储在内存中，一个 StoreFile 对应一个 HFile 文件。HFile 存储在 HDFS 上，在 HFile 中的数据是按行键、列族、列排序，对相同的单元格（即这三个值都一样），则按时间戳倒序排列。

12.5　HBase Shell

在实际应用中，需要经常通过 Shell 命令操作 HBase 数据库。HBase Shell 是 HBase 的命令行工具，使用 HBase Shell，用户不仅可以方便地创建、删除及修改表，还可以向表中添加数据，列出表中的相关信息等。

在任意一个 HBase 节点运行命令 HBase shell，即可进入 HBase 的 Shell 命令行模式。HBase Shell 每个命令的具体用法都可以直接输入查看，如输入 create，就可以看到其用法。

表 12-5 列出了 HBase Shell 的基本命令操作。

表 12-5 HBase Shell 的基本命令

操　作	命令表达式	说　　明
创建表	create 'table_name','family1','family2','familyN'	创建表和列族
添加记录	put 'table_name','rowkey','family：column','value'	向列插入一条数据
查看记录	get 'table_name','rowkey'	查询单条记录,也是 HBase 最常用的命令
查看表中的记录总数	count 'table_name'	这个命令比较慢,且目前没有找到更快的方式统计行数
删除记录	delete 'table_name','rowkey','family_name：column' 或者 deleteall 'table_name','rowkey'	删除一条记录单列的数据 或者 删除整条记录
删除一张表	disable 'table_name' drop 'table_name'	先停用,再删除表
查看所有记录	scan 'table_name', {LIMIT≥10}	LIMIT≥表示只返回 10 条记录,否则将全部显示

以 create(创建表)命令为例。语法格式如下。

```
create <table>,{NAME=> <family>, VERSIONS=> <VERSIONS>}
```

或

```
create <table>, <family>
```

举例如下。

```
create 'scores','course','grade'
create 'scores2', {NAME = > 'course', VERSIONS = > '3'}, {NAME = > 'grade',
VERSIONS=> '3'}
```

其中 NAME 和 VERSIONS 必须大写。

又举例如下。

```
create 'news', {NAME=>'info', VERSIONS=> 3,BLOCKCACHE=>true, BLOOMFILTER
=> 'ROW', COMPRESSION=> 'SNAPPY', TTL=> '259200'}, {SPLITS=>
['1', '2', '3', '4', '5', '6', '7', '8', '9', 'a', 'b', 'c', 'e', 'f']}
```

上述建表语句表示创建一个表名为 news 的表,该表只包含一个列族 info。
该命令中其他部分的含义如下。

(1) VERSIONS,数据版本数。

HBase 数据库的数据模型允许一个调用的数据为带有不同时间戳的多版本数据集,
VERSIONS 参数指定了最多保存几个版本数据,默认为 1。如果保存两个历史版本数据,可以将 VERSIONS 参数设置为 3,再使用以下 Scan 命令即可获取所有历史数据。

```
scan 'news', {VERSIONS=> 3}
```

（2）BLOOMFILTER，布隆过滤器。

优化 HBase 数据库的随机读取性能，可选值为 NONE、ROW 和 ROWCOL，默认为 NONE，该参数可以单独对某个列族启用。启用过滤器，对于 Get 操作以及部分 Scan 操作，可以剔除不会用到的存储文件，减少实际的 I/O 次数，提高随机读性能。Row 类型适用于只根据 Row 进行查找，而 RowCol 类型适用于根据 Row 和 Col 联合查找。

Row 类型适用于以下查找命令：

```
get 'news', 'row1'
```

RowCol 类型适用于：

```
get 'news', 'row1', {COLUMN=> 'info' }
```

对于有随机读的业务，建议开启 Row 类型的过滤器，使用空间换时间，提高随机读性能。

（3）COMPRESSION，数据压缩方式。

HBase 支持多种形式的数据压缩，一方面减少数据存储空间，另一方面降低数据网络传输量，进而提升读取效率。目前，HBase 支持的压缩算法主要有 3 种：GZIP、LZO 和 SNAPPY，其中 SNAPPY 的压缩率最高，且编码速率最高，一般建议使用 SNAPPY 进行数据压缩。

（4）TTL，数据过期时间，单位为秒，默认为永久保存。

对于很多业务来说，有时并不需要永久保存某些数据，永久保存会导致数据量越来越大，消耗存储空间；还会导致查询效率降低。如果设置了过期时间，HBase 压缩时会通过一定的机制检查数据是否过期，过期数据会被删除。用户可以根据具体业务场景设置为一个月或三个月。在示例中，TTL＝＞ '259200'设置了数据过期时间为 3 天（单位为秒）。

（5）BLOCKCACHE，是否开启 BlockCache 缓存（块缓存），默认开启。

（6）SPLITS，HRegion 预分配策略。

通过 HRegion 预分配，数据会被均衡分配到多台机器上，这可以在一定程度上解决热点应用数据量剧增导致系统自动 Split（分裂）引起的性能问题。HBase 数据是按照列键升序排列的，为避免热点数据产生，一般采用哈希分区方式预分配 HRegion。

通过 HBase Shell 的 create、put、get、delete、scan、disable 和 drop 等命令，能够实现 HBase 表数据的增、删、改、查操作。要保存历史数据，必须在建表的同时指定版本数。可以通过使用过滤器来查找指定内容。

【实验与思考】 HBase 列族数据库环境搭建

1. 实验目的

（1）进一步了解列族数据库，了解典型的列族数据库产品 HBase 数据库。

（2）理解行存储与列存储的不同作用与应用场景，了解 HBase 数据库的使用场景。

(3) 了解 HBase 数据库的模型与系统架构,了解 HBase Shell,为开展 HBase 数据库的应用与开发打下良好基础。

2. 工具/准备工作

在开始本实验之前,请认真阅读课程的相关内容。

准备一台带有浏览器,能够访问因特网的计算机。

3. 实验内容与步骤

通过本章的介绍,我们对 HBase 数据库有了一个初步了解。深入学习并掌握 HBase 数据库,需要搭建其运行环境,从事必要的开发实践才能实现。下面来了解 HBase 列族数据库开发应用环境的搭建,如果有条件,可以通过相关的大型课程实践、课程设计等,在实际实验或开发环境中动手操作,深入体验。

HBase 数据库运行环境需要依赖 Hadoop 集群。HBase 数据库引入 ZooKeeper 来管理集群的 Master 节点和入口地址,因此,首先需要安装 Hadoop 环境,然后在集群的部分节点安装 ZooKeeper,在此基础上安装 HBase 数据库的分布式模式并设置,最后将 HBase 数据库集群运行起来。

关闭 Master 节点后观测集群仍能正常运行,这是因为 ZooKeeper 会从 Follower 节点中选择一个节点充当 Leader,以确保整个 HBase 数据库集群正常运行。

(1) Hadoop 的安装。

HBase 数据库运行环境需要依赖 Hadoop 集群,如果 Hadoop 尚未搭建,可以参考 Hadoop 开发的手册资料来安装。在 Apache 官网(https://hadoop.apache.org/releases. html)上下载 Hadoop,如图 12-4 所示。

(2) ZooKeeper 的安装。

HBase 数据库引入 ZooKeeper 来管理集群的 Master 和入口地址。在 ZooKeeper 集群环境下,只要一半以上的机器正常启动了,ZooKeeper 服务就是可用的。因此,在集群上部署 ZooKeeper 最好使用奇数台机器,这样如果有 5 台机器,只要 3 台正常工作,服务就正常了。在目前的实际生产环境中,一个 Hadoop 集群最多有 3 台节点作备用 Master 节点,即并不是所有节点都安装 ZooKeeper。如果以实验为目的,可以在所有节点都安装 ZooKeeper,并作为 Master 节点使用。

① 下载。

在 Apache 官网(https://zookeeper.apache.org/releases.html ♯ download)上下载 ZooKeeper,如图 12-5 所示。

将下载好的 ZooKeeper 文件上传到 Hadoop 集群中的 Master 节点,使用命令 tar -zxvf zookeeper-3.4.5.tar.gz -C /Hadoop/ 将其解压。

② 修改配置文件。

步骤 1:创建文件夹。命令如下。

```
mkdir /hadoop/zookeeper-3.4.5/data/hadoop/zookeeper-3.4.5/log
```

图 12-4　在 Apache 官网下载 Hadoop

步骤 2：修改 zoo.cfg。

进入 ZooKeeper 的 conf 目录修改 zoo.cfg。命令如下。

```
cp zoo_sample.cfg  zoo.cfg
```

修改 zoo.cfg 的内容如下。

```
dataDir=/hadoop/zookeeper-3.4.5/data
dataLogDir=/hadoop/zookeeper-3.4.5/log
server.0=192.168.254.128:2888:3888
server.1=192.168.254.129:2888:3888
server.2=192.168.254.131:2888:3888
```

除了 dataDir 的内容为修改外，其他配置信息均为新增。

步骤 3：创建 myid 文件。

在/hadoop/zookeeper-3.4.5/data 文件夹下创建 myid 文件，将其值修改为 0。需要注意的是，zoo.cfg 中 server 后面的数值必须和"＝"后面 IP 中的 myid 值保持一致，即 IP 为 192.168.149.129 的节点中 myid 的值必须为 1，IP 为 192.168.149.131 的节点中 myid 的值必须为 2。

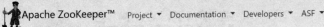

Apache ZooKeeper™ Releases

The Apache ZooKeeper system for distributed coordination is a high-performance service for building distributed applications.

- Download
- Verifying Hashes and Signatures
- Release Notes
- News

Download

Apache ZooKeeper 3.6.2 is our latest stable release.

Apache ZooKeeper 3.6.2

Apache ZooKeeper 3.6.2(asc, sha512)

27 October, 2008: release 3.0.0 available

This release contains many improvements, new features, bug fixes and optimizations.

See the ZooKeeper 3.0.0 Release Notes for details. Alternatively, you can look at the Jira issue log for all releases.

Copyright © 2010-2020 The Apache Software Foundation, Licensed under the Apache License, Version 2.0.
Apache ZooKeeper, ZooKeeper, Apache, the Apache feather logo, and the Apache ZooKeeper project logo are trademarks of The Apache Software Foundation.

图 12-5 在 Apache 官网下载 ZooKeeper

步骤 4：分发到 slave1 和 slave2 节点。命令如下。

```
scp-r /hadoop/zookeeper-3.4.5/slave1:/hadoop/
scp-r /hadoop/zookeeper-3.4.5/slave2://hadoop/
```

同时按照步骤 3 的要求修改 myid 文件对应的值。

③ 修改 3 个节点的环境变量。

在 /etc/profile 的文件末尾添加 export PATH＝＄PATH：/hadoop/zookeeper-3.4.5/bin，并执行命令 source/etc/profile，使配置的环境变量生效。

④ 测试。

在 3 个节点上分别执行命令 zkServer.sh start，启动后可以通过命令 zkServer.sh status 查看 ZooKeeper 的运行状态，其中只能有一个节点充当 Leader，其余所有节点均为 Follower。ZooKeeper 的进程名叫 QuorumPeerMain。例如，了解 Master 节点 ZooKeeper 运行状况，了解 Slave1 节点 ZooKeeper 运行状况，了解 Slave2 节点 ZooKeeper 运行状况，了解 Master 节点 jps 信息，了解 Slave1 节点 jps 信息，了解 Slave2 节点 jps 信息。

（3）HBase 数据库的安装。

可以在 Apache 官网（http://hbase.apache.org/downloads.html）上下载 HBase 数据库，如图 12-6 所示。

① 解压。

将下载好的 HBase 文件上传到 Hadoop 集群中的 Master 节点，使用命令

Downloads

The below table lists mirrored release artifacts and their associated hashes and signatures available ONLY at apache.org. The keys used to sign releases can be found in our published KEYS 🔑 file. See Verify The Integrity Of The Files 🔑 for how to verify your mirrored downloads.

Releases

Version	Release Date	Compatibility Report	Changes	Release Notes	Download	Notices
2.4.0	2020/12/15	2.4.0 vs 2.3.0 🔑	Changes 🔑	Release Notes 🔑	src 🔑 (sha512 🔑 asc 🔑) bin 🔑 (sha512 🔑 asc 🔑) client-bin 🔑 (sha512 🔑 asc 🔑)	
2.3.3	2020/11/02	2.3.2 vs 2.3.3 🔑	Changes 🔑	Release Notes 🔑	src 🔑 (sha512 asc 🔑) bin 🔑 (sha512 🔑 asc 🔑) client-bin 🔑 (sha512 🔑 asc 🔑)	
2.2.6	2020/09/04	2.2.6 vs 2.2.5 🔑	Changes 🔑	Release Notes 🔑	src 🔑 (sha512 🔑 asc 🔑) bin 🔑 (sha512 🔑 asc 🔑) client-bin 🔑 (sha512 🔑 asc 🔑)	*stable release*
1.6.0	2020/03/06	1.5.0 vs 1.6.0 🔑	Changes 🔑	Release Notes 🔑	src 🔑 (sha512 🔑 asc 🔑) bin 🔑 (sha512 🔑 asc 🔑)	
1.4.13	2020/02/29	1.4.12 vs 1.4.13 🔑	Changes 🔑	Release Notes 🔑	src 🔑 (sha 🔑 asc 🔑) bin 🔑 (sha 🔑 asc 🔑)	

Connectors

Version	Release Date	Compatibility Report	Changes	Release Notes	Download	Notices
1.0.0	2019/05/03		Changes 🔑	Release Notes 🔑	src 🔑 (sha512 🔑 asc 🔑) bin 🔑 (sha512 🔑 asc 🔑)	

HBase Operator Tools

Version	Release Date	Compatibility Report	Changes	Release Notes	Download	Notices
1.0.0	2019/09/24		Changes 🔑	Release Notes 🔑	src 🔑 (sha512 🔑 asc 🔑) bin 🔑 (sha512 🔑 asc 🔑)	

If you are looking for an old release that is not present here or on the mirror, check the Apache Archive 🔑.

Last Published: 2021-01-09

Built by: maven

图 12-6　在 Apache 官网下载 HBase 数据库

```
tar -zxvf HBase-1.3.1-bin.tar.gz  -C /Hadoop/
```

将其解压。

　　② 修改 HBase 数据库的配置文件。

　　步骤 1：修改 HBase-env.sh 文件。

　　新增以下 4 项配置。

```
export HBASE_CLASSPATH= /hadoop/hadoop-2.6.5/etc/hadoop
export HBASE_PID_DIR= /var/Hadoop/pids
export JAVA_HOME= /Java/jdk1.8.0_144/
export HBASE_MANAGES_ZK= false
```

　　其中 HBASE_CLASSPATH 是 Hadoop 的配置文件路径,配置 HBASE_PID_DIR

时先创建目录 /var/Hadoop/pids。

一个分布式运行的 HBase 数据库依赖一个 ZooKeeper 集群,所有的节点和客户端都必须能够访问 ZooKeeper。默认的情况下,HBase 数据库会管理一个 ZooKeeper 集群,即 HBase 数据库默认自带一个 ZooKeeper 集群,它会随着 HBase 数据库的启动而启动。而在实际的商业项目中,通常自己管理一个 ZooKeeper 集群更便于优化配置,提高集群工作效率,但需要配置 HBase 数据库。需要修改 conf/HBase-env.sh 里面的 HBASE_MANAGES_ZK 来切换,这个值默认是 true,作用是让 HBase 数据库启动的同时也启动 ZooKeeper。在安装过程中,采用独立运行 ZooKeeper 集群的方式,故将其属性值改为 false。

步骤 2:修改 rcgionservers 文件。

regionservers 文件负责配置 HBase 集群中哪台节点作 RegionServer 服务器,这里规划所有的 Slave 节点均可当作 RegionServer 服务器,故其配置内容如下。

```
slave1
slave2
```

步骤 3:修改 hbase-site.xml 文件。

将 hbase-site.xml 文件内容修改如下。

```
<? xml version= "1.0"? >
<? xml-stylesheet type="text/xsl" href="configuration.xsl"? >
<configuration>
</property>
    <name>hbase.rootdir</name>
    <value>hdfs://192.168.254.128:9000/hbase</value>
</property>
<property>
    <name>hbase.master</name>
    <value>hdfs://192.168.254.128:60000</value>
</property>
<property>
    <name>hbase.zookeeper.property.dataDir</name>
    <value>/hadoop/zookeeper-3.4.5/data</value>
</proper>
<property>
    <name>hbase.cluster.distributed</name>
    <value>true</value>
</property>
<property>
    <name>hbase.zookeeper.quorum</name>
    <value>master,slave1,slave2</value>
</property>
<property>
```

```
    <name>hbase.zookeeper.property.clicntPort</name>
    <value>2181</value>
</property>
<property>
    <name>hbase.master.info.port</name>
        <value>60010</value>
</property>
</configuration>
```

步骤 4：分发到 slave1 和 slave2 节点。

```
scp - r /hadoop/hbase-1.3.1/slave1:/hadoop/
scp - r /Hadoop/hbase-1.3.1/slavc2:/hadoop/
```

③ 修改 3 个节点的环境变量。

在 /etc/profile 文件末尾添加 export PATH= ＄ PATH：/Hadoop/zookeeper-3.4.5/
bin：/hadoophbase -1.3.1-bin.tar.gz/bin,并执行命令 source/etc/profile,使配置的环境变量生效。

④ 测试。

在 Master 节点运行 start-HBase,启动 HBase 集群,可以通过 jps 来查看运行状况。

Master 节点存在 HMaster 进程。

Slave1 和 Slave2 存在 HRegionServer 进程。

通过浏览器访问可以看到整个 HBase 集群的状态。

在 Master 节点使用命令 HBase-daemon.sh stop master,等待一会儿发现 Slave1 成
为 Master,当 HBase 数据库的 Master 节点出现故障后,ZooKeeper 会从备份中自动推选
一个作为 Master 节点。

4. 实验总结

_____

_____

_____

_____

5. 实验评价（教师）

_____

_____

图数据库基础

13.1　图及其元素

　　图是一种数学对象,它主要由顶点和边两部分组成,如图 13-1 所示。

　　图模型还有其他一些特征,如可以为边设置权重。还支持一些操作,如能够对两个图取交集等。从建模的角度来看,这些特征与操作为图数据库的使用者提供了更为丰富的功能。

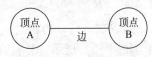

图 13-1　由两个顶点和一条边组成的简单图

13.1.1　顶点

　　顶点也称为节点,是具备独特标识符的实体,用来表示各种事物,例如城市、公司雇员、蛋白质、电路、供水管道枢纽、生态系统中的生物、火车站等。这些事物的共同点就是可以和其他通常也是同类的事物建立联系。例如,城市之间有道路相通;公司雇员之间相互协作;不同蛋白质发生交互作用;不同电路相连;供水管道枢纽之间相连;生态系统中的生物会捕食其他生物,它们同时也是另一些生物的猎物;火车站之间有铁路相连等等。

　　顶点有属性。例如,社交网络中的顶点表示人,每个顶点可以有姓名、地址及生日等属性。与之类似,公路系统中的顶点表示城市,每个顶点具备人口、经纬度、名称等属性,而且都位于某个地理区域之中。

13.1.2　边

　　实体之间的联系或链接用边(又称弧)来表示。某些关系可能比较明显,如城市之间的道路或铁路,而另外一些关系则不那么直白,如蛋白质之间的交互作用关系以及生态系统中各个生物之间的关系。由于顶点和边是一套灵活的结构,因此事物之间的联系,无论是具体的还是抽象的,都适合用这套结构来建模。

　　事物之间的关系,有些是长期的,如连接城市的道路;也有些是短期的,如某人将病菌传染给另外一个人。有些联系是可以观察到的,而另外一些则无法目睹。比如,我们可以看到一条供水管道,却无法用实物来表示公司经理和雇员之间的关系。

与顶点类似,边也可以具备属性。比如,在公路数据库中,所有的边都会有距离、限速及车道数等属性;而在家谱数据库中,边的属性则可以用来表示两人之间的关系是婚姻关系、领养关系还是血缘关系。

边还有一种常见的属性,叫做权重。权重是一个与某关系有关的值。例如,对于表示公路的边来说,权重可以指两个城市之间的距离;在社交网络中,权重可以用来表示两位用户在对方的帖子上撰写评论的频率。一般来说,权重可以用来表示花费、距离或其他指标,它们用于度量由顶点表示的两个对象之间的关系。

边可以分为有向边和无向边。有向边是带有方向的边,用来表示这条边所代表的关系应该如何解读。例如,在家谱图中,边的方向可以表示这条边是由父母指向子女的。不是所有的图模型都必须具备有向边。例如,在公路图中,如果用边来表示双向的交通,这种边就不需要指定方向。

13.1.3 路径

顶点与边可以构建出一些高级结构,如路径。路径是由一些顶点及其之间的边组成的。如图 13-2 所示,图中构成路径的顶点互不相同。

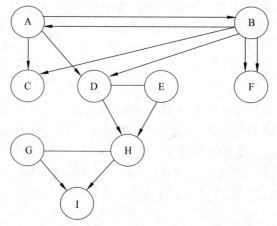

I → H → D → B 可以沿着路径回溯,以寻找每个节点的祖先

图 13-2 图模型中的路径(B、D、H、I 这 4 个顶点以及它们之间的
3 条边合起来构成了由顶点 B 到顶点 I 的路径)

如果图是有向的,这种路径就称为有向路径;如果图是无向的,则称为无向路径。

路径能够承载一些信息,用以描述图模型中的顶点是如何关联的。比如,在家谱图中,只有当某个人与另外一个人可以通过有向路径相连通时,两人之间才具有前辈与后辈的关系。在这种模型里面,从某个人到其祖先的路径只有一条,而在公路图中,两个城市之间的道路则可能会有许多条。

处理图模型时,经常要应对的一个问题就是查找两个顶点之间的最小加权路径。权重表示的可能是使用这条边所需的开销、沿着这条边行走所耗的时间,或是其他一些想要尽力缩减的指标。

13.1.4　自环

环路是一种特殊的路径,有时需要对其进行特别处理。自环是连接某顶点与其自身的一种边,如图 13-3 所示。比如,在生物学的图模型中,蛋白质可以和与其他蛋白质发生相互作用,而某些蛋白质还可以与同类的蛋白质分子相化合,于是就可以用自环来表示这种情况。与有向边类似,自环在某些图模型中也是没有意义的。

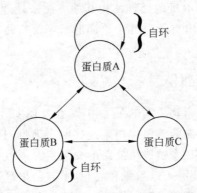

图 13-3　自环是连接顶点与其自身的边

13.2　关系建模与图数据库

随着社交、电商、金融、零售、物联网等行业的快速发展,现实社会织起了一张庞大而复杂的关系网,例如社交网络、欺诈检测、推荐引擎、知识图谱、网络/IT 运营和生命科学等。传统数据库很难处理关系运算,大数据行业需要处理的数据之间的关系随数据量呈几何级数增长,急需一种支持海量复杂数据关系运算的数据库,因此图数据库应运而生。

作为数学的一个分支,图论为构建图数据库及分析实体之间的关系提供了坚实的基础,图论技术对许多数据管理工作都是非常有用的。

13.2.1　什么是图数据库

图数据库并不是指存储图片的数据库,而是以图这种数据结构存储和查询数据。图数据库是一种在线数据库管理系统,具有图数据模型的创建、读取、更新和删除操作。

与其他数据库不同,关系在图数据库中占首要地位。这意味着应用程序不必使用外键或带外处理(如 MapReduce)来推断数据连接。与关系数据库或其他 NoSQL 数据库相比,图数据库的数据模型也更加简单,更具表现力。图数据库是为与事务(OLTP)系统一起使用而构建的,在设计时考虑了事务完整性和操作可用性。

根据存储和处理模型不同,图数据库也有一些区分。比如 Neo4j 属于原生图数据库,它使用的后端存储是专门为 Neo4j 图数据库定制和优化的,理论上说能更有利于发挥图数据库的性能;而 JanusGraph 是将数据存储在其他系统(比如 HBase)上的。

（1）图存储。

一些图数据库使用原生图存储，这类存储经过优化，是专门为了存储和管理图而设计的。也有一些图数据库将图数据序列化，然后保存到关系数据库或面向对象数据库，或其他通用数据存储中。

（2）图处理引擎。

原生图处理（也称为无索引邻接）是处理图数据的最有效方法，因为连接的节点在数据库中物理地指向彼此。非本机图处理使用其他方法来处理 CRUD 操作。CRUD 是计算处理时的增加、读取、更新和删除这几个单词的首字母简写，用来描述软件系统中数据库或持久层的基本操作功能。

13.2.2　对地理位置进行建模

如果把网络系统看成由事物之间的关系构成，会发现生活中到处都是网络，很多网状系统都可以用图来建模。公路与铁路都用来连接两个地点，且它们都长期存在。地理位置可以当作顶点，以表示城市、乡镇或是公路的交叉点。顶点具备名称、纬度和经度等属性。对于乡镇和城市来说，还有人口数量和面积（平方公里）等属性。公路与铁路可以用两个顶点之间的边来建模。它们也有属性，诸如长度、修筑年份和最大车速等。

公路有两种建模方式。一种方式是只用一条边来表示两个城市之间的一条公路，两个方向的道路交通状况都由这一条边来表示。另一种方式则是用两条边来建模，每个方向都对应于其中的一条边（对向车道），这样更适合进行图解。

如果是对两个城市之间的距离及旅行时间进行建模，用一条边就足够了。但如果关注的是公路的详细状况，如方向、车道数、当前正在施工的区域以及发生事故的地段等，那么用两条边来建模会更好。用两条边来表示城市间的某条公路，可以区分出当前的行走方向。这种类型的边叫做有向边。图 13-4 展示了城市及城市间的公路用顶点和边来建模。

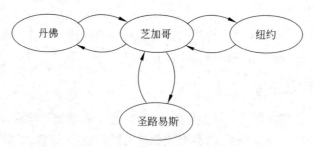

图 13-4　用顶点和边来建模城市及城市间的公路

13.2.3　对传染病进行建模

传染病可以从一个人传染到另一个人，其散布情况适合用图来建模。用顶点表示人，边表示人之间的交互关系，如相互握手或是彼此站得很近。顶点与边都具备一些属性，可以清晰地说明疾病的传播方式，如图 13-5 所示。

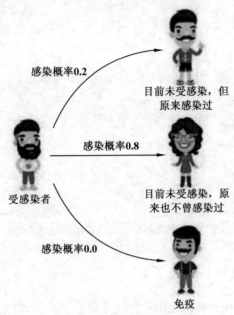

感染概率0.2

目前未受感染，但
原来感染过

感染概率0.8

受感染者

目前未受感染，原
来也不曾感染过

感染概率0.0

免疫

图 13-5　用图来建模疾病的传播方式

模型中的人是有属性的。在传染病模型中，最重要的属性是传染状态，它的取值可能
如下。

（1）目前未受感染且原来也不曾感染过。

（2）目前未受感染但原来感染过。

（3）正在受感染。

（4）免疫。

之所以要记录相关的属性，是因为它们会影响受感染的概率。

传染病模型与铁路或公路的模型有很大区别。从顶点和边的角度来看，那两种模型
都是相对静态的。城市与道路的属性会随着人口的改变与行车事故的发生而有所变化，
传染病的状态图模型也会随着人的接触而改变，但是，后者变化得比前者更加频繁，更加
迅速。

13.2.4　对抽象和具体的实体建模

图很适合为抽象的关系建模。以整体与部分的关系为例，俄勒冈州是美国的一部分，
魁北克省是加拿大的一部分。波特兰市位于俄勒冈州，蒙特利尔市位于魁北克省。这种
层级关系可以建模成一种特殊的图，这种图也叫做树。每一棵树中都有一个特殊的顶点，
叫做根，这个顶点是层级关系的顶端。图 13-6 所示的两棵树分别表示美国和加拿大的行
政体系，它们都描绘了国家级、区域级与地方级的行政实体之间的关系。

树中的每个节点都只能有一个上级顶点（称为父顶点），下级顶点通常称为子顶点。
一个上级顶点可以有多个下级顶点。树可以用来对层级关系进行建模，如描绘组织结构
图，也可以对部分与整体之间的关系进行建模。

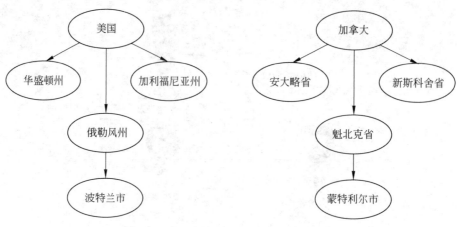

图 13-6 把不同层次的行政结构建模成图

13.2.5 对社交媒体建模

脸书、微信及领英等社交网站使用户之间能够在线互动,这些互动方式扩展了人与人之间的交流渠道。比如点赞(Like),可以用人与帖子之间的关系来为社交媒体的点赞建模。多位用户可能会同时喜欢某一篇帖子,而每位用户也可以为多篇帖子点赞,那些帖子受到赞赏的次数也可能各不相同。

图 13-7 演示了用户与帖子之间的点赞关系图。该图有一项重要特征,就是边只能从用户指向帖子,用户之间或帖子之间没有边(二分图)。

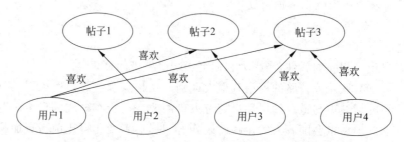

图 13-7 用图来建模社交媒体用户对帖子的点赞操作

13.3 图数据库的优势

图数据库明确表示出实体之间的关系。它用顶点表示实体,用边表示实体之间的链接或联系。在关系数据库中,实体之间的联系会表示成两个实体共享的一种属性值(称为键)。

13.3.1 不执行连接操作的快速查询

在关系数据库中寻找联系或链接,必须执行 join 操作,该操作根据表格里的值来查询另外一张表格中的内容。例如,图 13-8 的学生表格里有很多学生的名字及 ID。学生 ID 出现在课程登记表格里面,表示某位学生选修了某项课程。如果想列出一位学生选修的全部课程,就必须对这两张表格进行连接。频繁地在大型表格之间执行连接操作会花费很长时间。

学生	
123	Jones
278	Brown
789	West

课程登记	
123	Anthro1
123	Bio2
278	Bio2
278	Anthro1
789	German4
789	German4

课程	
Anthro1	人类学导论
Bio2	进化造物学
German4	德语文学

图 13-8 用关系数据库表示学生与课程之间的关系

改用另一种方法把学生及课程之间的关系建模成图,如图 13-9 所示。通过学生与课程之间的边,可以迅速查出某位学生选修的全部课程。用图数据库建模,无须执行连接操作,只需要沿着顶点之间的边查找即可。这样找起来比关系数据库更简单、更快捷。

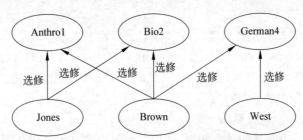

图 13-9 用图数据库表示学生与课程之间的关系

13.3.2 为实体之间的多种关系建模

使用关系数据库时,一般应该从领域中的主实体开始建模。对于社交网络来说,主实体是人和帖子;而对于传染病的传播情况来说,主实体就是人。在针对实体之间的交互关系建模时,情况就变得复杂了。例如,在社交媒体中,多位用户可以喜欢同一篇帖子,而同一位用户也可以喜欢多篇帖子,这样的多对多关系可以用另一张表格来建模。

图数据库可以简化建模过程。由于图模型中可以有各种类型的边,可以明确地表述这些关系,因此无须为多对多的关系创建表格,数据库设计者很容易就对实体间的多种关系进行建模,这尤其适合描述实体间的各种交通方式。例如,运输公司可能会考虑在城市之间开展多种不同的运输业务,也就是公路运输、铁路运输和航空运输。每种运输线路都有不同的属性,诸如送货时间、成本及政府管制程度等。图 13-10 所示为在图数据库中为多种类型的关系进行建模。

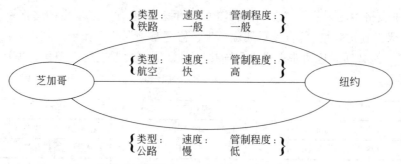

图 13-10 在图数据库中为多种类型的关系进行建模

13.4 图 的 操 作

数学家和计算机专家研发出丰富的算法,对图模型进行操作。可以把许多领域中的问题都表示为图模型,并针对这些模型运用一些通用的算法。于是,图模型就成了在NoSQL 数据库中描述数据的一种有力方式。图数据库也支持常见的操作,如插入、读取、更新以及删除数据。此外,图数据库也有一套自己擅长的操作,它尤其适合用来沿着路径遍历图中的各顶点,以及在顶点之间的关系中探查反复出现的模式。

13.4.1 图的并集

两张图的并集是指由各自的顶点及边合起来构成的集合。如图 13-11 所示,假设有两张图:图(A)有 1、2、3、4 这 4 个顶点,并且有(1,2)、(1,3)及(1,4)这 3 条边;图(B)有1、4、5、6 这 4 个顶点,并且有(1,4)、(4,5)、(4,6)及(5,6)这 4 条边。

A 与 B 的并集就是由图(A)的顶点及边与图(B)的顶点及边合起来构成的集合。合并之后的顶点是 1、2、3、4、5、6,合并之后的边是 {1,2}、{1,3}、{1,4}、{4,5}、{4,6}、{5,6}。由于两张图中的某些顶点相同,所以它们可以合并为一张图,如图 13-12 所示。

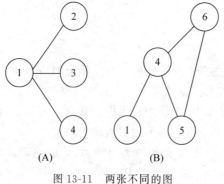

图 13-11 两张不同的图

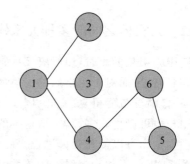

图 13-12 图(A)与图(B)合并后的图

13.4.2 图的交集

两张图的交集是指由两张图均包含的那些顶点及边构成的集合。以前面的图(A)和图(B)为例,这两张图的交集包含 1 和 4 这两个顶点,也包含(1,4)这条边,如图 13-13 所示。

13.4.3　图的遍历

　　图的遍历是以某种特定方式访问图中的全部顶点的过程,如图 13-14 所示。执行遍历,一般是为了设置或读取图中的某些属性。比如,可以把自己想去的城市建模成一张图,顶点表示城市,边表示道路。从自己所住的城市出发,在所有与该城相连的边中找到长度最短的一条边,然后沿着那条路行进到图中的下一个城市。

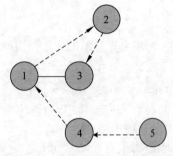

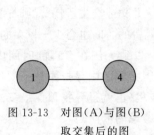

图 13-13　对图(A)与图(B)
取交集后的图

图 13-14　图的遍历是指访问图中
全部顶点的过程

　　参观完那个城市之后,再驶往第三个城市。第三个城市应该是与第二个城市距离最短,且尚未去过的城市。比如,在与第二个城市相邻的那些城市中,自己原来所住的城市是距离最近的,但由于本来就是从该城出发,因此并不会返回那里,而是要在还没去过的城市中选出与第二个城市距离最近的地方。按照这种方式前行,就可以遍访自己想去的每一个城市了。

13.5　图和节点的属性

　　对图进行对比和分析的时候,图与节点的很多属性有助于对图进行对比,也有助于在图中寻找特别值得关注的顶点。

13.5.1　同构性

　　如果某张图里的每个顶点都与另一张图中的顶点一一对应,且每一对顶点之间的每条边也都与另一张图中相应顶点之间的边一一对应,那么这两张图就是同构的,如图 13-15 所示。

　　如果要在一系列的图模型中探寻某些模式,就要特别注意图的同构性。在庞大的社交网络图中,可以发现一些反复出现的模式,这些模式可能具有值得关注的属性。例如,在商务社交网络中,可以通过检查用户之间的链接来发现彼此有业务往来的人。

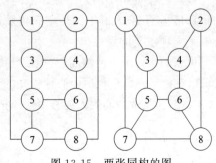

图 13-15　两张同构的图

传染病学科也会使用图模型来分析数据。可以把某座城市中的人以及这些人之间的联系情况制成图模型,这样就有可能收集到一些数据,通过这些数据可以找到在任意时间点患流感的人。然后,可能想要去分析疾病的传播速度。

可以看出,流感病毒在某些人群中的传播速度比在另外一些人群中要快。这可能是因为人群的特征而导致的,也有可能是因为这些人群表现出某种能够影响疾病传播速度的交互模式。如果传染病学者可以辨识出与传染速度有关的模式,就可以找出还有哪些人也具备类似的交互模式,从而对那些人采取干预等措施,以防止疾病继续传播。

13.5.2 阶与尺寸

阶与尺寸用来衡量图的大小。图的顶点数量称为阶,图的边数称为尺寸。图的阶和尺寸会影响完成某些操作所需的时间及空间。对较小的图取并集或交集所耗费的时间显然要少于较大的图。此外,还不难看出,对较小的图进行遍历耗费的时间也会少于较大的图。

有些问题看上去很简单,但很快就会变得复杂起来,以致无法在合理的时间内解决。例如,团。团是指图中彼此互连的一组顶点。想在一张庞大的图中寻找团是不太现实的。

在社交网络中寻找一个所有人都彼此相识的最大子集(也就是寻找顶点最多的团)是一项艰巨的任务。对图进行处理并执行操作的时候,要考虑图的阶与尺寸,这会影响完成操作的时间。

13.5.3 度数

与某顶点相连的边数叫做该顶点的度数,它可以用来衡量该点在图中的重要程度。与度数高的顶点直接相连的顶点数要多于与度数低的顶点直接相连的顶点数。解决网络中的信息传播或属性处理等问题时,度数是一个很重要的概念。

例如,某人若是经常与家人及朋友见面,此人就具备较高的度数。如果患了流感,就不难想见其朋友和家人也可能会受到感染,进而会把病菌传播给这个社交圈之外的人。一个人与他人接触得越频繁,患病之后传染的人也就越多。

另一个例子是飞机因为恶劣天气而延误。如果像芝加哥或亚特兰大这种度数比较高的机场发生延误,就会发生连锁反应,导致其他很多机场也一起延误。

13.5.4 接近中心性

顶点的接近中心性是指该顶点与图中其他顶点之间距离的远近。在探寻社交网络中的信息传播情况、人群中的传染病传播情况,或是配销网络中的物料流动情况时,接近中心性是一项重要的属性。

顶点的接近中心性越高,它把信息传播给网络中其他顶点的速度就越快。比如,销售人员可以在社交网络里找出中心性较高的人,并请他来帮助推广某种新产品。与处在网络边缘的人相比,接近中心的人能够更快地把销售人员投放的产品传播给网络里的其他人。

13.5.5 中介性

中介性用来衡量某个顶点是否容易成为图模型中的瓶颈。假设某座城市内有很多道路,但是有一条河穿过该城,且河上只有一座桥,如图 13-16 所示。

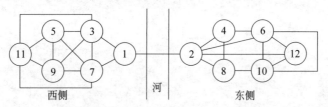

图 13-16　中介性有助于发现图中的瓶颈

从网络中可以看出,城市西侧的顶点间有很多条道路或路径相连,而城市东侧的顶点与之类似,其间也有多条路径相通。可是东西两侧之间却只有一条边,也就是连接顶点 1 和顶点 2 的那条边。这样,顶点 1 和顶点 2 就具备较高的中介性,因为它们构成了图中的瓶颈。

中介性有助于发现网络中潜在的薄弱环节。假如某个待建的配销网络中只有一座桥,就不会构建这样的网络,因为这座桥一旦受损或是交通中断,将会导致整个网络都无法把物料输送到各个顶点。

13.6　图 的 类 型

图可以对许多领域中的结构与流程进行建模。有时图用来表示人或城市等实体之间的关系,在另一些场合则可以用来描述物料或物件在系统中的流动情况,如城市供水系统中的水流状况,或是公路运输系统中的货车状况等。图可以同时具备某一种图或某几种图所特有的性质,比如可以创建有向加权图。

13.6.1　无向图和有向图

无向图是指边不具备方向的图。这种图适合对不需要区分方向的关系或流程进行建模。比如,可以用无向的边来表示两人之间的家庭关系。

有向图是指边具备方向的图。父母和子女之间的关系可以用有向的边来描述。

有时可能会出现一张图里某些边有向,而某些边无向的情况。例如,对公司员工建模时,用来描述雇员向经理报告工作的那种边就是有向边,用来描述同事之间相互协作的边则是无向边。可以用两条方向相对的有向边来表示无向边,并据此安排相应的顶点,以便对这些边进行汇聚。

13.6.2　网络流

网络流是每条边都有容量,且每个顶点都有一组流入边和流出边的有向图。流入边的总容量不能大于流出边的总容量。有两种顶点不受这条规则的限制,一种叫做源点,另一种叫做汇点。源点没有输入,只有输出。汇点没有输出,只有输入。

网络流有时也称为运输网络(见图 13-17)。图数据库既可以对道路系统或运输系统等流动网络进行建模,又可以用来描述持续进行的流程。比如,它能够对排水系统进行建模。这种系统的源点是雨水,汇点是河道,系统中的各条沟渠会把雨水引入河道之中。

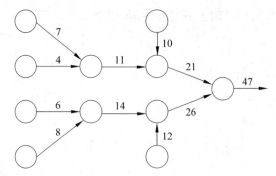

图 13-17　网络流能够收集与各条边的容量有关的信息

13.6.3　二分图

二分图或称偶图,是指具备两组不同的顶点且每组内的顶点都只能与另一组内的顶点相连接的图,如图 13-18 所示。

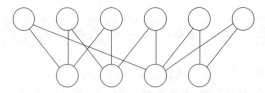

图 13-18　二分图是由两组顶点构成的

不同类型的对象之间具备的关系适合用二分图来建模。例如,其中一组顶点可以表示公司,而另一组顶点则可以表示人员,人员与公司之间的边表示某人就职于某公司。其他一些关系也可以用二分图来建模,如老师与学生、成员与群组以及车厢与火车等。

13.6.4　多重图

多重图是指顶点之间有多条边的图,如图 13-19 所示。例如城市之间的多条边分别代表多种不同的运输方式,如公路运输、铁路运输或航空运输等。每条边都有自己的属性,如在两座城市之间运送货物所花的时间以及每公里的运费等。

图 13-19　多重图表示顶点之间的多种关系

13.6.5　加权图与 Dijkstra 算法

加权图是每条边都带有数字的图。此数字可以表示这条边的开销、容量或其他指标。加权图通常用于解决优化问题,如寻找两个顶点之间的最短路径等。

有一种寻找最短路径的方法叫做 Dijkstra 算法,该算法是由一位对软件设计有知名贡献的荷兰科学家艾兹赫尔·戴克斯特拉创立的。Dijkstra 算法对于传送网络数据包或寻找最优运输路线来说是个较理想的算法。

Dijkstra 算法耗费的时间取决于顶点数的平方,其执行时间与网络中顶点数量的平方成正比。当顶点数量变多后,算法的执行时间也会大幅度增加。因此,它属于那种可以通过控制数据规模来进行优化的算法。

13.7 Neo4j 图数据库

Neo4j 是用 Java 语言实现的开源图数据库,其 Logo 如图 13-20 所示。自 2003 年开始开发,直到 2007 年正式发布第一版,并托管于 GitHub(一个面向开源及私有软件项目的托管平台)上。

Neo4j 支持 ACID、集群、备份和故障转移。Neo4j 分为社区版和企业版,社区版只支持单机部署,功能受限。企业版支持主从复制和读写分离,包含可视化管理工具。

根据 DB-Engines 最新发布的图数据库排名,Neo4j 以大幅领先的优势排在第一位。

13.7.1 了解 Cypher 图查询语言

Cypher 是 Neo4j 的图形查询语言,允许用户存储和检索图形数据库中的数据。例如,图 13-21 为一组好友关系图。为查找 Joe 的所有二度好友,查询语句如下。

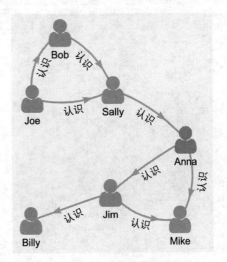

图 13-21　好友关系图

图 13-20　Neo4j 图数据库 Logo

```
MATCH
  (person:Person)-[:KNOWS]-(friend:Person)-[:KNOWS]-
  (foaf:Person)
WHERE
  person.name = "Joe"
```

```
AND NOT (person)-[:KNOWS]-(foaf)
RETURN
  foaf
```

Joe 认识 Sally，Sally 认识 Anna。Bob 被排除在结果之外，因为除了通过 Sally 成为二级朋友之外，他还是一级朋友。

图数据库应对的是当今一个宏观的商业世界的大趋势：凭借高度关联、复杂的动态数据获得洞察力和竞争优势。国内越来越多的公司开始进入图数据库领域，研发自己的图数据库系统。对于任何达到一定规模或价值的数据，图数据库都是呈现和查询这些关系数据的最好方式。而理解和分析这些图的能力将成为企业未来最核心的竞争力。

13.7.2　Neo4j 的两种模式

Neo4j 基于 Java 语言开发，最开始只是针对 Java 领域，以嵌入式模式发布的。所以在嵌入式模式中，Java 应用程序可以很方便地通过 API 访问 Neo4j 数据库，Neo4j 就相当于一个嵌入式数据库。随着 Neo4j 的慢慢普及，其应用范围开始涉及一些非 JVM(Java Virtual Machine，Java 虚拟机)语言，为了支持这些非 JVM 语言也能使用 Neo4j，发布了服务器模式。在服务器模式下，Neo4j 数据库以自己的进程运行，客户端通过专用 HTTP 和 REST API 进行数据库调用(图 13-22)。

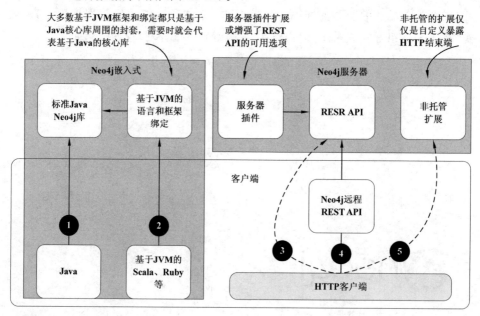

① 直接使用本机的嵌入式 Neo4j API

② 与通过特定的嵌入式 Neo4j 框架/绑定获得的 Neo4j 交互

③ 直接使用核心 Neo4j HTTP REST API

④ 通过一个支持的远程 REST 客户端 API 交互

④ 通过 Neo4j 非托管扩展交互自定义暴露 HTTP 结束端

图 13-22　两种模式下对数据库访问的方式

在嵌入式模式中,任何能够在 JVM 中运行的客户端代码都能在 Neo4j 中使用。可以以纯 Java 客户端直接使用嵌入式模式,就是直接使用核心 Neo4j 库。

在服务器模式中,客户端代码通过 HTTP 协议,尤其是通过明确定义的 REST API 与 Neo4j 服务器交互。

【作 业】

1. 社交网络织起一张庞大而复杂的关系网,传统数据库很难处理其中的关系运算,大数据时代急需一种支持海量复杂数据关系运算的数据库,( )应运而生。

A. 图数据库 　　　B. 关系数据库 　　　C. 键值数据库 　　　D. 网络数据库

2. 作为数学的一个分支,( )为构建图数据库及分析实体之间的关系提供了坚实的基础。

A. 可视化图 　　　B. 机器语言 　　　C. 离散数学 　　　D. 图论

3. 图是一种数学对象,它由( )两部分组成。

A. 圆心和半径 　　　B. 直径和周长 　　　C. 顶点和边 　　　D. 等边三角形

4. 顶点用来表示各种事物,这些事物有个共同点,就是可以和其他事物( )。

A. 明确界限 　　　B. 建立联系 　　　C. 集合运算 　　　D. 同一模式

5. 图数据库是指以图这种( )存储和查询数据。

A. 彩色图片 　　　B. 运行模式 　　　C. 程序模块 　　　D. 数据结构

6. 若采用图数据库进行建模,则无须执行( )操作,只要沿着顶点之间的边查找即可。

A. 乘法 　　　B. 减法 　　　C. 连接 　　　D. 合并

7. 通过顶点与边可以构建出高级结构( ),它由一些顶点及这些顶点之间的边组成。

A. 路径 　　　B. 数组 　　　C. 函数 　　　D. 集合

8. 两张图的( )是指由各自的顶点及边合起来所构成的集合。

A. 路径 　　　B. 并集 　　　C. 交集 　　　D. 遍历

9. 两张图的( )是指由两张图均包含的那些顶点及边所构成的集合。

A. 路径 　　　B. 并集 　　　C. 交集 　　　D. 遍历

10. 图的( )是以某种特定方式对图中的全部顶点进行访问的过程。

A. 路径 　　　B. 并集 　　　C. 交集 　　　D. 遍历

11. 如果某张图里的每个顶点都与另一张图中的顶点一一对应,且每一对顶点之间的每条边也都与另一张图中相应顶点之间的边一一对应,那么这两张图就是( )的。

A. 相交 　　　B. 同构 　　　C. 异构 　　　D. 相斥

12. 阶与尺寸用来衡量图的大小。图的顶点数量称为( ),图的边数称为( )。

A. 阶,尺寸 　　　B. 尺寸,阶 　　　C. 顶数,边数 　　　D. 素数,质数

13. 与某顶点相连的边数叫做该顶点的( ),这项指标可以用来衡量该点在图中的重要程度。

  A. 要素   B. 尺寸   C. 度数   D. 大小

14. 顶点的( )是指该顶点与图中其他顶点之间距离的远近。

  A. 形态   B. 距离权重   C. 差距   D. 接近中心性

15. ( )用来衡量某个顶点是否容易成为图模型中的瓶颈,它有助于发现网络中潜在的薄弱环节。

  A. 重要性   B. 权重   C. 中介性   D. 接近中心性

16. ( )是每条边都有容量,且每个顶点都有一组流入边和流出边的有向图。

  A. 信息流   B. 网络流   C. 数据流   D. 二分图

17. ( )是指具备两组不同的顶点且每组内的顶点都只能与另一组内的顶点相连接的图。

  A. 信息流   B. 网络流   C. 数据流   D. 二分图

18. 一种寻找最短路径的办法叫做( )算法,它对于传送网络数据包或寻找最优运输路线来说是个较理想的算法。

  A. 蚁群   B. Dijkstra   C. 二分   D. Python

19. 说出至少三种可以用顶点来建模的实体。

答:_____

_____

_____

_____

20. 说出至少三种可以用边来建模的实体。

答:_____

_____

_____

_____

21. 举例说明由部分与整体之间的关系构成的分层体系。

答:_____

_____

22. 图数据库是如何避免连接操作的?

答:_____

_____

23. 表示用户对帖子点赞的那套模型与本章所举的其他模型相比有什么区别?

答:_____

_____

24. 举例说明何时应该使用有向图。

答:_____

_____

【实验与思考】　安装和了解 Neo4j 图数据库

1. 实验目的

(1) 熟悉图的定义、作用及其元素。

(2) 熟悉关系的建模,了解图数据库及其表达与分析的优势。

(3) 掌握对图的操作方法。

(4) 熟悉图与节点的属性,熟悉图的类型。

(5) 通过网络搜索了解 Neo4j 图数据库,掌握下载安装 Neo4j 数据库的方法,初步理解 Neo4j 应用。

2. 工具/准备工作

在开始本实验之前,请认真阅读课程的相关内容。

准备一台带有浏览器,能够访问因特网的计算机。

3. 实验内容与步骤

(1) 说出图数据库的 2 种用途。

① _____

_____

② _____

_____

(2) 说出 2 条采用图数据库来开发应用程序的理由。

① _____

_____

_____

② _____

_____

(3) 请通过网络搜索,记录至少 3 例图数据库(例如 Neo4j)应用案例。

① _____

_____

② _____

_____

_____

③ _____

_____

_____

（4）在 Windows 环境下安装 Neo4j。

登录 Neo4j 官网（https：//neo4j.com），主界面如图 13-23 所示。

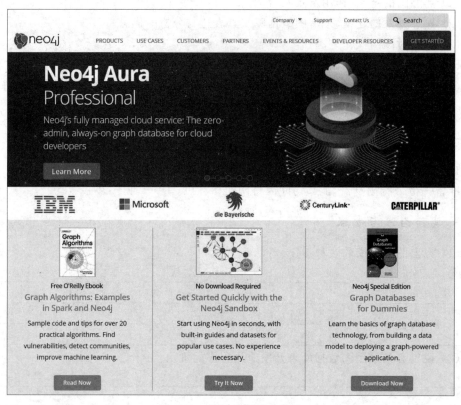

图 13-23　Neo4j 官网主界面

在屏幕上方菜单中选择 Products（产品）→Download Center（下载中心），屏幕显示下载选项如图 13-24 所示。单击右侧的 Neo4j 4.2.2（zip）按钮，选择下载压缩安装包。系统进一步提示内容如下："本网站使用 Cookie。我们使用 Cookie 为您提供更好的浏览体验，分析网站流量、个性化内容并投放有针对性的广告。请在 Cookie 设置中了解我们如何使用 Cookie 以及如何控制它们。请您同意通过 Cookie 使用我们的网站。"

对此，应单击 Accept Cookies 按钮。

继续浏览屏幕，记录以下信息。

免费试用期：_____

_____

比 SQL 快 1000 倍：_____

_____

克服 SQL 痛苦：_____

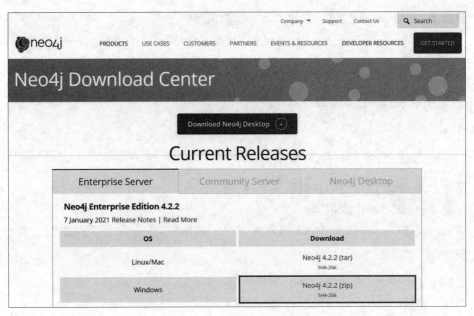

图 13-24 下载 Neo4j 安装包

敏捷扩展：_____

Gartner 评级：_____

在屏幕上填写相应表格，认证后继续下载文件，解压缩，运行安装文件，完成系统安装和设置。

（5）Neo4j 应用实践——阅读理解。

Neo4j 主要是通过核心 API 来实现对图数据的增加、读取、更新和删除操作。比如想创建图 13-25 所示的图谱关系，3 个 User 节点和 3 个 Movie 节点都有不同的属性，其中 User 节点和 Movie 节点间的 HAS_SEEN 关系还具有以下属性：用户对电影的评分打的星级。

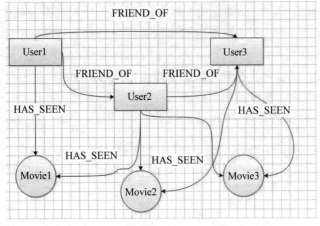

图 13-25 图谱关系

步骤 1：创建 maven 工程，并导入 Neo4j 的依赖。

```xml
<dependencies>
    <dependency>
        <groupId>org.neo4j</groupId>
        <artifactId>neo4j</artifactId>
        <version>3.5.0</version>
    </dependency>
</dependencies>
```

其中的 version 填对应的数据库版本。

步骤 2：创建 Neo4j 数据库。

通过 GraphDatabaseService 实例获取 Neo4j 数据库，传入数据库存放的位置，代码如下。

```
String dbPath = "dataBase/graphDb";
GraphDatabaseService graphDb = new GraphDatabaseFactory()
.newEmbeddedDatabase(new File(dbPath));
```

如果是一个已经存在的数据库，就使用该数据库，如果该位置没有数据库，则创建一个空的数据库。

步骤 3：启动事务。

```
try (Transaction tx = graphDb.beginTx())
{
    // commit transaction
    tx.success();
}
```

以上代码使用了 Java 7 的 try-with-source 语句，创建一个新的事务并定义一个事务将会使用的代码块。任何与数据库交互和在块内执行的语句将会在同一个事务中运行。

在 try 块末尾对 success 方法的调用表示当一个事务结束时应该有一个提交。代码结束时事务完成，然后 Neo4j 会确保这个事务的提交，如果对数据库操作时出现意外的情况，将不调用 success 方法，事务结束时将回滚到原来的状态。Neo4j 涉及是否提交或回滚的决策逻辑基于前面是否调用了 success 或 faliure 方法，如果想显示回滚一个事务，可以调用 failure 方法，则事务将在程序块结束做无条件的回滚。

步骤 4：图谱创建及遍历。

首先定义节点标签类型，代码如下。

```java
public enum SocialNetworkLabel implements Label
{
    USER,
    MOVIE
}
```

定义关系类型的代码如下。

```
public enum SocialNetworkRelationshipType implements RelationshipType
{
    FRIEND_OF,
    HAS_SEEN
}
```

创建节点并设置属性的代码如下。

```
Node xiaoming = graphDb.createNode(SocialNetworkLabel.USER);
xiaoming.setProperty("name", "xiaoming");
xiaoming.setProperty("age", 21);
```

创建关系并设置关系属性的代码如下。

```
Relationship r1 = xiaoming.createRelationshipTo(titanic,
SocialNetworkRelationshipType.HAS_SEEN);
r1.setProperty("stars", 5);
```

要获取节点,一般有两种方式,通过节点 ID 的代码如下。

```
graphDb.getNodeById(0);
```

或者通过遍历获取所有节点,然后过滤。代码如下。

```
Node hitUser = null;
for(Node node : graphDb.getAllNodes())
{
    if(node.getProperty("name").equals("xiaoming"))
    {
        hitUser = node;
        break;
    }
}
```

要获取小明(xiaoming)没看过,但是他的朋友看过且都评价为五星的电影,怎么对图数据库进行遍历呢?

遍历的方法可以有 3 种,即循环遍历、调 Neo4j 的 API 遍历和通过 Cypher 语句遍历,3 种方法遍历的结果自然是一样的。下面简单看一下其中的循环遍历,代码如下。

```
Set<Node> recommendMoviesByFriends = new HashSet<>();
for(Relationship r : hitUser.getRelationships(SocialNetworkRelationshipType.
FRIEND_OF))
{
    Node node = r.getOtherNode(hitUser);
    for(Relationship i : node.getRelationships
(SocialNetworkRelationshipType.HAS_SEEN))
    {
```

```
        if(i.getProperty("stars").equals(5))
        {
            recommendMoviesByFriends.add(i.getEndNode());
        }
    }
}
Set<Node> recommendResult = new HashSet <>();
for(Node movie:recommendMoviesByFriends)
{
    boolean newMovie = true;
    for(Relationship j : movie.getRelationships
(SocialNetworkRelationshipType.HAS_SEEN))
    {
        if(j.getStartNode().equals(hitUser))
        {
            newMovie = false;
        }
        if(newMovie)
        {
            recommendResult.add(movie);
            System.out.println(movie.getProperty("name"));
        }
    }
}
```

3 种方法遍历的结果都是一样的，如下所示。

Recomend Movie: ShawShank

Recomend Movie: ForrestGump

请仔细阅读"Neoj4 应用实践"的相关步骤，了解图数据库软件的应用方法，并记录阅读体会。

答：_____

_____

_____

4. 实验总结

_____

_____

_____

5. 实验评价(教师)

_____

_____

_____

图数据库设计

14.1 设计图模型

在数据库的设计方式上,各种 NoSQL 数据库有一项共同特征,就是设计 NoSQL 数据库模型时,开发者会从用户对数据的查询方式及分析方式入手。图数据库适用于很多种应用程序,开发者可以从用户需要在数据库上执行的查询出发,来确定待建模的实体以及实体之间的关系,可以采用有向边和无向边来表达关系的不同类型。图数据库支持声明式的查询语言和基于遍历算法的查询语言。开发者应该尽量利用索引等优化机制来改善对图数据库执行操作时的总体性能。如果可以用实体及实体之间的关系来轻松描述某个领域,那么该领域内的问题就非常适合用图数据库来解决。

使用图数据库的应用程序会频繁地执行涉及下列问题的查询与分析操作。

(1) 确定两个实体之间的关系。

(2) 确定与某顶点相连的各条边所具备的共同属性。

(3) 针对与某顶点相连的各条边所具备的属性进行计算与汇总。

(4) 针对某些顶点的值进行计算与汇总。

举例如下。

(1) 从顶点 A 到顶点 B 需要跳转多少次(从顶点 A 到顶点 B 需要经过几条边)?

(2) 在顶点 A 与顶点 B 之间的各条边中,有多少条边的使用成本小于 100?

(3) 有多少条边与顶点 A 相连?

(4) 顶点 B 的接近中心性指标是多少?

(5) 顶点 C 是不是图中的瓶颈?

这些查询所用的表述方式相当抽象,不太注重对特定属性进行筛选,也不太强调对某一组实体的相关数值进行汇总,这一点与使用文档数据库及列族数据库时所用的查询不一样。例如,使用列族数据库时,可能会选出东北地区的客户上个月所下的全部订单,并对这些订单的金额进行汇总,而在使用图数据库时,很少用这样的查询。尽管图数据库也能完成那些查询,但它们无法发挥图数据库的灵活性,也无法利用图数据库在查询方面的一些特性。

14.1.1 描述社交网络的图数据库

假设现在要创建一个针对 NoSQL 数据库开发者的社交网站，为 NoSQL 开发社区提供支持，使开发者可以在这个平台上分享开发技巧、询问技术问题，并与研究同类问题的其他开发者保持联系。开发者可以执行以下操作。

（1）进入该网站，离开该网站。

（2）关注其他开发者所发布的文章。

（3）向具备某种专业知识的其他开发者提问。

（4）请求网站根据自己与其他开发者之间的共同兴趣来提供一些新的交友建议。

（5）查看各位开发者的等级。等级是根据朋友数量、文章数量以及回答数量来评定的。

先从开发者和帖子这两个实体开始设计一套简单的模型，稍后再添加其他内容。每次只关注少量几个实体，并将它们之间的关系及各自的属性拟定出来，这样会使模型的设计过程更顺畅一些。

开发者实体的属性如下。

（1）姓名。

（2）地点。

（3）使用的 NoSQL 数据库。

（4）具有多少年 NoSQL 数据库开发经验。

（5）感兴趣的领域（如数据建模、性能优化及安全等）。

开发者在网站注册的时候，需要提供上述信息。帖子本身也具备一些属性，举例如下。

（1）创建日期。

（2）主题关键字。

（3）帖子的类型（如提问帖、技巧帖、新闻帖等）。

（4）标题。

（5）正文。

应用程序会自动把创建日期及主题关键字设置好，其他一些属性则需要由发布信息的用户来填写。接下来考虑实体之间的关系。一种实体可能与其他实体之间具备一种或多种关系。由于现在一共有两种实体，因此实体之间的关系可以有以下 4 种组合。

（1）开发者与开发者之间的关系。

（2）开发者与帖子之间的关系。

（3）帖子与开发者之间的关系。

（4）帖子与帖子之间的关系。

设计图数据库时，首先要把这些关系找出来，然后再确定它们的具体含义。

在这套简单模型中，开发者之间的关系只有一种，就是"关注"，如图 14-1 所示。如果 Robert 关注了 Andrea，那么 Robert 登录 NoSQL 社交网站后就可以看到 Andrea 发表的全部文章。网站设计者考虑，如果某人关注了另一个人，那么他或许还对那个人所关注的其他人感兴趣。也就是说，如果 Robert 关注了 Andrea，而 Andrea 又关注了 Charles，那么 Robert 也应该能看到 Charles 发布的帖子。

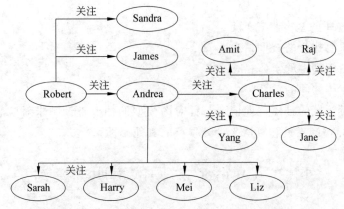

图 14-1　NoSQL 开发者社交网站中各位用户之间的关注关系

实体类型比较少的时候，最好把这些实体间可能具备的每一种关系都列出来，这样可以防止刚开始设计模型的时候就漏掉某一组关系。有一些组合形式或许与用户发出的查询类型无关，可以从列表中删掉。实体类型逐渐增多后，就应该着重关注那些有助于实现查询请求的关系了。

设计者现在并不需要把向 Robert 展示帖子时的路径深度确定下来，因为图数据库的特性使我们只需对查询做出少许更改就可以轻松地改变应用程序的功能，而不需要变动底层模型。

开发者与帖子之间的关系是"创建"，而反向关系则是"帖子是'由开发者所创建'的"。这一对关系可以用以下两种方式来建模。

（1）用从开发者顶点指向帖子顶点的有向边来表示"创建"的关系，用从帖子顶点指向开发者顶点的有向边来表示"由开发者所创建"的关系。

（2）由于创建关系本身总是隐含着反向关系，因此可以只用一条边（可能是无向边）来代替两条有向边。

14.1.2　用查询请求引领模型设计

创建由帖子指向开发者的边，实际相当于实现了二者之间的直接连接。图数据库的设计者在从相关的实体获取数据时，之所以无须执行连接操作，就在于这两个实体本身已经通过边连接起来了。沿着顶点之间的边来获取数据是一项简单而迅速的操作，可以沿着一条很长的路径走下去，也可以在各顶点之间的多条路径上面游走，这都不会影响程序的性能。

图数据库的一项强大建模特性在于能够创建不同类型的关系。例如，帖子与帖子之间的关系看似没有太大用处，因为一篇帖子并不能创建其他帖子。但是，某篇文章可能是为了回应另一篇文章而撰写的，这种关系对于问答帖来说尤为有用。

设计图数据库时，应该从针对该领域的具体查询入手，并最终把这些针对领域的具体查询与针对图模型的抽象查询对应起来。抽象查询中会提到顶点、边以及接近中心性和中介性等度量指标,之后就可以利用各种图模型的查询工具和算法来分析并探索这些数据了。

设计图数据库的基本步骤如下。

(1)确定需要执行的查询请求。

(2)确定图模型中的实体。

(3)确定实体之间的关系。

(4)把针对领域的具体查询请求与针对图模型的抽象查询请求对应起来,以便使用与图模型有关的查询工具和算法来计算顶点的其他属性。

14.2　Cypher:对图的声明式查询

与 Neo4j 图数据库搭配使用的 Cypher 查询语言是一种与 SQL 相似的声明式查询语言,可以用来构建查询请求。开发者也可以选用 Gremlin 图模型遍历语言,它能够应对多种图数据库。下面通过一些范例介绍每种语言的用法。

对图进行查询之前,先要把图创建出来。以 NoSQL 社交网站为例,可以用以下这些 Cypher 语句来创建顶点。

```
CREATE (Robert:Developer {name: 'Robert Smith'})
CREATE (Andrea:Developer {name: 'Andrea Wilson'})
CREATE (Charles:Developer {name: 'Charles Vita'})
```

以上3条语句创建了3个顶点。Robert:Developer 创建了一个类型为 Developer (开发者)的顶点,并将其标签设为 Robert。{name: 'Robert Smith'} 是给该顶点添加 name 属性,以表示开发者的姓名。

顶点之间的边也是通过 CREATE 语句来建立的。举例如下。

```
CREATE (Robert)-[FOLLOWS]->(Andrea)
CREATE (Andrea)-[FOLLOWS]->(Charles)
```

Cypher 语言的 MATCH 命令可用来查询顶点,以下代码会返回社交网站中的所有开发者。

```
MATCH (developer:DEVELOPER)
RETURN (developer)
```

与 SQL 类似,Cypher 也是一种声明式语言,专门用来查询由顶点和边构成的图,因此,它会提供一些同时基于顶点和边来查询的机制。比如,以下代码会返回与 Robert Smith 相连的所有顶点:

```
MATCH (Robert:Developer {name: 'Robert
    Smith'})—(developer:DEVELOPER)
RETURN developers
```

MATCH 操作从 Robert 顶点出发,在各条边中搜寻所有指向 DEVELOPER 类型的顶点的边,并返回它所找到的结果。

Cypher 语言的功能比较丰富,提供了很多与图有关的操作命令。举例如下。

- WHERE
- ORDER BY
- LIMIT
- UNION
- COUNT
- DISTINCT
- SUM
- AVG

作为声明式查询语言,Cypher 需要指定选取顶点和边时的标准,而不是获取这些顶点和边所用的方式。如果要在执行查询时控制顶点和边的获取方式,就应该考虑使用 Gremlin 这样的图模型遍历语言。

Cypher 查询语言的基本语法由 4 个不同部分组成,每一部分都有对应的规则,如下所示。

start:查询图形中的起始节点。

match:匹配图形模式,可以定位感兴趣数据的字图形。

where:基于指定条件对结果过滤。

return:返回结果。

可以通过以下 3 种方式执行 Cypher 语句。

(1) 使用 shell 命令执行 Cypher 查询。

执行 bin 目录的 cypher-shell.bat 文件,输入数据库的用户名和密码,执行 Cypher 语句即可,如图 14-2 所示。

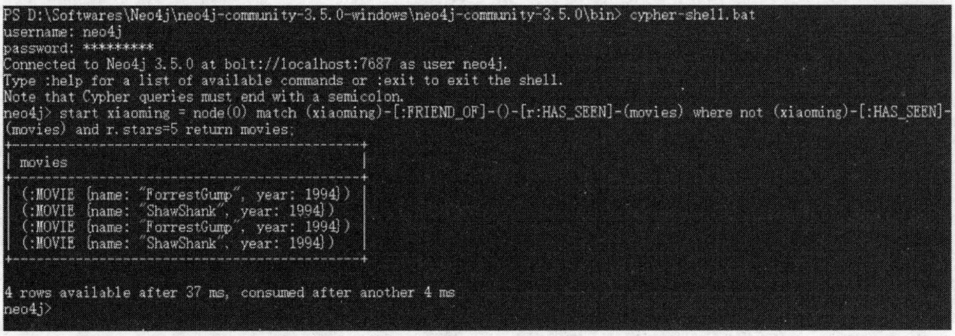

```
PS D:\Softwares\Neo4j\neo4j-community-3.5.0-windows\neo4j-community-3.5.0\bin> cypher-shell.bat
username: neo4j
password: *********
Connected to Neo4j 3.5.0 at bolt://localhost:7687 as user neo4j.
Type :help for a list of available commands or :exit to exit the shell.
Note that Cypher queries must end with a semicolon.
neo4j> start xiaoming = node(0) match (xiaoming)-[:FRIEND_OF]-()-[r:HAS_SEEN]-(movies) where not (xiaoming)-[:HAS_SEEN]-
(movies) and r.stars=5 return movies;

| movies |

(:MOVIE {name: "ForrestGump", year: 1994})
(:MOVIE {name: "ShawShank", year: 1994})
(:MOVIE {name: "ForrestGump", year: 1994})
(:MOVIE {name: "ShawShank", year: 1994})

4 rows available after 37 ms, consumed after another 4 ms
neo4j>
```

图 14-2 用 shell 命令执行 Cypher 语句

(2) 通过 Web 页面执行 Cypher 语句。

登录 Web 页面,在命令行输入框执行 Cypher 语句即可,如图 14-3 所示。

(3) 通过 JavaAPI 执行 Cypher 语句。

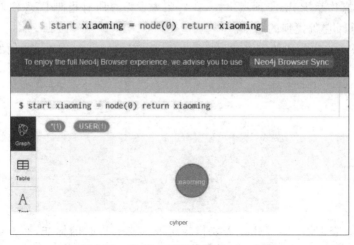

图 14-3　在 Web 页面执行 Cypher 语句

14.3　Gremlin: 遍历图模型查询

图模型的遍历，是指沿着边从一个顶点移动到另一个顶点的逻辑流程。Cypher 语言要求使用者指定选取顶点时所用的标准，而 Gremlin 语言则要求使用者指定顶点以及遍历规则。

14.3.1　基本的图模型遍历操作

考虑图 14-4 所示的图模型。图中有 7 个顶点和 9 条有向边。某些顶点只有传入的边，某些顶点只有传出的边，还有些顶点则既有传入边又有传出边。

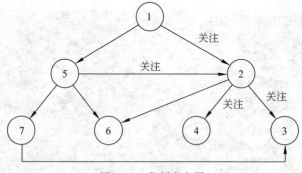

图 14-4　范例有向图

假设用图 14-4 中的顶点和边来定义一张图模型，将其称为 G，可以用 Gremlin 语句来创建一个指向特定顶点的变量，代码如下。

```
v = G.v(1)
```

Gremlin 还提供了一些特殊的称谓指代与某个顶点相连的边，或是与某条边相接的顶点。包括如下内容。

（1）outE——从某个顶点传出的有向边。

（2）inE——传入某个顶点的有向边。

（3）bothE——传入某个顶点的有向边以及从某个顶点传出的有向边。

（4）outV——某条边所源自的顶点。

（5）inV——某条边所指向的顶点。

（6）bothV——某条边的目标顶点以及源顶点。

通过这些代号可以方便地从某个顶点或某条边出发，对边和图进行查询。例如，执行 v.outE 之后，就可以得到下列结果。

```
[1-follows-2]
[1-follows-5]
```

由于已经把 v(1) 这个顶点定义成了变量 v，因此 v.outE 就用来指代从该顶点传出的那两条边。Gremlin 会用描述性的字符串来表示这两条边。

Gremlin 还支持更复杂的一些查询模式。

14.3.2 用优先搜索遍历图模型

有时并没有固定的起点，而只想找出具备某项属性的全部顶点。针对这种需求，Cypher 语言使用 MATCH 语句来获取待查的顶点。而在 Gremlin 语言中，则可以遍历整张图，并在访问每个顶点的时候判断该顶点是否符合筛选标准。比如，可以从顶点 1 开始遍历，依次访问顶点 2、顶点 3、顶点 4、顶点 5、顶点 6，最后访问顶点 7。这就是用深度优先搜索算法来遍历图模型，如图 14-5 所示。

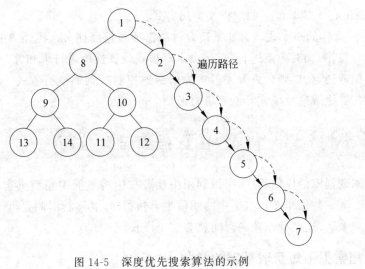

图 14-5 深度优先搜索算法的示例

执行深度优先搜索时，从某个顶点开始遍历，并选出位于该顶点下一层的那些相邻顶点。接着在那些顶点中选出第一个顶点，对其进行访问，并选出位于那个顶点下一层的相

213

邻顶点。然后,继续选出其中的首个顶点,并执行上述过程,直到该顶点没有传出的边为止。

此时,返回上一次查到的那些顶点,并访问其中的第二个顶点。如果此顶点还通过一些传出的边与其他下层顶点相接,那就遍历那些顶点;否则,就返回上一次查到的那些顶点,并访问其中的第三个顶点。等到把上一次查到的那些顶点全都访问完后,向上回溯一层,然后在那一层之中继续按照此过程依次访问其他顶点。

执行广度优先搜索时,首先访问与当前顶点平级的其他顶点,然后再访问下一层的顶点。图 14-6 演示了广度优先搜索算法的遍历顺序。

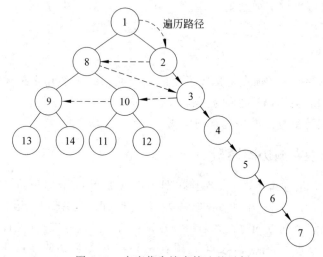

图 14-6　广度优先搜索算法的示例

Gremlin 还支持其他一些图模型遍历方式。

Cypher 这样的声明式语言非常适合解决需要根据属性来选择顶点的问题,也适合用来执行聚合操作,如对顶点进行分组,或是对顶点的属性值进行求和等。而像 Gremlin 这样的图模型遍历语言,则允许开发者更加精细地控制查询的执行方式。比如可以选择采用深度优先算法或广度优先算法来进行遍历。

14.4　图数据库设计技巧

使用图数据库的应用程序,可以利用由顶点与边构成的图模型来实现高效的查询及分析功能。有一些操作在规模适中的图模型上执行时,其运行时间是可以接受的,然而当图的规模增大后,这些操作花的时间就会过于漫长。

14.4.1　用索引缩短获取数据的时间

某些图数据库可以为顶点制作索引。比如,Neo4j 就提供了 CREATE INDEX 命令,开发者可以在该命令里指定编制索引时依据的属性。Cypher 查询处理器会在有索引可用的情况下自动使用索引,以提升 WHERE 和 IN 操作的查询速度。

14.4.2 使用类型适当的边

边可以是有向的,也可以是无向的。当两顶点之间的关系不对称时,可以用有向边来表示此关系。比如,在 NoSQL 社交网站中,如果 Robert 关注了 Andrea,但是 Andrea 没有关注 Robert,就可以用一条从 Robert 指向 Andrea 的有向边来表示他们之间的关系。如果 Andrea 也关注了 Robert,可以再设计一条从 Andrea 指向 Robert 的有向边。

无向边用来表示对称的关系,如两座城市之间的距离。有向边用来表示非对称关系。没有属性的简单边基本不占存储空间,使用这种边的时候,存储方面的开销不一定很大。但是,如果边带有很多项属性,或是属性里含有庞大的数值(如二进制大型对象 BLOB),那么占据的存储空间就会比较多。

设计两个顶点之间的关系时,要想一想是用一条无向的边来表示比较好,还是用两条有向的边来表示比较好。此外,还要考虑属性值的存储方式。

14.4.3 遍历图模型时注意循环路径

循环路径就是最终可以走回起点的路径。如果自己编写图模型处理算法,就要考虑图模型中有没有可能出现循环路径。有些图模型,比如树就没有循环路径。

如果要处理的图模型可能包含循环路径,应该把访问过的顶点记录下来。用一个名为 visitedNodes 的简单集合即可实现记录功能。要访问某个顶点时,先在 visitedNodes 里查一下该顶点是否已经访问过。如果原来访问过,就把这个顶点当成已经处理过的顶点;如果原来没有访问过,就处理该顶点,并将其加入 visitedNodes 之中。

14.4.4 图数据库的扩展

当今的图数据库系统可以在一台服务器上应对数百万的顶点及边,然而当出现下列情况时,就应该考虑应用程序和分析工具的扩展问题了。

(1) 顶点与边的数量增加。

(2) 用户数量增加。

(3) 顶点和边所具备的属性数量及属性值的大小有所增加。

这三种情况都会对数据库服务器提出更高的要求。许多图数据库是运行在一台服务器之上的。如果这台服务器已经无法满足性能方面的需求,就必须执行垂直扩展,也就是说,需要打造一台性能更为强劲的服务器。

一般来说,NoSQL 数据库都是易于水平扩展的数据库。因此,像图数据库这样需要执行垂直扩展的场合并不多见。

分析图模型中的数据时,也要考虑选用的算法是否合适。执行某些分析操作耗费的时间会随着顶点的数量而迅速增加。例如,在网络中寻找最短路径所用的 Dijkstra 算法,执行时间就与图中顶点数量的平方有关。

在 NoSQL 社交网站中,找出人数最多且彼此相识的一组用户(这样一组用户称为最大团)所需的时间会随着网站的用户总量呈指数式增长。

【作　业】

1. 图数据库适用于很多种应用程序。图数据库的设计者可以从用户需要（　　）出发,来确定待建模的实体以及实体之间的关系。

　　A. 在 CPU 上执行的计算　　　　　　B. 在硬盘上执行的压缩操作

　　C. 在屏幕上显示的背景图片　　　　　D. 在数据库上执行的查询

2. 图数据库支持（　　）,设计者应该尽量利用索引等优化机制来改善对图数据库执行操作时的总体性能。

　　A. 声明式的查询语言　　　　　　　　B. 基于遍历算法的查询语言

　　C. 基于智能搜索处理的查询语言　　　D. A 和 B

3. 如果可以用实体及实体之间的关系来轻松地描述某个领域,那么该领域内的问题就非常适合用（　　）来解决。

　　A. 网状数据库　　　B. 图数据库　　　C. 表数据库　　　　D. 关系数据库

4. 任何事物,无论是蛋白质分子,还是庞大的星球,都可以描述成（　　）。

　　A. 虚体　　　　　　B. 集合　　　　　C. 实体　　　　　　D. 个体

5. 使用图数据库的应用程序会频繁地执行一些涉及下列问题的查询与分析操作,但（　　）不属于其中。

　　A. 确定 CPU 与内存的传输速度

　　B. 确定与某顶点相连的各条边所具备的共同属性

　　C. 针对与某顶点相连的各条边所具备的属性进行计算与汇总

　　D. 针对某些顶点的值进行计算与汇总

6. 与 Neo4j 图数据库搭配使用的（　　）查询语言是一种与 SQL 相似的声明式查询语言,可以用来构建查询请求。

　　A. Gremlin　　　　B. Lisp　　　　　C. Python　　　　D. Cypher

7. 开发者也可以选用（　　）图模型遍历语言,能够应对许多种图数据库。

　　A. Gremlin　　　　B. Lisp　　　　　C. Python　　　　D. Cypher

8. 图模型的（　　）是指沿着边从一个顶点移动到另一个顶点的逻辑流程。

　　A. 链接　　　　　　B. 分叉　　　　　C. 遍历　　　　　　D. 循环

9. 边可以是有向的,也可以是无向的。当两顶点之间的关系（　　）时,可以用有向边来表示此关系。

　　A. 包容　　　　　　B. 不对称　　　　C. 对称　　　　　　D. 相交

10. 图数据库系统可以在一台服务器上应对数百万的顶点及边,然而当出现（　　）情况时,就应该考虑应用程序和分析工具的扩展问题了。

　　A. 顶点与边的数量增加

　　B. 用户数量增加

　　C. 顶点和边所具备的属性数量及属性值的大小有所增加

　　D. A、B 以及 C

11. 把针对领域的查询转述成针对图模型的查询有什么好处?

答:＿＿＿＿＿＿＿＿＿＿＿＿＿＿＿＿＿＿＿＿＿＿＿＿＿＿＿＿＿＿＿＿＿＿＿＿

＿＿

12. Cypher 语言和 Gremlin 语言哪一个更像 SQL?

答:＿＿＿＿＿＿＿＿＿＿＿＿＿＿＿＿＿＿＿＿＿＿＿＿＿＿＿＿＿＿＿＿＿＿＿＿

13. MATCH 语句和 SQL 的 SELECT 语句有什么相似之处?

答:＿＿＿＿＿＿＿＿＿＿＿＿＿＿＿＿＿＿＿＿＿＿＿＿＿＿＿＿＿＿＿＿＿＿＿＿

＿＿

14. Gremlin 语言所使用的 inE 和 outE 分别代表什么?

答:＿＿＿＿＿＿＿＿＿＿＿＿＿＿＿＿＿＿＿＿＿＿＿＿＿＿＿＿＿＿＿＿＿＿＿＿

15. 对于图数据库来说,声明式的查询语言与基于遍历算法的查询语言有什么区别?

答:＿＿＿＿＿＿＿＿＿＿＿＿＿＿＿＿＿＿＿＿＿＿＿＿＿＿＿＿＿＿＿＿＿＿＿＿

＿＿

16. 对图模型进行操作的时候,循环路径为什么有可能引发问题?

答:＿＿＿＿＿＿＿＿＿＿＿＿＿＿＿＿＿＿＿＿＿＿＿＿＿＿＿＿＿＿＿＿＿＿＿＿

＿＿

【实验与思考】 优化运输路线

1. 实验目的

(1) 熟悉从查询和分析入手设计图模型的方法。

(2) 了解不同的查询语言。

(3) 了解图数据库的设计技巧。

(4) 进一步借助于案例,完成对 NoSQL 数据库应用项目的初步分析。

2. 工具/准备工作

在开始本实验之前,请认真阅读课程的相关内容。

准备一台带有浏览器,能够访问因特网的计算机。

3. 实验内容与步骤

利用本章所学的知识,来讨论案例企业汇萃运输管理公司如何使用图数据库分析与客户和运输行为有关的大量数据。

汇萃公司聘请一家分析公司对其运输路线进行优化。运货人员会把货物从生产场所运到配送中心,然后再运到客户所在的地点。运送包裹所用的算法比较简单,他们现在考虑这套算法不是最理想的算法。

(1) 掌握用户需求。

分析公司的分析师与汇萃公司的管理者、运输部门经理以及负责货物运输的其他雇员开了很多次会。他们发现,汇萃公司主要采用以下两种方式来运送货物。

① 如果货物不需要加急派送,位于生产地的雇员就会把该货物和其他货物一起运往最近的枢纽机场。接下来,货物会飞至离客户最近的配送中心。最后,有雇员会从配送中心把货物运往客户所在的目标地点。

② 如果货物是急件,位于生产地的雇员会把它运往最近的地区机场,然后包裹会飞至离客户最近的那个地区机场。

通过汇萃公司积累的数据,分析师发现第一种运输方式的成本比第二种低。有时候之所以采用第二种方式,是为了要在投递时限内完成运输。于是,分析师开始收集相关的信息,以便掌握各个运输站点之间的运输成本以及这些站点与客户所在地之间的运输成本。

请分析:这样的应用需求,采用什么数据库比较合适?为什么?

答:＿＿＿＿＿＿＿＿＿＿＿＿＿＿＿＿＿＿＿＿＿＿＿＿＿＿＿＿＿＿＿＿

＿＿＿＿＿＿＿＿＿＿＿＿＿＿＿＿＿＿＿＿＿＿＿＿＿＿＿＿＿＿＿＿＿＿＿＿

(2) 设计一套图模型分析方案。

分析师很快就发现,可选的运输路线有很多条,但运输公司只使用了其中的一小部分。他们决定对图数据库中的数据运用 Dijkstra 算法,找出各个地点之间成本最低的运输路径。

请分析:什么是 Dijkstra 算法?

答:＿＿＿＿＿＿＿＿＿＿＿＿＿＿＿＿＿＿＿＿＿＿＿＿＿＿＿＿＿＿＿＿

＿＿＿＿＿＿＿＿＿＿＿＿＿＿＿＿＿＿＿＿＿＿＿＿＿＿＿＿＿＿＿＿＿＿＿＿

对于没有投递时限的订单来说,成本最低的路径就是最佳的运输路线。但是对于有投递时限的订单来说,则不仅要缩减成本,还要考虑时间问题。于是,分析师决定把两个地点之间的包裹运输成本与运输时间都当成边的属性存储起来。

由于包裹的运费会随着重量而变化。因此分析师决定采用单位成本(如每千克的运费)来表示边的运输成本。

对于运输时间这一项属性来说,它的值是在两地之间运送包裹所花的平均时间。根据汇萃公司的历史数据可以计算出许多条边的运输时间,但这些数据还无法涵盖每一条边。如果找不到与某条边的运输时间有关的数据,分析师就会根据相似站点之间的送货时间进行估算。

请分析:请通过网络搜索,了解什么是"三点估算"。

答:＿＿＿＿＿＿＿＿＿＿＿＿＿＿＿＿＿＿＿＿＿＿＿＿＿＿＿＿＿＿＿＿

＿＿＿＿＿＿＿＿＿＿＿＿＿＿＿＿＿＿＿＿＿＿＿＿＿＿＿＿＿＿＿＿＿＿＿＿

分析师们创建了数据库,并把所有地点之间的最短路径都放到数据库里,每条路径中还记录了该路径的总成本及总时间。他们发现,成本最低的运输路线有时不一定能够符合规定的运输时限,所以分析师研发了一种算法,以找出成本最低且符合运输时限的运输路径。

这个算法的输入数据是起始站点、目标站点和运输时限。算法会遍历每个站点(也就是顶点),并记录下从起点到当前站点所需的累计成本及累计运输时间。如果累计时间已经超过了运输时限,就丢弃这条路径。

算法把剩下的路径放到一份列表里,并对其排序。排在列表首位的那条路径是迄今为止成本最低的路径。算法会沿着这条成本最低的路径继续向下探寻,找出与该路径末端的站点相连的所有站点。如果在那些站点之中发现了目标站点,算法就不再继续查找了,它会输出这条成本最低且符合运输时限的路径。否则,它就沿着那些与当前路径末端的站点相连的其他站点继续查找下去。

提示:通过这个范例可以看出,以成熟的图模型算法为基础,可以解决一些与图模型有关的数据分析问题。然而有的时候,为了满足当前问题中的某些特殊需求,也必须对算法稍微做一些修改。

请参考本章14.1.1节的案例,将你参考上述分析意见后形成的图模型建议(简单阐述)表达如下。

---------------------- 请将设计建议短文附纸粘贴于此 ----------------------

4. 实验总结

_____

_____

_____

5. 实验评价(教师)

_____

_____

数据库技术的发展

15.1　数据库行业全景图

数据库,又称数据管理系统,是将所处理的数据按照一定的方式储存在一起,能够让多个用户共享,尽可能减小冗余度的数据集合,或者,可将其视为电子化的文件柜——存储电子文件的处所。一个数据库可以由多个数据表空间构成,用户可以对文件中的资料运行新增、截取、更新、删除等操作。经过 40 多年的发展,仅从传统关系数据库算起,数据库技术的发展已经经历了 RDBMS 到 MPP 再到 NoSQL,如今人们开始关注 NewSQL 数据库,如图 15-1 所示。

图 15-1　数据库技术发展的各个阶段

回顾数据库的发展历史(图 15-2),再来理解数据库的定义:是一个存放数据的仓库,这个仓库按照一定的数据结构(指数据的组织形式或数据之间的联系)来组织存储,人们可以通过数据库提供的多种方法来管理数据库里的数据。另一方面,通常程序都是在内存中运行的,一旦程序运行结束或者计算机断电,程序运行中的数据都会丢失,所以需要将一些程序运行的数据持久地保存在硬盘中,以确保数据的安全性。

15.1.1　不同阶段数据库发展特点

各个阶段数据库技术发展的主要特点如下。

(1) RDBMS——关系数据库,优点是具有事务、索引、关联、强一致性,缺点是有限的扩展能力、有限的可用性、数据结构取决于表空间。

(2) MPP——大规模并行计算数据库,优点是扩展性强、事务、索引、关联、可调一致性,缺点是应用级切分、数据结构取决于表空间。

(3) NoSQL——超越关系数据库,优点是具有扩展性强、可调一致性、灵活的数据结构,缺点是事务支持差、索引支持差、SQL 支持差。

最经典的是传统关系 OLTP 数据库,它主要用于事务处理的结构化数据库,典型例

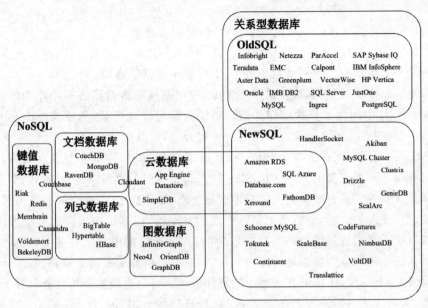

图 15-2 数据库全景图

子是企业的转账记账、订单以及商品库存管理等。其面临的核心挑战是高并发、高可用以及高性能下的数据正确性和一致性。

其次是 NoSQL 数据库及专用型数据库,其主要用于存储和处理非结构化或半结构化数据(如键值、文档、图、时序、时空),不强制数据的一致性,以此换来系统的水平拓展、吞吐能力的提升。

再者是分析型数据库(OLAP),其应用场景就是海量的数据、数据类型复杂以及分析条件复杂的情况,能够支持深度智能化分析。其面临的挑战主要是高性能、分析深度、与TP(事务型)数据库以及 NoSQL 数据库的联动。

除了数据的核心引擎之外,还有数据库外围的服务和管理类工具,比如数据传输、数据备份以及数据管理等。

NoSQL 数据库解决了扩展性问题,实现高并发访问,但还有很多未尽如人意之处,比如如下问题。

(1) 无法有效使用索引——即席查询。

(2) 协处理器无法分散计算任务——大表的 join 查询;

(3) SQL 以外的分析查询——数据科学、机器学习;

(4) 访问其他数据源——和现有 Hadoop 数据联合查询(多源异构);

(5) 交互式分析——复杂 SQL 查询的性能问题。

于是 NewSQL 数据库呼之欲出。

15.1.2 SQL 的问题

互联网在 20 世纪初开始迅速发展,互联网应用的用户规模、数据量都越来越大,并且普遍要求 7×24 小时在线。传统关系数据库在这种环境下成为瓶颈,通常有以下两种解决方法。

（1）升级服务器硬件。虽然提升了性能，但总有天花板。

（2）数据分片，使用分布式集群结构。对单点数据库进行数据分片，存放到由廉价机器组成的分布式集群里。可扩展性更好了，但也带来了新的麻烦。

以前在一个库里的数据，现在跨了多个库，应用系统不能自己去多个库中操作，需要使用数据库分片中间件。分片中间件做简单的数据操作时还好，但涉及跨库 join 操作、跨库事务时就很烦琐，很多人干脆自己在业务层处理，复杂度较高。

NoSQL 的出现一度让人以为"SQL 已死"，事实上，SQL 技术非但没有消失，反而在大数据时代发挥了更重要的作用。NoSQL 的兴起让我们了解到，一个分布式、高容错、基于云的集群化数据库服务并不是天方夜谭。最早吃 NoSQL 这个螃蟹的公司都是些不计代价来实现扩展性的公司，他们必须牺牲一定的互动性，以满足扩展需求。更关键的是，他们没有其他选择。数据库市场需要一股新的力量，来帮助用户实现这一目标：能够快速地扩展从而获得驾驭快数据流的能力，提供实时的分析和实时的决策，具备云计算的能力，支持关键业务系统，还能够在更廉价的硬件设备上将历史数据分析性能提升 100 倍。

然而，实现这些目标并不需要重新定义已经成熟的 SQL 语言。NewSQL 就是答案。它能够使用 SQL 语句查询数据，同时具备现代化、分布式、高容错、基于云的集群架构。NewSQL 结合了 SQL 丰富灵活的数据互动能力，以及针对大数据和快数据的实时扩展能力。

15.1.3 NoSQL 的优势与不足

NoSQL 放弃了传统 SQL 的强事务保证和关系模型，重点放在数据库的高可用性和可扩展性，其主要优势如下。

（1）高可用性和可扩展性，自动分区，轻松扩展。

（2）不保证强一致性，性能大幅提升。

（3）没有关系模型的限制，极其灵活。

NoSQL 不保证强一致性，对于普通应用没问题，但还是有不少金融类的企业级应用有强一致性的需求。而且 NoSQL 不支持 SQL 语句，使兼容性成为大问题。不同的 NoSQL 数据库都有自己的 API 操作数据，比较复杂。

NoSQL 将改变数据的定义范围。它不再是原始的数据类型，如整数、浮点。数据可能是整个文件。NoSQL 数据库是非关系的、水平可扩展、分布式且是开源的。MongoDB 的创始人 Dwight Merriman 就曾表示：NoSQL 可作为一个 Web 应用服务器、内容管理器、结构化的事件日志、移动应用程序的服务器端和文件存储的后备存储。

分布式数据库公司 VoltDB 的首席技术官 Michael Stonebraker 表示：NoSQL 数据库可提供良好的扩展性和灵活性，但它们也有自己的不足。由于不使用 SQL，NoSQL 数据库系统不具备高度结构化查询等特性。NoSQL 其他的问题还包括不能提供 ACID（原子性、一致性、隔离性和耐久性）的操作。另外，不同的 NoSQL 数据库都有自己的查询语言，这使得很难规范应用程序接口。Stonebraker 表示数据库系统的滞后通常可归结于多项因素，如以恢复日志为目的的数据库系统维持的缓冲区池，以及管理锁定和锁定的数据字段。VoltDB 的测试中发现这些行为消耗了系统 96% 的资源。

15.2 NewSQL 数据库应运而生

NewSQL 是对各种新的可扩展/高性能数据库的简称。这类数据库不仅具有 NoSQL 对海量数据的存储管理能力,还保持了传统数据库支持 ACID 和 SQL 等特性。NewSQL 一词是由 451 Group 的分析师 Matthew Aslett 在研究论文中提出的,它代指对老牌数据库厂商做出挑战的一类新型数据库系统。例如 Clustrix、GenieDB、ScalArc、Schooner、VoltDB、RethinkDB、ScaleDB、Akiban、CodeFutures、ScaleBase、Translattice 和 NimbusDB,以及 Drizzle、带有 NDB 的 MySQL 集群和带有 HandlerSocket 的 MySQL。后者包括 Tokutek 和 JustOne DB。

相关的"NewSQL 作为一种服务"类别包括亚马逊关系数据库服务、微软 SQL Azure、Xeround 和 FathomDB。

NewSQL 和 NoSQL 也有交叉的地方。例如,RethinkDB 可以看作 NoSQL 数据库中键值存储的高速缓存系统,也可以当作 NewSQL 数据库中 MySQL 的存储引擎。现在许多 NewSQL 提供商使用自己的数据库,为没有固定模式的数据提供存储服务,同时一些 NoSQL 数据库开始支持 SQL 查询和 ACID 事务特性。

15.2.1 NewSQL 数据库分类

NewSQL 系统虽然内部结构变化很大,但它们有两个显著的共同特点:它们都支持关系数据模型;它们都使用 SQL 作为其主要的接口。

第一个 NewSQL 系统叫 H-Store,它是一个分布式并行内存数据库系统。目前 NewSQL 数据库大致分为以下 3 类。

(1) 新架构。第一类 NewSQL 系统是完全新的数据库平台,它们均采取了不同的设计方法。大致分以下 2 类。

① 工作在一个分布式集群的节点上,每个节点拥有一个数据子集。SQL 查询被分成查询片段,发送给自己所在的数据节点上执行。这些数据库可以通过添加额外的节点来进行线性扩展。这类数据库有 Google Spanner、VoltDB、Clustrix、NuoDB。

② 通常有一个单一的主节点的数据源。它们有一组节点用来做事务处理,这些节点接到特定的 SQL 查询后,会把它所需的所有数据从主节点上取回来后执行 SQL 查询,再返回结果。

(2) SQL 引擎。第二类是高度优化的 SQL 存储引擎。这些系统提供了 MySQL 相同的编程接口,但扩展性比内置的引擎 InnoDB 更好。这类数据库系统有 TokuDB、MemSQL。

(3) 透明分片。这类系统提供了分片的中间件层,数据库自动分割在多个节点运行。这类数据库包括 ScaleBase、dbShards、Scalearc。

15.2.2 NewSQL 特性

NewSQL 提供与 NoSQL 相同的可扩展性,而且仍基于关系模型,还保留了 SQL 作为查询语言,保证了 ACID 事务特性。简单来讲,NewSQL 就是在传统关系数据库上集成了 NoSQL 强大的可扩展性,如图 15-3 的测评指标所示。

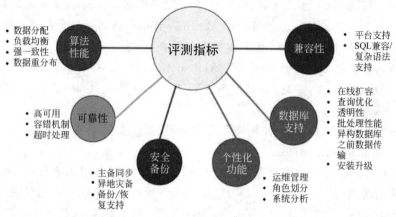

图 15-3　分布式事务数据库评测指标

传统的 SQL 架构设计中没有分布式架构,而 NewSQL 本身就是分布式架构,其主要特性如下。

(1) 支持 SQL,支持复杂查询和大数据分析。

(2) 支持 ACID 事务,支持隔离级别。

(3) 弹性伸缩,扩容缩容对于业务层完全透明。

(4) 高可用,自动容灾。

15.2.3 NewSQL 架构原理

NewSQL 数据库是开源软件产品,相较于传统关系数据库,NewSQL 取消了耗费资源的缓冲池,直接在内存中运行整个数据库;它还摒弃了单线程服务的锁机制,也通过使用冗余机器来实现复制和故障恢复,取代原有的昂贵的恢复操作。

15.3　典型的 NewSQL 代表——NuoDB

NuoDB 位于波士顿,是一家数据库初创公司,2011 年改名为 NuoDB。公司 2008 年成立,一年后就向市场推出自己的数据库。其创始人兼 CEO Barry Morris 认为:“即使在 NoSQL 环境中,也有很多人在用类 SQL 技术。”NuoDB 的数据库产品是云基础的 NewSQL 数据库。

NuoDB 重新定义了关系数据库技术。它是针对弹性云系统而非单机系统设计的,因此可以将其看作是一个多用户、弹性、按需的分布式关系数据库管理系统。NuoDB 的特点如下:拥有任意增减廉价主机的功能,能够实现按需共享资源,提供不同的业务连续性、性能以及配置方法,极大程度地降低数据库运维成本。

NuoDB 将其异步的对等数据库升级到 2.0.2 版本。NuoDB 宣布该版本提升了跨地域操作的网络处理速度,简化了某些 SQL 函数。这两者正是 NuoDB 重点支持的领域。

Morris 认为云计算和地理分布数据集的发展会影响数据库未来发展的方向。他说 "无论 Oracle、DB2 还是 MongoDB 或者 CouchDB,它们的核心架构其实都一样,也就是说 都在一块硬盘上来管理数据,这势必会造成并发访问和扩展性的限制。而 NuoDB 是从 零开始设计的,我们摒弃了集中控制的概念"。

很多人将 NuoDB 视为 NewSQL 产品,但在 Morris 看来,很难用 SQL 来定义 NuoDB。他表示,NuoDB 并不是技术演变渐进的成果,而是一个具有革命性的产品,是未 来数据库的范本。

Morris 表示:"我们将把 Dassault 打造得更具云计算范儿,而且使它具有和 Salesforce.com 一样的用户体验。在这里,用户可以登录一个账户并开始设计一栋房子、 一双跑步鞋,不管它是什么,都可以让它直接连接到 3D 打印机……"

Morris 说:"Dassault 想让它的服务运行在云上,工程师们也在努力寻找一款适合这 个云服务的数据库,而 NuoDB 正好符合这一要求。与其他的关系数据库不同,NuoDB 可 以通过添加更多的服务器来扩展数据库,而无须升级主机,这样的设计对于部署在云中的 应用程序非常可靠,最重要的是 NuoDB 的价格比 Oracle 关系数据库更便宜。"

15.4 其他数据库

下面简单介绍一些新的数据库,读者可以有针对性地作进一步的了解。

15.4.1 原生数据库

原生数据库(native XML database)首先在 SoftwareAG 为 Tamino 所做的营销宣传 中露面。由于它的成功,后来这个术语在同类产品的开发商那里成了通用叫法。有人这 样定义原生 XML 数据库:它为 XML 文档(而不是文档中的数据)定义了一个(逻辑)模 型,并根据该模型存取文件。这个模型至少应包括元素、属性、PCDATA 和文件顺序。 PCDATA 是 XML 解析器解析文本数据时使用的一个术语,XML 文档中的文本通常解 析为字符数据,或者称为 PCDATA。

原生数据库以 XML 文件作为基本(逻辑)存储单位(类似于关系数据库中的行),对 底层的物理存储模型没有特殊要求。例如,它可以建在关系、层次或面向对象的数据库之 上,或者使用专用的存储格式,比如索引或压缩文件。

15.4.2 时序数据库

时序数据库的全称为时间序列数据库,用于处理带时间标签的数据(时间序列数据按 照时间的顺序变化,即时间序列化)。

时间序列数据主要由电力行业、化工行业等各类型实时监测(图 15-4)、检查与分析 设备所采集、产生的数据,这些工业数据的典型特点是产生频率快(每一个监测点一秒钟内可产生多条数据)、严重依赖采集时间(每一条数据均要求对应唯一的时间)、测点多且信息量大(常规的实时监测系统均有成千上万的监测点,监测点每秒钟都产生数据,每天产生几十 GB 的数据量)。

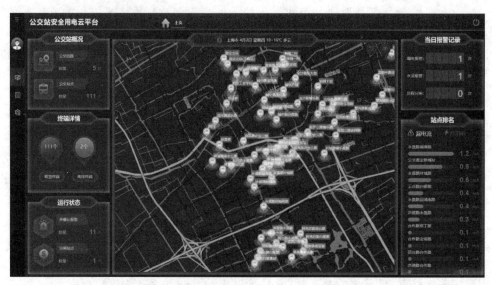

图 15-4　实时监控

基于以上特点,关系数据库无法满足对时间序列数据的有效存储与处理,因此需要一种专门针对时间序列数据来做优化的数据库系统,即时间序列数据库。时序大数据解决方案通过使用特殊的存储方式使得时序大数据可以高效存储和快速处理海量时序大数据,是解决海量数据处理问题的一项重要技术。该技术采用特殊数据存储方式,极大地提高了时间相关数据的处理能力,相对于关系数据库,它的存储空间减半,查询速度得到极大的提高,时间序列函数优越的查询性能远超过关系数据库。

时间序列数据库产品广泛应用于物联网设备监控系统、企业能源管理系统、生产安全监控系统、电力检测系统等行业场景,提供高效写入功能,高压缩比低成本存储、预降采样、插值、多维聚合计算,查询结果可视化功能;解决由于设备采集点数量巨大,数据采集频率高、造成的存储成本高、写入和查询分析效率低的问题。

在物联网场景中,每时每刻有大量的时间序列数据产生,对这些数据进行实时灵活的分析成为不可或缺的一环。例如,对阿里云发布的时序数据库 TSDB 来说,用户无须开发代码就可以完成数据的查询和分析,帮助企业从任意维度挖掘时序数据的价值。图 15-5 所示为 TSDB 数据库用于物联网架构。

TSDB 针对时序数据进行存储结构的优化,同时通过批量内存压缩降低单记录的数据大小,写入效率比关系数据库提升百倍以上,存储成本降低 90%。同时,TSDB 具备时序洞察能力,可实现交互式可视化数据分析,帮助企业实时掌握数据变化过程,发现数据异常,提高生产效能。

据了解,根据实际压测对比,TSDB 的读取效率比开源的 OpenTSDB 和 InfluxDB 读取效率高出一个数量级;此外,TSDB 提供了专业全面的时序数据计算函数,支持降采样、

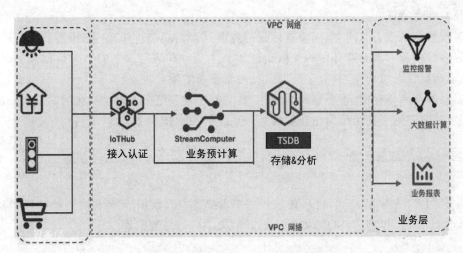

图 15-5　TSDB 数据库用于物联网架构

数据插值和空间聚合计算,能满足各种复杂的业务数据查询场景,百万级别数据点聚合分析秒级完成。

阿里云时序数据库高级产品经理艾乐强表示:"时序数据库负责物联网最具价值数据资产的存储分析服务,今后必然会在智慧城市、智慧交通、智慧酒店、智慧农业方面发挥巨大的作用,是未来万物智联的基础设施。"

以车联网场景为例,通过 TSDB 的时序洞察可以快速实时获取每个车辆的行驶里程、驾驶速度、电源电量、发动机转速等指标,随时掌握车辆运行情况和时间区段内的运行趋势。

TSDB 已经服务于阿里巴巴集团内部的多个场景,例如电商交易跟踪、容器指标监控、服务监控、物流配送跟踪、智慧园区的智能设备监控等。

15.4.3　时空数据库

随着科学技术的快速发展,人类对自身生活环境的探索已经不仅仅局限于周围的世界,探索空间的外沿急剧扩展,已经遍及地球各个角落、各个圈层,并延伸到外太空。因此,表述人类活动的客观世界和活动特征,已经成为研究的热点和重点。伴随着计算机技术的发展,利用计算机模拟和表征客观世界和人类活动,无疑也为学者提供了广阔的研究空间。

伴随着人类探索空间的进程,各种信息的获取范围也从局部地面、全球地表、地球各个圈层扩展到地球内外的整个空间,从原有二维平面空间基准逐步演变到三维空间基准,进而演变到反映地理空间对象时空分布的四维空间基准。

时空数据是指具有时间元素并随时间变化而变化的空间图形图像数据,同时具有时间和空间维度,是描述地球环境中地物要素信息的一种表达方式。这些时空数据涉及各式各样的数据,如地球环境地物要素的数量、形状、纹理、空间分布特征、内在联系及规律等的数字、文本、图形和图像等,不仅具有明显的空间分布特征,而且具有数据量庞大、非线性及时变等特征。

时空数据是带有时间/空间位置信息的数据,用来表示事物的位置、形态、变化及大小分布等多维信息。现实世界中的数据超过80％与地理位置有关。时空大数据包括时间、空间、专题属性三维信息,具有多源、海量、更新快速的综合特点。

时空数据库是存储、管理随时间变化,其空间位置及范围也发生变化的时空对象的数据库系统,时空索引技术是时空数据库管理系统的关键技术之一。

【作　　业】

1. 经过40多年的发展,仅从传统关系数据库算起,数据库技术的发展已经经历了RDBMS到MPP再到NoSQL,如今人们开始关注(　　)数据库。

    A. Oracle   B. NewSQL   C. dBASE   D. DB2

2. 我们再来理解数据库的定义:是一个存放数据的仓库,这个仓库按照一定的(　　)来组织存储,人们可以通过数据库提供的多种方法来管理数据库里的数据。

    A. 数据结构   B. 数据大小   C. 数据多少   D. 数据类型

3. 通常程序都是在内存中运行的,一旦程序运行结束或者计算机断电,程序运行中的数据都会丢失,所以需要将一些程序运行的数据持久地保存在(　　)中,以确保数据的安全。

    A. 母盘   B. U盘   C. 软盘   D. 硬盘

4. RDBMS——(　　)数据库,优点是事务、索引、关联、强一致性,缺点是有限的扩展能力、有限的可用性、数据结构取决于表空间。

    A. 结构   B. 联系   C. 关系   D. 逻辑

5. MPP——(　　)数据库,优点是扩展性强、事务、索引、关联、可调一致性,缺点是应用级切分、数据结构取决于表空间。

    A. 中型分布式处理   B. 分布快速处理

    C. 大规模集中处理   D. 大规模并行计算

6. NoSQL——(　　)数据库,优点是扩展性强、可调一致性、灵活的数据结构,缺点是事务支持差、索引支持差、SQL支持差。

    A. 超越关系   B. 非关系   C. 反关系   D. 纯结构化

7. 最经典的是传统关系(　　)数据库,它主要用于事务处理的结构化数据库,典型例子是企业的转账记账、订单以及商品库存管理等。

    A. LOAP   B. OLTP   C. OLAP   D. OLPP

8. 第一个NewSQL系统叫H-Store,它是一个分布式并行内存数据库系统。NewSQL数据库大致分为3类,但下列(　　)不属于其中。

    A. 新架构:完全新的数据库平台

    B. SQL引擎:高度优化的SQL存储引擎

    C. 高度集中:克服了分布式处理缺陷,有强大计算能力支撑

    D. 透明分片:提供了分片的中间件层,数据库自动分割在多个节点运行

9. NewSQL 提供与 NoSQL 相同的可扩展性,基于(　　)保留了 SQL 作为查询语言,保证了 ACID 事务特性。

　　A. 非结构模型　　　B. 关系模型　　　　C. 行族　　　　　D. 列族

10. NewSQL 数据库是开源软件产品,它取消了耗费资源的缓冲池,(　　);它还摒弃了单线程服务的锁机制,也通过使用冗余机器来实现复制和故障恢复,取代原有的昂贵的恢复操作。

　　A. 直接在内存中运行整个数据库　　　B. 直接在硬盘中运行整个数据库

　　C. 在内存中运行数据库核心内核　　　D. 在硬盘中运行辅助数据

11. (　　)是 NewSQL 数据库的典型代表,是云基础的 NewSQL 数据库。

　　A. Oracle　　　　　B. MySQL　　　　　C. Neo4j　　　　　D. NuoDB

【实验与思考】　熟悉 NewSQL 数据库

1. 实验目的

(1) 熟悉不同阶段数据库发展的特点,了解数据库发展史。

(2) 了解传统 SQL 数据库的不足,了解 NoSQL 数据库的不足。

(3) 了解 NewSQL 数据库的发展,理解 NewSQL 诞生的动力,了解 NewSQL 数据库的典型产品。

2. 工具/准备工作

在开始本实验之前,请认真阅读课程的相关内容。

准备一台带有浏览器,能够访问因特网的计算机。

3. 实验内容与步骤

请仔细阅读本章课文,熟悉数据库新技术的诞生,憧憬数据库技术的发展。在此基础上分析以下问题。

(1) 请简单分析 NoSQL 的主要不足之处,这个不足导致了 NewSQL 的诞生。

答:＿＿＿＿＿＿＿＿＿＿＿＿＿＿＿＿＿＿＿＿＿＿＿＿＿＿＿＿＿＿＿＿＿＿＿＿

＿＿＿＿＿＿＿＿＿＿＿＿＿＿＿＿＿＿＿＿＿＿＿＿＿＿＿＿＿＿＿＿＿＿＿＿＿＿

＿＿＿＿＿＿＿＿＿＿＿＿＿＿＿＿＿＿＿＿＿＿＿＿＿＿＿＿＿＿＿＿＿＿＿＿＿＿

(2) NoSQL 数据库出现并发展之后,数据库市场出现新的需求,需要一股新的力量,来帮助用户实现目标。请简述这个目标指的是什么,数据库的新生力量是什么。

答:＿＿＿＿＿＿＿＿＿＿＿＿＿＿＿＿＿＿＿＿＿＿＿＿＿＿＿＿＿＿＿＿＿＿＿＿

＿＿＿＿＿＿＿＿＿＿＿＿＿＿＿＿＿＿＿＿＿＿＿＿＿＿＿＿＿＿＿＿＿＿＿＿＿＿

＿＿＿＿＿＿＿＿＿＿＿＿＿＿＿＿＿＿＿＿＿＿＿＿＿＿＿＿＿＿＿＿＿＿＿＿＿＿

＿＿＿＿＿＿＿＿＿＿＿＿＿＿＿＿＿＿＿＿＿＿＿＿＿＿＿＿＿＿＿＿＿＿＿＿＿＿

＿＿＿＿＿＿＿＿＿＿＿＿＿＿＿＿＿＿＿＿＿＿＿＿＿＿＿＿＿＿＿＿＿＿＿＿＿＿

（3）撰写 500 字小论文 1，讨论 NoSQL 数据库的发展、类型、成功之处与不足之处。

-------------------- 请将小论文 1 另外附纸粘贴于此 --------------------

（4）撰写 500 字小论文 2，讨论促使人们设计与使用 NewSQL 数据库的动机是什么。

-------------------- 请将小论文 2 另外附纸粘贴于此 --------------------

4. 实验总结

_____

_____

_____

5. 实验评价（教师）

_____

_____

附录 A   部分作业参考答案

第1章

1. B	2. D	3. A	4. A	5. A	6. C
7. B	8. D	9. A	10. B	11. A	12. D
13. C	14. B	15. D	16. C	17. A	18. B
19. D	20. B				

第2章

1. B	2. A	3. D	4. C	5. A	6. C
7. D	8. C	9. A	10. B	11. C	12. A

13. 答：纵向扩展是指给现有的数据库服务器添加更多的 CPU、内存、带宽及其他资源，或是用另外一台 CPU、内存及其他资源更为丰富的计算机来取代现有的服务器。

14. 答：横向扩展是指给集群中添加新的服务器。

实验小论文 1：NoSQL 不打算取代关系数据库。二者可以分别面对不同类型的需求。

实验小论文 2：可伸缩性、成本开销、灵活性、可用性。

第3章

1. A	2. B	3. D	4. B	5. D	6. C
7. A	8. B	9. B	10. D	11. C	12. A
13. B	14. D	15. C	16. B	17. A	18. B
19. D					

实验与思考：

3. 实验内容与步骤

（3）：范例语句可以是 INSERT、DELETE、UPDATE 或 SELETE 语句。

INSERT 语句：

```
INSERT INTO employee temp_id, fiest_name, last_name;
    VALUE (1234, 'Jane', 'Smith')
```

（4）CREATE TABLE 语句就是一种数据定义语句。

CREATE TABLE 范例语句：

```
CREATE TABLE employee(
        emp_id int,
        emp_first_name varchar(25),
        emp_last_name varchar(25),
        emp_address varchar(50),
        emp_city varchar(50),
        emp_state varchar(2),
        emp_zip varchar(5),
        emp_position_title varchar(30)
    )
```

第 4 章

1. D	2. B	3. A	4. C	5. C	6. B
7. A	8. D	9. A	10. B	11. C	12. D
13. A	14. C	15. A	16. D	17. B	18. C
19. A	20. B				

21. 答：分布式系统就是运行在多台服务器中的系统。

22. 答：两阶段提交是一种事务，它需要在两个不同的地点写入数据。在该操作的第一阶段，数据库会把数据写入(或者提交到)主服务器的磁盘之中；在该操作的第二阶段，数据库会把数据写入备份服务器的磁盘之中。两阶段提交有助于确保一致性。

23. 答：C 表示一致性(consistency)，A 表示可用性(availability)。

例如，在进行两阶段提交时，数据库系统能够优先保证一致性，但是可能会使某些数据暂时不可用。在执行两阶段提交的过程中，对该数据的其他查询操作都会受到阻塞。必须等两阶段提交执行完毕，其他用户才可以访问更新后的数据。这就是一种通过降低可用性来提升一致性的情况。

24. 答：键值数据库会把实体的每个属性都与某个键关联起来，而文档数据库则不同，它会把这些属性全都保存在一份文档之中。用户可以根据文档中的键值对来筛选数据，从而执行查询及获取操作。

25. 答：文档数据库不需要预先定义固定的模式，而且文档里面可以嵌入其他文档，也可以嵌入由多个值所构成的列表。

第 5 章

1. C	2. A	3. D	4. B	5. C	6. A
7. B	8. D	9. C	10. A	11. C	12. D
13. B	14. A	15. C	16. D	17. B	18. A
19. D					

20. 答：哈希函数是能够根据任意字符串来产生定长字符串的函数，它产生的定长字符串一般来说不会相互重复。哈希函数所映射出的值看起来应该比较随机。

21. 答：哈希函数通常会把输入值平均地映射到所有可能产生的输出值上面。哈希函数输出值的取值范围可能相当大。无论键名多么相似，它们总能平均地分布在取值范围内的每一种值上，于是就可以把这些输出值与分区对应起来，此时可以确信每个分区收到的数据量是大致相同的。

22. 答：数据模型是一种抽象方式，用来排布由数据库中的数据传达的信息。数据结构是具备明确定义的数据存储结构，它们需要通过底层硬件中的某些元件来实现，尤其是要通过随机存取内存(RAM)和硬盘及闪存盘等持久化的数据驱动设备来完成。而数据模型则是搭建在数据结构之上的一种布局和抽象机制。

23. 答：分区就是在大型结构中划分的一些逻辑子区域。集群或者服务器群组可以划分为多个分区。集群中的每个分区都是由服务器或运行在服务器上的键值数据库软件实例所构成的群组，它们分别负责管理数据库中的数据子集。

24. 答：这样做是为了降低读到旧数据和过时数据的风险。可以指定系统必须在收到由多少个节点所给出的相同应答消息之后，才会把应答结果返回给发出读取请求的那个应用程序。

第6章

1. D	2. A	3. B	4. C	5. D	6. B
7. A	8. C	9. B	10. D	11. A	12. B
13. D	14. B	15. A	16. C		

17. 答：
- 键名中应该有含义明确且没有歧义的内容，如用 cust 表示顾客，用 inv 表示库存。
- 如果要获取位于某个范围内的值，就应该把与这个范围相关的内容纳入键名。这些内容包括日期或整数计数器。
- 键名的各部分之间应该采用同一种分隔符。通常会采用":"做分隔符，但也可以采用不会出现在各部分内容之中的其他字符做分隔符。
- 在不损害上述特性的前提下，键名越短越好。

18. 答：键会受到尺寸和类型这两方面的限制。

19. 答：把经常用到的一些值放在同一份列表或其他数据结构中，可以减少磁盘在读取这些数据时的寻道次数。由于键值数据库通常会把整份数据结构保存在同一个数据块内，因此无须把其中的各项数据分别与多个键关联起来，而且磁盘也无须从多个数据块中读取这些数据。

第7章

1. B	2. C	3. A	4. D	5. B	6. A
7. D	8. B	9. A	10. D	11. B	12. C
13. A	14. D	15. B	16. A	17. D	18. B

实验与思考：

3. 实验内容与步骤

(1) 答：
- 数据以键值对的形式来存放，这与键值数据库中的键值对类似。

- 文档由名值对构成,名值对之间以逗号分隔。
- 文档以"{"开头,以"}"结尾。
- 名值对之中的名称是像 "customer_id" 及 "address" 这样的字符串。
- 名值对之中的值可以是数字、字符串、布尔(真 true 或假 false)、数组、对象或 NULL。
- 数组里的各元素值写在一对方括号([ ])之间。
- 对象本身的值也以键值对的形式来描述。对象的数据放在一对花括号({})之间。

(2) 答:

```
{    "appliance ID" : 132738,
     "name" : "Toaster Model X",
     "description" : "Large 4 bagel toaster",
     "height" : "9 in.",
     "width" : "7.5 in",
     "length" : "12 in",
     "shipping weight" : "3.2 lbs"
}
```

第 8 章

1. A   2. D   3. B   4. C   5. B   6. B
7. A   8. C   9. D   10. B   11. A   12. B
13. A   14. C   15. D   16. B   17. C

18. 答:采用去规范化的数据模型来避免连接操作。这种模型的基本思路是把经常使用的数据放在同一个数据结构之中,如放在关系数据库的同一张表格或文档数据库的同一份文档之中。这使得文档中的数据更有可能保存在同一个数据块之内,即便不在同一个数据块里,也依然有可能放在相邻的数据块之中。

19. 答:多对多关系需要用两个集合来建模,每个集合表示一种实体。每个集合的文档中都包含一份由标识符组成的列表,其中的标识符分别指向另一个实体的相关实例。比如,表示课程数据的文档中可能含有一份由学生 ID 构成的数组,而表示学生数据的文档中则会包含一份由课程 ID 组成的列表。

20. 答:指向父节点的引用、指向子节点的引用、由全部上级节点所构成的列表。

第 9 章

实验与思考:

3. 实验内容与步骤

(2) 答:

```
db.books.insert({"title" : "Mother Night", "author" : "Kurt Vonnegut, Jr."})
```

(3)答:

```
db.books.remove( "author" : "Isaac Asimov")
```

（4）答：

```
db.books.find({ "quantity" :  {"$gte" : 20 }})
```

第 10 章

1. C	2. B	3. A	4. D	5. C	6. D
7. A	8. B	9. C	10. D	11. B	12. B
13. A	14. C	15. D	16. B	17. A	18. C
19. D	20. D				

21. 答：时间戳可以用来对不同版本的列值进行排序。向 BigTable 数据库中写入新值后，原有的值并不会被覆盖。数据库会给新加入的值打上时间戳，应用程序可以根据时间戳来判断哪一个列值是最新的。

22. 答：之所以要使用反熵算法，是为了更正副本之间的数据不一致问题。

23. 答：键空间是列族数据库的顶级数据结构。之所以称其为顶级数据结构，是因为数据库设计者所创建的其他数据结构都要包含在键空间里面。键空间与关系数据库的模式是类似的。

24. 答：列族数据库的列是可以动态添加的，而关系数据库表格中的列则不像列族数据库中的列那样灵活。使用关系数据库时，必须先修改纲要的定义，然后才能向其中添加新的列。而使用列族数据库时，则只需在应用程序中给出列名即可。例如，可以在程序代码里面指出这个新列的名称，并向其中插入一个值。

25. 答：经常需要同时使用的那些列应该归入同一个列族，而不经常同时使用的那些列则可以分别放在不同的列族之中。

26. 答：分区是数据库的一种逻辑子集。数据库通常会根据数据的某些属性把相关的一组数据划入同一个分区之中。列族数据库集群中的每个节点或服务器上面可以维护一个或多个分区。

客户端程序向数据库请求数据时，发出的请求最终会交由合适的服务器来处理，该请求所要获取的数据就保存在那台服务器的分区中。在主从式架构里，该请求会先发给中心服务器；而在对等式架构中，则可以先发给任何一台服务器。无论采用哪种架构，此请求最终都能转发给正确的服务器。

27. 答：最简单的反熵方式是把其中一份副本发送给存有另外一份副本的那台服务器，并在那台服务器上面比对这两份副本。但实际上，即便在写入操作较多的应用程序中，源数据与目标服务器收到的数据在很多情况下也会是相同的。而待检测的副本在反熵过程中一般都不会变动，因此列族数据库可以利用这一特性，只把数据的哈希码发送过去，而不发送数据本身。

实验与思考：

3. 实验内容与步骤

（3）答：列族数据库中的列族与键值数据库中的键空间类似。在键值数据库和

Cassandra 数据库中,键空间都是数据建模者和开发者使用的最外围逻辑结构。

(4)答:列族数据库与文档数据库都支持一种相似的查询,使得开发者可以选出某个数据行中的一部分数据。

与文档数据库一样,列族数据库也不要求每一行都要把所有的列填满。使用列族数据库与文档数据库时,开发者可以根据需要随时添加列或字段。

(5)答:列族数据库与关系数据库都会给每个数据行指定一个独特的标识符。这个标识符在列族数据库中称为行键,而在关系数据库中则称为主键。行键和主键都会编入索引之中,以便快速获取相关的数据。

第 11 章

1. B	2. C	3. D	4. A	5. B	6. D
7. C	8. B	9. A	10. D	11. C	12. B
13. A	14. B	15. D			

16. 答:查询请求所提供的信息有助于更好地设计列族数据库。这些信息包括实体、实体属性、查询标准以及派生值。数据库应用程序所要应对的查询问题是由终端用户发出的,数据模型的设计也是由终端用户驱动的。

17. 答:
- 某个列只有少数几种取值。
- 某个列包含很多互不相同的取值。
- 列值较为稀疏。

18. 答:可以分为描述统计学和预测统计学。描述统计学用来掌握数据的特征,而预测统计学则要研究怎样根据数据进行预测。

19. 答:可以分为无监督学习和监督学习。无监督学习技术(如聚类)可用来探索大型数据集,而监督学习则可以供应用程序从样例数据中学习知识。监督学习能够用来创建分析器。

第 13 章

1. A	2. D	3. C	4. B	5. D	6. C
7. A	8. B	9. C	10. D	11. B	12. A
13. C	14. D	15. C	16. B	17. D	18. B

19. 答:
- 城市
- 公司中的雇员
- 蛋白质
- 电路
- 供水管道的枢纽
- 生态系统中的生物
- 火车站

- 得了传染病的病人

20. 答:
- 城市之间的道路
- 雇员之间的协作关系
- 蛋白质之间的相互作用
- 电子元件之间的通路
- 枢纽之间的供水管道
- 生态系统中各生物之间的捕食关系
- 连接火车站的铁路
- 病菌在受感染的人与未感染的人之间的传播途径

21. 答:
- 联邦政府—州(或省)政府—地方政府
- 汽车各部件之间的关系

22. 答:使用图数据库时,可以循着顶点之间的边来了解各顶点之间的关系,因而无须执行连接操作。

23. 答:区别在于此模型是二分图。也就是说,图中的边只能由用户指向帖子,用户与用户、帖子与帖子之间都是没有边的。

24. 答:在家谱图中,可以用有向边来表示父母与子女之间的关系。

第 14 章

1. D　　　　2. D　　　　3. B　　　　4. C　　　　5. A　　　　6. D
7. A　　　　8. C　　　　9. B　　　　10. D

11. 答:把针对领域的查询转述成针对图模型的查询之后,就可以充分利用图模型查询工具与图模型算法来分析并探索数据了。

12. 答:Cypher。

13. 答:MATCH 用来获取图数据库中的数据,并且能够根据属性对这些数据进行筛选。

14. 答:inE 表示传入某个顶点的边,outE 表示从某个顶点传出的边。

15. 答:声明式的语言要求开发者指定想要获取什么样的数据,而基于遍历算法的语言则要求开发者指定怎样获取数据。

16. 答:循环路径可能会导致反复访问同一组顶点。把访问过的顶点记录下来是一种避免该问题的办法。

第 15 章

1. B　　　　2. A　　　　3. D　　　　4. C　　　　5. D　　　　6. A
7. B　　　　8. C　　　　9. B　　　　10. A　　　　11. D

实验与思考:

3. 实验内容与步骤

(1) 答:NoSQL 放弃了传统 SQL 的强事务保证和关系模型,但还是有不少像金融一样的企业级应用有强一致性的需求。而且 NoSQL 不支持 SQL 语句,使兼容性成为大问题。不同的 NoSQL 数据库都有自己的 API 操作数据,比较复杂。

(2)答:这个目标是:能够快速地扩展从而获得驾驭快数据流的能力,提供实时的分析和实时的决策,具备云计算的能力,支持关键业务系统,还能够在更廉价的硬件设备上将历史数据分析性能提升 100 倍。实现这些目标并不需要重新定义已经成熟的 SQL 语言,NewSQL 就是答案。它能够使用 SQL 语句来查询数据,同时具备现代化、分布式、高容错、基于云的集群架构的特征。NewSQL 结合了 SQL 丰富灵活的数据互动能力,以及针对大数据和快数据的实时扩展能力。

附录 B　课程学习与实验总结

B.1　课程与实验的基本内容

至此,我们顺利完成了"大数据存储"课程的教与学任务以及相关的全部实验操作。为巩固知识和技术,请就此作一个系统总结。如果书中预留的空白不够,请另外附纸张粘贴在边上。

(1)本学期完成的"大数据存储"学习与实验的操作主要有(请根据实际完成情况填写):

第 1 章:主要内容是 _____

_____

第 2 章:主要内容是 _____

_____

第 3 章:主要内容是 _____

_____

第 4 章:主要内容是 _____

_____

第 5 章:主要内容是 _____

_____

第 6 章:主要内容是 _____

_____

第 7 章:主要内容是 _____

_____

第 8 章：主要内容是 _____

_____

第 9 章：主要内容是 _____

_____

第 10 章：主要内容是 _____

_____

第 11 章：主要内容是 _____

_____

第 12 章：主要内容是 _____

_____

第 13 章：主要内容是 _____

_____

第 14 章：主要内容是 _____

_____

第 15 章：主要内容是 _____

_____

（2）请回顾并简述：通过学习与实验，你初步了解了哪些有关大数据存储的重要概念（至少 3 项）。

① 名称：_____

简述：_____

_____

_____

② 名称：_____

简述：_____

_____

_____

③ 名称：_____

简述：_____

④ 名称：_____

简述：_____

_____

_____

⑤ 名称：_____

简述：_____

_____

_____

B.2 实验的基本评价

(1) 在全部实验操作中，你印象最深，或者相比较而言最有价值的是：

① _____

你的理由是：_____

_____

_____

② _____

你的理由是：_____

_____

_____

(2) 在所有实验操作中，你认为应该得到加强的是：

① _____

你的理由是：_____

_____

_____

② _____

你的理由是：_____

_____

_____

(3) 对于本课程和本书的实验内容，你认为应该改进的其他意见和建议是：

_____

_____

_____

B.3 课程学习能力测评

请根据你在本课程中的学习情况客观地对自己作一个能力测评,在表 F-1 的"测评结果"栏中合适的项下打"√"。

表 B-1 课程学习能力测评

关键能力	评价指标	测评结果					备 注
		很好	较好	一般	勉强	较差	
课程基础内容	1. 了解本课程的知识体系与发展						
	2. 掌握大数据与大数据存储的基础概念						
	3. 了解 Hadoop,熟悉大数据的数据处理基础						
	4. 熟悉大数据存储技术路线						
	5. 熟悉数据管理技术的发展,了解催生 NoSQL 的动因						
RDBMS 与 SQL	6. 熟悉 RDBMS,了解 SQL 及特征						
NoSQL 数据模型	7. 熟悉分布式数据管理						
	8. 熟悉 NoSQL 的数据库性质						
	9. 熟悉 4 类 NoSQL 数据库类型						
	10. 了解如何选择 NoSQL 数据库						
键值数据库	11. 掌握键值数据库的基础知识						
	12. 熟悉键值数据库的设计要领						
文档数据库	13. 掌握文档数据库的基础知识						
	14. 熟悉文档数据库的设计要领						
列族数据库	15. 掌握列族数据库的基础知识						
	16. 熟悉列族数据库的设计要领						
图数据库	17. 掌握图数据库的基础知识						
	18. 熟悉图数据库的设计要领						
解决问题与创新	19. 了解 NewSQL 以及数据库技术的发展						
	20. 能根据现有的知识与技能创新地提出有价值的观点						

说明:"很好"5 分,"较好"4 分,余项类推。全表满分为 100 分,你的测评总分为:_____分。

B.4　大数据存储学习与实验总结

B.5　教师对学习与实验总结的评价

参 考 文 献

［1］ 丹·苏利文.NoSQL 实践指南：基本原则、设计准则及使用技巧［M］.爱飞翔,译.北京:机械工业出版社,2016.

［2］ Dan McCreary,Ann Kelly. 解读 NoSQL［M］.范东来,滕雨橦,译.北京:人民邮电出版社,2016.

［3］ 张泽泉. MongoDB 游记之轻松入门到进阶［M］.北京:清华大学出版社,2017.

［4］ 胡鑫喆,张志刚. HBase 分布式存储系统应用［M］.北京:中国水利水电出版社,2018.

［5］ 周苏,王文. 大数据导论［M］.北京:清华大学出版社,2016.

［6］ 吴明晖,周苏. 大数据分析［M］.北京:清华大学出版社,2020.

［7］ 周苏,鲁玉军. 人工智能通识教程［M］.北京:清华大学出版社,2020.

［8］ 周苏. 大数据可视化技术［M］.北京:清华大学出版社,2018.

［9］ 王文,周苏. 大数据可视化［M］.北京:机械工业出版社,2019.

［10］ 周苏,张丽娜,陈敏玲.创新思维与 TRIZ 创新方法［M］.2 版.北京:清华大学出版社,2018.

图书资源支持

感谢您一直以来对清华版图书的支持和爱护。为了配合本书的使用，本书提供配套的资源，有需求的读者请扫描下方的"书圈"微信公众号二维码，在图书专区下载，也可以拨打电话或发送电子邮件咨询。

如果您在使用本书的过程中遇到了什么问题，或者有相关图书出版计划，也请您发邮件告诉我们，以便我们更好地为您服务。

我们的联系方式：

地　　址：北京市海淀区双清路学研大厦 A 座 714

邮　　编：100084

电　　话：010-83470236　　010-83470237

客服邮箱：2301891038@qq.com

QQ：2301891038（请写明您的单位和姓名）

资源下载：关注公众号"书圈"下载配套资源。

资源下载、样书申请

书圈

获取最新书目

观看课程直播